훔쳐보고 싶은
과학자의 노트

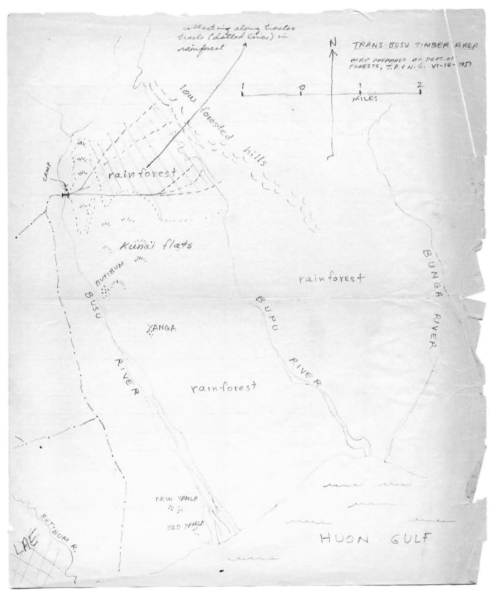

에드워드 O. 윌슨의 관찰 노트. 1954년에서 1955년까지 남태평양 지역의 생태 자료 수집 여행을 나갔을 때 썼던 노트의 뒷면에 지도를 그렸다. 파푸아 뉴기니의 모로베주, 라에 근처에 있는 트랜스-부수 목재 저장소의 주변 지형을 묘사하고 있다.

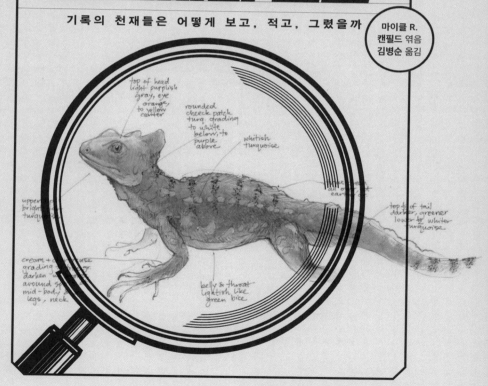

Field Notes on Science & Nature

훔쳐보고 싶은
과학자의 노트

기록의 천재들은 어떻게 보고, 적고, 그렸을까

마이클 R.
캔필드 엮음
김병순 옮김

Humanist

젠에게

차례

필드 노트(field note)는 아주 쉽게 말하면 인간을 포함한 자연 관찰 기록이다. 하지만 좀 더 자세하게 정의한다면, 살아 있는 동식물이나 화석, 지형과 같은 자연물, 심지어 인간의 풍습이나 문화 현상 들을 그 것들이 있는 현장, 즉 야외에서 직접 관찰하고 기록하는 행위, 또는 그 런 기록물 자체라고 할 수 있다. 이 책에서는 원서의 '필드 노트'를 우 리말로 이해하기 쉽게 '관찰 노트'로 번역했다. 또한 이 책의 저자들 이 여러 명인 까닭에 '필드'라는 단어는 문맥에 따라 서로 약간씩 의미 가 달랐다. 따라서 번역을 하면서 상황에 따라 '필드'를 현장, 현지, 야 외라는 말로 다르게 표현해야 했다. 과학계에서 쓰는 전문용어를 우리 말로 옮기는 것은 매우 조심스러울 수밖에 없다. 따라서 학계에서 일 반적으로 통용되는 용어를 찾아 쓰려고 애썼지만 오류가 있을 수 있으 니 독자들의 애정 어린 지적을 부탁드린다.

　순수하게 자연 관찰을 즐기는 아마추어 동식물 애호가에서 생물학, 생태학, 인류학, 고생물학과 같은 특정한 학문 분야에 종사하는 과학 자에 이르기까지 똑같이 하는 일이 있다면, 바로 노트를 작성하는 것 이다. 이 책에서 자신의 노트를 공개한 사람들은 저마다 자기 분야에 서 명성이 높은 전문가다. 따라서 이 책이 단순히 취미로 자연 관찰 을 즐기는 사람만을 위한 책은 아니라는 것을 알 수 있다. 저자들은 관 찰 노트를 기록하는 저마다의 독특한 방법과 각 분야의 고유한 특징에 걸맞은 전문적인 기록과 보관 방식들을 소개한다. 전통적인 기록 도구인 종이와 연필을 고수하기도 하고, 첨단의 컴퓨터 장비와 디지털 기기를 이용해서 노트를 작성하기도 한다. 또 어떤 사람은 단순히 글로 기록하는 것보다 드로잉과 같은 그림 기록의 중요성을 강조하거나 지도나 사진의 중요성을 부각시킨다. 대개의 경우에는 자기가 관찰하는 대상이나 목적에 따라 여러 요소를 서로 효율적으로 연계하여 관찰 노트를 작성하는 것이 중요하다는 것을 은연중에 알려 준다. 하지만 이렇게 전문가들이 자기의 경험을 바탕으로 관찰 노트에 대해서 설명한다고 해서 일반인이 이해하기 어려울 것이라고 미리 주눅들 필요는 없다. 저마다 자기 분야에 일가견이 있고 평생을 야외에서 자연을 관찰하고 기록하며 사는 사람들이라 그런지 실제로 자연에서 관찰한 내용을 기록할 때 필요한 정보를 누구든 알기 쉽게 설명한다. 따라서 아마추어 자연 관찰자에게는 좀 더 쓸모 있는 관찰 기록을 남기는 데 큰 도움이 될 것이다.

이 책은 단순히 자연을 관찰하고 기록하는 방법만을 가르치는 실용서가 아니다. 저마다 지구 곳곳을 돌아다니며 자기가 연구하는 대상을 면밀히 관찰하고 그것을 하나도 남김없이 기록하기 위해서 애쓰는 모습을 고스란히 담고 있다. 그 과정에서 그들이 자연을 바라보는 따뜻한 시선은 과학자로서 엄밀하고 냉철하게 사실을 관찰하고 기록하는 모습과는 또 다른 것으로, 이 책에서 놓칠 수 없는 중요한 수확이다. 자연을 관찰하는 것은 관찰자가 자연과 대화를 나누는 것이다. 이렇게 서로 대화한 내용을 기록한 것이 관찰 노트라고 할 때, 상대방에 대한 존중과 사랑이 없다면 알고자 하는 사실을 제대로 파악할 수 없다. 기록의 객관성과 정확성도 물론 중요하지만, 자연을 관찰하고 기록하는 자세 또한 관찰자가 놓치지 말아야 할 중요한 요소이다.

그렇다면 이렇게 정성들여 노트를 작성하고 보관하는 이유는 무엇일까? 모든 기록이 그렇듯이 기록을 남긴다는 것은 나중에 누군가가 그것을 볼 수 있다는 것을 전제로 한다. 특히, 관찰 노트는 인류의 역사 기록 가운데 자연의 역사를 기록으로 남겨 후손에게 물려주기 위한 것이므로 매우 공적인 기록이라고도 할 수 있다. 따라서 기록 방식과 내용이 모두 정확하고 자세하게 작성되어야 하고 오랜 세월이 흘러도 훼손되지 않도록 잘 보관되어야 한다는 것이 저자들의 일관된 생각이다. "모든 것을 기록하라!" 조지프 그리널(Joseph Grinnell)의 이 말에는 관찰 노트를 작성해야 하는 이유와 방법, 관찰자의 자세와 관련된 의미가 모두 담겨 있다.

이 책을 번역하면서 특히 재미있었던 부분은 관찰한 것을 그림으로 그려 기록을 남기는 방법이었다. 현장에서 관찰 대상을 직접 스케치하는 기술은 전문 미술가나 하는 일인 줄 알았는데, 일반인도 몇 가지 방식만 익히면 누구나 그릴 수 있다는 사실이 매우 흥미로웠다. 물론 말만큼 쉽지는 않겠지만 말이다. 그림으로 된 기록이 글보다 훨씬 이해하기 쉬운 설명 매체라는 것은 부인할 수 없는 사실이다. 게다가 손으로 직접 그리는 것이 사진으로 찍은 것보다 대상을 더욱 세밀하게 관찰하고 기록할 수 있다는 사실은 매우 흥미롭기까지 하다. 실례를 통해 이를 설명하는 부분은 요즘처럼 동물이나 식물의 세밀화를 그리는 사람들이 많이 늘고 있는 상황에서 매우 유익한 내용이 될 듯싶다.

최근 우리나라에도 야생 동물이나 곤충, 식물, 새 들을 관찰하고 서로 정보를 교환하는 모임이 많이 생겼다. 전문가용 카메라뿐 아니라 일반인들도 쉽게 사용할 수 있는 디지털카메라, 그리고 요즘 널리 상용화된 스마트폰을 이용해서 야외에서 관찰한 동식물을 동호회 카페나 개인 블로그에 올리는 사람들도 많아졌다. 하지만 대부분의 경우 관찰 내용이 체계적으로 정리되지 않아서 동식물 이름조차도 모른 채 사진만 달랑 올리는 경우가 많다. 물론 좀 더 전문적으로 운영되는 카페나 블로그도 있기는 하지만 이 책에 나온 관찰 노트 기록 방식들을 잘 적용한다면 동호회나 개인의 관찰 기록이 더 풍성해질 수 있을 것 같다.

서울을 벗어난 남한강 유역에 작은 텃밭이 딸린 농가 주택이 한 채 있다. 올해는 집 안팎으로 일이 많아서 자주 가보질 못했다. 이제부터라도 텃밭에서 기르는 채소와 집 주변의 동식물에 관심을 갖고 이 책에서 말하는 수준의 기록은 아니더라도 초보적인 관찰 일지나 텃밭 일지라도 써 볼 생각이다.

김병순

또 다른 《비글호 항해기》를 기대하며

— 마이클 R. 캔필드

자연을 연구하는 사람은 누구나 호기심이 가득하다. 그들에게는 공통된 습성이 있다. 콩고에서 고릴라를 뒤쫓든 북극권 상공에서 제비갈매기를 추적하든, 야외 관찰에 몰두하는 사람들은 생물이 어떻게 살고 행동하는지, 그들이 서로 어떻게 작용하는지, 자연의 힘이 어떻게 세상에 영향을 끼치는지를 알고 싶어 한다는 것이다. 이러한 작업은 헤아릴 수 없이 다양한 생물을 만날 수 있는 기회일 뿐 아니라 일생에 단한 번 마주칠까 말까 할 연구와 탐험, 자연 관찰을 통해 소중한 경험을 하게 되는 매우 값진 일이다. 자연 현장을 찾아 연구하는 과학자라면 누구나 이러한 지적인 호기심과 아름다움에 대한 갈망을 바탕으로 한 유서 깊은 탐구의 전통, 즉 주의 깊은 관찰력, 지속적이고 끈질긴 실험 정신, 그리고 우기와 기생충, 뱀의 공격, 독풀의 위협을 이겨내는 인내심을 가지고 있다. 또한 쌍안경과 확대경, 휴대용 도감, 양질의 신발을 가지고 있어야 하며, 무엇보다 가장 단순하면서도 기본적인 관찰 도구인 종이와 연필을 휴대하는 것은 필수다. 특히 종이와 연필과 같은 필기도구는 아마도 현장에서 발견한 과학적 사실에 대한 설명을 노트와 일지에 기록하는 전통을 잇는 데 필요한 가장 중요한 도구일 것이다. 이 책의 저자들은 오늘날 어떤 방식으로 기록하는 것이 가장 좋은지에 대해 저마다 다른 생각을 가지고 있다. 그러나 종이와 연필이 가장 단순하면서도 믿을 수 있는 기록 도구라는 데는 모두 동의한다.

정확하고 꼼꼼한 기록은 훌륭한 과학적 지식 체계의 핵심이다. 특히 자연 현장을 찾아 연구하는 과학자와 자연사학자(naturalist, '박물학자'라고도 한다.—옮긴이)에게는 말할 것도 없이 중요한 사실이다. 그러나 오늘날 새로운 기술이 발전하고 확산되는 가운데 과연 이렇게 야외에서 자연을 기록하는 것이 그 중요성을 제대로 인정받고 있는지는 의문이 아닐 수 없다. 과학계에서 필드 노트(field note, 야외에 나가 자연을 조사하거나 관찰한 내용을 기록하는 노트를 말한다.—옮긴이), 즉 관찰 노트의 중요한 원칙들을 가르치는 곳은 거의 없는 실정이다. 19세기와 20세기의 저명한 과학자들이 제시한 풍부하고 실용적인 사례들을 제외하고는 오늘날 이러한 기본적인 기술을 개발하도록 도움을 주는 지침은 어디서도 찾아볼 수 없다. 아무 서점에 가서 신간이든 중고든 잠깐만 가판대를 뒤져 본다면 현장 탐사 과학자들의 수호자라고 할 수 있는 찰스 다윈(Charles Darwin)의 탐사 기록인 《비글호 항해기(The Voyage of the Beagle)》를 쉽게 찾을 수 있다. 이 광대한 이야기는 1839년에 처음 발간된 뒤로 지금까지 다양한 제목으로 재출간되고 있다. 여기서는 그냥 《항해기》1 라고 부르기로 한다. 다윈이 설명하는 방식은 영감을 주기도 하고 혼란을 일으키기도 하는데, 꼭 그대로 탐사를 기록하는 훈련을 하겠다고 고집한다면 처음부터 기가 죽을 수도 있다.

　다윈은 《항해기》에서 1835년 10월 8일 갈라파고스 제도를 탐사하기 시작하면서 바다이구아나(Amblyrhynchus cristatus)를 포함해 여러 섬에 있는 새와 파충류를 어떻게 관찰했는지 설명한다.

　　이 도마뱀들을 바다 쪽으로 돌출된 좁은 지점까지 몰아넣기란 쉬운 일이다. 도마뱀은 거기서 사람들에게 꼬리를 잡힐망정 바다로 뛰어들려고 하지는 않는다. 도마뱀은 전혀 사람을 물어뜯을 생각이 없는 것처럼 보인다. 그러나 많이 놀라면 콧구멍으로 체액을 한 방울 내뿜는다. 하루는 도마뱀 한 마리를 썰물 뒤에 생긴 깊은 웅덩이로 데려와서 할 수 있는 한 여러 차례 그 안에 던져 넣었다. 그러면 그 도마뱀은 변함없이 내가 서 있는 지점으로 곧장 되돌아왔다. (……) 나는 그 뒤로도 여러 차례 그 도마뱀을 바닷물이 일렁이는 곳까지 몰고 갔지만 번번이 내게 사로잡혔다. 도마뱀은 잠수하고 헤엄치는 능력이 충분했지만 절대로 물에 뛰어들려고 하지 않았다. 내가 억지로 바닷물에 던져 넣으면 앞서 설명한 대로 다시 되돌아왔다. 이 희귀한 어리석은 행동 사례는 아마도 해안에는 이 파충류의 적이 없는 반면, 바다에는 수많은 상어 떼가 그들을 잡아먹으려고 기다리는 것이 틀림없는 환경의 차이로 설명될 수 있을지도 모른다.2

이 구절을 자세히 살펴보면, 《항해기》는 실제 기록의 사례가 아니라 다윈이 비글호를 타고 여행하는 동안 작성한 동물학 관련 일지에 있는 관찰 노트를 세련되게 다듬은 내용이라는 것을 알 수 있다.3 다행히도 관찰 노트를 반드시 《항해기》에 나오는 구절처럼 다윈의 현란하고 솔직하고 치밀한 언어로 쓸 필요는 없다. 책에 나오는 부분 중에서 다윈의 동물학 관련 일지에 실제로 씌어 있는 구절들을 보면, 완벽하고 만족스러운 설명을 이끌어내기 위해 자연 현장에서 자기가 발견한 것을 얼마나 풍부하고 세밀하게 기록했는지를 알 수 있다.

그러나 바닷물이 들이치는 바위 위에서 비틀거리며 도마뱀들을 바닷물 속으로 몰아넣는 것은 거의 불가능한 일이다. 이런 이유로 그들을 한 지점으로 몰고 간 뒤, 꼬리를 잡는 것이 더 낫다. 그들은 전혀 물지 않는다. 때때로 놀랐을 때만 콧구멍으로 체액을 한 방울 내뿜을 뿐이다. 나는 큰 녀석의 꼬리를 잡아 꽤 멀리서 썰물이 나간 뒤에 생긴 깊은 웅덩이에 ~~그를~~ 그것을 던져 넣기를 여러 차례 반복했다. 그러나 ~~그 도마뱀~~그 놈은 자기가 빠진 지점에서 내가 서 있는 곳까지 동일한 방향으로~~에서~~ 늘 되돌아왔다. 웅덩이 밑을 헤엄치고 때로는 암초를 밟으며 매우 민첩하게 이동했다. 물가로 나오자마자 그것은 해초에 몸을 숨기거나 바위 틈 사이로 난 구멍으로 들어가려고 애를 썼다. 그러다가 위험이 사라졌다고 판단하는 순간, 물기가 없는 바위로 기어 나왔다. 또다시 그 놈은 스스로 물에 들어가지 않고 사람 손에 곧 잡힐 것이다. 무엇 때문에 이런 행동을 할까? 그것의 천적은 상어일까. 아니면 다른 바다 동물일까?4

다윈을 통해서 관찰 노트에 대한 여러 가지 많은 것을 배울 수 있다는 점은 부인할 수 없다. 그러나 1831년 다윈이 비글호를 탔을 때와 지금은 현장 연구 과정이 아주 크게 달라졌다.

대학원생 시절 야외 조사를 나갔을 때 나는 나방을 쫓아다니느라 숱한 밤을 지새웠다. 그리고 다음날 아침에는 내가 관찰하고 실험한 내용을 노트에 기록하는 일을 했다. 현장 연구를 하는 다른 많은 사람들과 마찬가지로 내 작업도 과학과 자연사(natural history), 두 가지 요소가 서로 결합된 것이었다. 나는 다윈의 《항해기》를 읽고, 헨리 월터 베이츠(Henry Walter Bates)의 일지를 살펴보았다. 내가 갈겨쓴 메모와 기록은 모두 뭔가 부족해 보였다. 나는 낙심한 나머지 쓸모 있고 일관되게 관찰 노트를 작성하는 능력을 연마하는 데 귀감이 될 새로운 모델을 찾기 시작했다. 하지만 쉬운 일이 아니었다. 그러다 개미를 채집하러 탐사 여행을 떠나기 전, 자연사학자이자 현장 과학자(field scientist)인

찰스 다윈의 관찰 노트. 갈라파고스 제도에 사는 바다이구아나의 행동에 관한 내용이다. 마지막 구절에 이런 말이 나온다. "무엇 때문에 이런 행동을 할까? 그것의 천적은 상어일까, 아니면 다른 바다 동물일까?"

the tidal rocks it is scarcely possible
to drive them into the water. From
this reason. it is easy to catch them
by the tail. after driving them on a
point. — They have no idea of biting, &
my sometimes. when frightend squirt a drop
of fluid from each nostril. — Having
seized a large one by the tail. I threw
him it several times into a good distance
into a deep pool. left by the retiring
tide. — Invariably the ~~lizard~~ ~~its~~ returned
to ~~the~~ in the same direction from which
it was thrown to the spot. where I stood.
Its motion was rapid. swimming at the
bottom of the water & occasionally helping
itself by its feet on the stones. — As
soon as it was near the margin. it
either tried to conceal itself in the sea-
weed or entered some hole or crack. As
soon as it thought the danger. was
over crawled out on the dry stones. &
again would sooner be caught than vo-
luntarily enter the water. — What can be
the reason of this? are its habitual enimies

로저 키칭(Roger Kitching)의 연구실에서 접이식 침대에 누워 그가 관찰 노트를 작성한 방식을 늦게까지 살펴보다가, 마침내 내가 그동안 찾던 새로운 모델을 발견했다. 나는 그날 오후부터 키칭이 소장한 도감들에 둘러싸여 그의 관찰 노트를 정독했다. 그가 내게 자기 노트를 검토해 달라고 부탁했기 때문이다. 나는 그가 탐사 일지에 자세하게 기록한 생물학적 탐사 내용과 표본 스케치들을 샅샅이 살펴보느라 밤늦게까지 그의 연구실에 있었다. 무더운 오스트레일리아의 늦은 밤 잠에 빠져들 무렵, 나는 다른 동료 과학자의 노트를 검토하다가 비로소 내가 앞으로 어떻게 관찰 노트를 작성해야 할지를 깨달았다. 우리는 다음날 새벽같이 오지로 떠났다. 빨리 돌아와서 키칭이 기록한 메모와 일화, 스케치를 다시 보고 싶었기 때문이었다. 《훔쳐보고 싶은 과학자의 노트》는 현재 활동하고 있는 동료 과학자와 자연사학자 들의 관찰 노트 사례를 연구한 결과물이다. 다양한 분야의 과학자 14명이 이 책에 글을 써 주었다. 나는 이들에게 관찰 노트를 어떻게 작성하고 기록해야 하는지, 현장 탐사에서 만난 문제가 무엇이고 그것을 어떻게 극복했는지, 그리고 거기서 얻은 교훈은 무엇인지를 각자의 실제 관찰 노트에서 발췌한 내용과 함께 보내달라고 요청했다. 앞으로 읽게 될 내용은 현존하는 저명한 현장 과학자와 자연사학자 들이 각자의 학문적 경계를 넘어서서 노트를 작성하는 방법과 기록을 구성하는 방식에 대한 사례와 조언을 제공한다. 이 책은 방법론에 대한 설명서가 아니다. 쉽게 접할 수 없는 저명한 과학자들의 삶과 그들이 자연을 기록하는 다양한 방식을 잠시나마 들여다볼 수 있게 해 주는 책이다.

더 깊이 파고들기 전에 먼저 이 책에서 다루는 주제의 범위에 대해서 간략하게 짚고 넘어가자. '관찰 노트'란 무엇인가? 또, 거기서 관찰하는 장소인 현장, 즉 '필드'란 무엇을 말하는가?

필드(이 책에서는 문맥에 따라 현장, 현지, 야외라는 말로 다르게 번역했다.—옮긴이)로 가는 사람들은 저마다 필드의 위치와 특징에 대해 생각하는 것이 있다. 어떤 사람에게 필드는 어디 먼 곳을 의미하고, 또 어떤 사람에게는 집에서 가까운 곳을 의미한다. '필드'라는 말이 최초로 쓰인 것은 길버트 화이트(Gilbert White)가 자기 고향인 잉글랜드 남부 셀본의 자연에 대해서 쓴 책이자 그의 가장 중요한 자연사 저술 가운데 하나인 《셀본의 박물지(The Natural History and Antiquities of Selborne)》를 출간한 뒤 받은 한 통의 편지에서다.5 '필드'라는 말이 18세기에 처음 쓰였지만 그 말을 관용적으로 쓰기 시작한 것은 찰스 다윈, 헨리 월터 베이츠, 앨프리드 러셀 월리스(Alfred Russel Wallace) 같은 과학자들이 표본을 수집하고 자연의 법칙을 이해하기 위해서 현장 탐사를 떠난 뒤인 19세기 말에 이르러서였다. 20세기 초, 과학에서 말하는 필드의 범위가 확대되면서 필드는 집이나 연구실에서 멀리 떨어져 있는 연구 장소를 의미하는 말로 굳어졌다. 달리 말하자면, 과학 연구를 위해서는 새로운 지역·언어·사람들과 만나는 것이 피할 수 없는 일이 되었다는 것을 의미하며, 따라서 필드도 새로운 의미를 띠게 되었다.

이제 필드는 어떤 지리적·물리적 경계로 정해져 있지 않다. 자연을 조사하고 연구하거나 자연을 즐기는 사람들이 어떻게 필드를 정의하느냐에 따라 달라진다. 어떤 젊은 자연사학자에게 필드는 미지의 땅에 대한 끝없는 상상 속에서 그려지는 활기 넘치는 곳일 수 있지만, 다른 사람에게는 오랜 시간 동안 카누를 타고 위험한 강을 가로질러야만 갈 수 있거나 열대지방의 질병과 싸워야 하는 힘든 곳일 수도 있다. 필드에 대한 다양한 개념과, 연구자의 특성을 고려할 때, 탐사 현장에서 발생하는 모험과 발견들을 어떻게 기록하라는 정해진 공식은 없다. 그러나 필드에서의 연구와 경험에서 가장 중요한 요소로서 '관찰 노트'라칼 폰 린네의 일지. 1732년 6월, 라플란드를 탐사하면서 이끼와 지의류, 파리들을 관찰한 기록과 여러 가지 식물에 대한 상세한 설명과 함께 그리스 신화에 나오는 안드로메다 공주를 스케치한 그림이 그려져 있다.

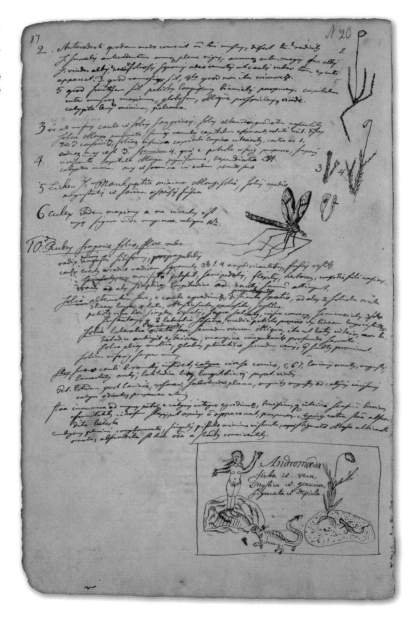

는 기록 보존의 형식은 존재한다.

관찰 노트를 작성하는 새로운 전통은 자연 과학의 초창기 단계에서 명백하게 나타난다. 관찰 노트의 역사는 지금까지 기록된 적이 없고 여기서도 다루지 않을 것이다. 그러나 일부 자연사학자들이 필드에서 작성한 기록은 책이나 온라인 문서를 통해 쉽게 구할 수 있다. 이러한 기록은 오늘날과 같은 관찰 노트가 나오기 이전에 어떤 방식으로 탐사 내용을 기록했는지 그 전례를 잘 보여 준다. 예를 들어, 칼 폰 린네(Carl von Linné)는 오늘날 모든 생물을 설명하는 데 사용하는 분류 체계를 고안해 냈을 뿐 아니라, 라플란드와 스웨덴 지역으로 현장 조사를 떠나서 매우 세밀하게 일지를 작성했다. 린네의 라플란드 탐사 일지에 담긴 풍부한 기록과 스케치는 그가 필드에서 얼마나 주의 깊게 관찰하고 빈틈없이 기록하려고 애썼는지를 잘 보여 준다.[6]

린네는 오로지 필드에서 시간을 다 보냈다. 그는 자연물을 채집하고 자연에서 새로운 통찰력을 얻기 위해 지구를 샅샅이 뒤졌던 초기 자연사학자와 탐험가 들의 발견에 전적으로 의존했다. 그러한 자연사학자들 가운데 초기에 가장 화려한 인물 중 한 명이 해적 출신의 자연사학자인 윌리엄 댐피어(Willam Dampier)였다. 17세기 말, 댐피어는 해적선을 이끌고 바다를 누비며 해안 지역 마을을 약탈하고 바다에서는 상선을 노략질했다.[7] 그는 시간이 날 때마다 새와 동물을 관찰하고 기상 상황을 자세하게 기록하면서 지구를 세 차례나 일주했다. 동료들이 대개 칼을 손질하고 술을 마시며 저녁 시간을 보내는 동안 댐피어는 방대한 양의 관찰 노트를 작성했고 그것을 《새로운 세계 일주 항해(A New Voyage Round the World)》를 비롯해 몇 권의 책으로 발간했다. 댐피어는 1681년 중앙아메리카에 있는 동안 자신의 기록을 얼마나 소중하게 여겼는지를 자세히 설명했다.

나는 육지로 이동하는 동안 자주 강을 만날 것을 예상해서, 배에서 내리기 전에 커다란 대나무 마디를 구해 양쪽 끝을 밀랍으로 봉해 안에 물이 들어가지 않게 조치했다. 나는 이런 식으로 비록 헤엄치는 경우가 생기더라도 내가 쓴 일지와 문서가 물에 젖지 않게 했다.[8]

댐피어가 직접 쓴 일지의 원본은 유실되었지만, 그가 보여 준 기록 보존에 대한 집념은 오늘날 자연사학자들이 여러 가지 여건 때문에 기록 보존이 어렵다고 불평하기 전에 잠시 자신이 얼마나 노력했는지를 되돌아보게 만든다. 댐피어가 작성한 기록과 그것을 바탕으로 발간된 간행물 안에 담겨 있는 기상 자료와 자연사 연구 내용은 매우 중요한 자료였다. 실제로 다윈은 자신의 탐사 기록과 《항해기》에서 "지난 시대의 댐피어"를 자주 언급한다.[9]

1768년에서 1771년까지 영국 군함 인데버호를 타고 초창기 가장 중요한 탐사 원정대 가운데 하나를 이끌었던 제임스 쿡(James Cook, '캡틴 쿡'이라고도 한다.) 선장 또한 댐피어가 남긴 기록을 유념해서 보았다. 자연사학자 조지프 뱅크스(Joseph Banks)는 인데버호를 타고 탐사하는 동안에 발견하는 자연사 자료를 기록하는 요원으로 고용되어, 여러 미술가의 도움을 받아 세심하게 관찰 노트를 작성했다. 뱅크스는 1770년 7월 26일 이렇게 말했다.

오늘 식물 채집을 하다가 운 좋게도 주머니쥐(Opossum, *Didelphis*)족에 속하는 동물 한 마리를 잡았다. 녀석은 암놈으로, 새끼 두 마리를 품고 있었다. 조르주-루이 르클레르 드 뷔퐁(Georges-Louis Leclerc de Buffon)은 그 특이하게 생긴 녀석을 주머니여우(Phalanger)라고 설명했는데 아메리카 대륙에 사는 주머니쥐와 닮았다. 하지만 드 뷔퐁이 주머니쥐족은 아메리카 대륙에만 서식한다고 주장한 것으로 볼 때, 그것들은 결코 같은 종류가 아니었다. 팔라스가 《동물학(Zoologia)》에서 주장한 것처럼 주머니여우는 내가 잡은 녀석과 마찬가지로 동인도 제도가 원산지다. 그리고 그 녀석은 특히 다른 놈들과 다르게 발 모양이 괴상하다.10

그 밖의 다른 저명한 19세기 과학자들도 관찰 노트를 신중하게 작성했다. 리처드 스프루스(Richard Spruce), 앨프리드 러셀 월리스, 헨리 월터 베이츠 같은 많은 학자들도 자신의 탐사 일지를 책으로 발간했다.11

《훔쳐보고 싶은 과학자의 노트》는 멀리 떨어진 현장에 접근하는 새로운 방식과 각종 정량적 연구 방법의 덕을 본 20세기 탐사 기록 양식을 하나로 모았다. 지난날 자연사학자들이 일지를 기록하던 방식의 구성 요소들은 오늘날에도 여전히 적용되고 있다. 새로운 방식을 도입할 때는 집이나 연구실을 떠나 현장에서 어떻게 정보를 포착하고 기록해야 하는지 반드시 점검해야 한다. 관찰 노트 자체의 역사도 매우 오래되었지만 관찰 노트를 작성하는 방법론이 전해 내려온 방식 또한 역사가 깊다.

필드에 대한 개념이 길버트 화이트 시대로부터 이어져 내려온 이래로 기록 방식을 전달하려는 시도가 여러 차례 있었다. 그 가운데 가장 오래된 것 중 하나가 데인스 배링턴(Daines Barrington)의 《자연사학자의 일지(The naturalist's Journal)》다.12 배링턴의 일지는 1767년에 발간되었는데 자신이 관찰한 식물과 동물, 날마다 기록한 기상 조건들을 표로 작성해서 보여 준다. 배링턴은 화이트에게 자기가 쓴 책을 한 권 보냈는데, 화이트는 그 책을 읽고 바로 배링턴의 기록 방식을 차용했다. 그리고 죽을 때까지 그 방식으로 관찰 노트를 작성했다.

자료 기록 지침을 내린 편지도 있다. 제3대 미국 대통령 토머스 제퍼슨(Thomas Jefferson)은 1803년 6월 20일 메리웨더 루이스(Meriwether Lewis) 선장에게 서부 지역을 탐사하는 동안에 발견하는 모든 종류의 식물과 동물, 광물을 관찰하라고 지시하는 편지를 보내며 "매우 신중하고 정확하게 관찰해서 당신뿐 아니라 다른 사람들도 명확하게 잘 이해할 수 있도록 기록"하고 "그러한 기록 사본들 가운데 하나는 일반

종이보다 방습성이 강한 자작나무 껍질에 기록"할 것을 제안했다.13
헨리 데이비드 소로(Henry David Thoreau)처럼 집 가까운 곳에 머무르며
자연을 관찰한 자연사학자들도 세심하게 노트를 작성했다. 1850년대,
소로는 루이 아가시(Louis Agassiz)로부터 물고기를 관찰할 때 기록해야
할 정보를 설명하는 편지를 한 장 받았다.

> 표본이 수집된 지역의 물리적 특성을 기록하는 일은 수집물의 가치를 더
> 욱 높일 것입니다. 땅과 관련해서 알아야 할 것은 다음과 같습니다. 해발

길버트 화이트의 1773년
4월 18일~22일자 관찰
노트. 화이트는 1767년에
데인스 배링턴이 발간한
《자연사학자의 일지》에 나
온 일지 형식을 바탕으로
관찰 노트를 작성했다.

고도, 토질이 건조한지 습한지, 또는 습지인지 진흙인지 모래나 자갈이 많은지를 알아야 합니다. 물과 관련해서는 평균 온도와 최고 온도, 맑은 물인지 흙탕물인지, 색깔은 어떤지, 깊은지 얕은지, 갇힌 물인지 흐르는 물인지를 알아야 하고, 특히 강물인 경우는 유속과 낙차의 영향이 얼마나 큰지도 알아야 합니다.14

소로의 시대 이후로 새와 곤충, 그리고 일반적인 자연사 관찰 기록 방식이 여러 형태의 문서로 발표되었다.15 스케치와 기본적인 관찰 방식을 소개하는 '자연 관찰 일지' 작성법에 대한 책도 최근에 많이 나왔다.16 일부 도감은 관찰 노트를 작성하는 방법에 대해서 간단한 설명을 곁들이기도 한다. 신중한 자연사학자는 관찰 노트를 작성할 도구를 고를 때도 어떻게 하면 효과적이고 능률적으로 관찰 내용을 기록할 수 있을지 곰곰이 생각한다. 그 대답은 노트를 작성하는 사람의 특성에 따라, 기록의 필요성 여부에 따라 달라진다. 이 책이 그 주제에 대해 저마다 다른 의견을 개진하는 열두 개의 목소리를 담은 것은 바로 그런 이유에서다.

이러한 여러 가지 연구 기록 방식은 현장에서 발생하는 공통된 변수들 사이에서 균형을 잡도록 도와준다. 우리는 꼼꼼하게 기록하려고 애썼던 사람들에게서 많은 것을 배울 수 있다. 다윈의 탐사 일지를 보면 그가 사실과 이론, 자료와 설명 사이에서 얼마나 고심하고 숙고하며 기록을 작성했는지 잘 알 수 있다. 그가 비글호 항해에서 쓴 동물학 관련 기록의 초고가 되는 메모장을 보면 설명 방식이 매우 묘사적임을 알 수 있다. 거기에는 다윈이 관찰한 많은 사실이 기록되어 있는데 다윈은 그 가운데 서로 연결되지 않아 이해할 수 없는 것들을 보면서 (앞서 예로든 바닷가 도마뱀의 진화에 대한 다윈의 생각이 보여 주는 것처럼) 진화의 문제를 생각하기 시작한다. 나중에 다윈의 이른바 적색 메모장(Red Notebook)과 같은 기록들은 점차 관찰에서 이론으로 내용이 바뀐다.[17] 다윈이 이 메모장을 쓰기 시작한 것은 비글호 항해가 끝날 무렵이었다. 그 메모장에서 다윈의 관심사는 단순히 현지 탐사에서 관찰한 것을 기록하는 것에서 진화의 기초적인 원칙들에 주의를 기울이는 것으로 옮겨 간다. 이는 나중에 이어지는 연구에서 구체화된다.

오늘날에도 자연 현장을 탐사하는 과학자들은 여전히 팽팽한 긴장감 속에서 균형을 유지하며 기록하기 위해 애를 쓴다. 관찰 노트에 담긴 정보의 형태는 그들이 추구하는 목표와 연구 분야에 따라 다르지만 몇 가지 느슨한 범주로 다이어리, 일지, 데이터, 일람표로 나눌 수 있다. 다이어리에는 식사와 지출 내역, 다른 사람과의 만남처럼 일상에서 흔히 일어나는 일에 대한 정보를 기록한다. 일지에는 기상 상황, 날마다의 이동 상황과 지리적 위치, 식물과 동물에 대한 기본적인 관찰 내용이 들어간다. 데이터는 기본적인 행동 관찰, 사실적인 기록, 실험 결과를 포함한다. 일람표는 수집하고 관찰한 것의 목록을 말한다. 이 범주들은 그 사이의 경계가 서로 모호한 부분이 있지만 관찰 노트가 얼마나 다양한지 살펴보는 데 유용하다. 체계적으로 자료를 수집하는 분야에서는 생물 종과 수집물에 대한 정보를 목록으로 정리하는 일이 무엇보다 중요하고, 그 밖의 다른 생태계 정보는 그다지 중요하게 다루지 않는다. 그러나 생태계 연구와 같이 좀 더 경험적인 연구 분야에서는 관찰 노트의 내용이 주로 실험 설계와 데이터 중심으로 구성된다. 고생물학 분야의 관찰 노트는 관찰 대상과 관련된 특정한 사실과 위치에 대한 기록이 반드시 필요하다. 이 책의 저자들은 관찰 노트를 어떻게 하면 사실과 이론, 데이터, 설명을 응축시켜 일관된 기록 형태로 만들지 여러 가지 방법을 고민한다.

of small fish which now begin to run and are
taken in great quantities in the Columbia R.
about 40 miles above us by means of skiming
or scooping nets. on this page I have drawn
the likeness of them as large as life; it
as perfect as I can make it with my
pen and will serve to give a
general idea of the fish. the
rays of the fins are boney but
not sharp tho' somewhat pointed.
the small fin on the back
next to the tail has no
rays of bone being a
= branous pellicle.
to the gills have
each. those of the
eight each; those
are 20 and 2.
that of the back
the fins are of
is of a bluish
the the lower
is of a silve=
part. the
behind the
second of.
the puple
a silver
and
like

thin mem-
the fins next
eleven rays
abdomen have
of the pinna ani
half formed in front.
has eleven rays. all
a white colour. the back
duskey colour and that of
part of the sides and belley
-is white. no spots on any
first bone of the gills next
eye is of a bluis cast; and the
a light goald colour nearly white
of the eye is black and the iris of
white. the under jaw exceeds the uper;
the mouth opens to great extent, folding
that of the herring. it has no teeth.
the abdomen is obtuse and smooth; in this
differing from the herring, shad anchovy;
&c of the Malacapterygious Order & Class
Clupea

어느 연구 분야든 노트에 정보를 어떻게 구성할 것인지는 연구 목적과 조화를 이루어야 한다. 연구 목적의 폭이 광범위한 경우에는 자유롭게 기록하는 방식을 취하지만 그렇지 않은 경우에는 표준화와 일관성이 필요하다. 일지 같이 묶음 형태로 구성되는 정보도 있지만 탐사 카드나 데이터 용지 형태로 기록되는 정보도 있다. 오늘날 기술의 발전 덕분에 우리는 데이터를 다양한 형태로 기록할 수 있다. 그러나 어떻게 하는 것이 가장 좋은 방식인지는 여전히 연구자의 생각과 장기적인 연구 목표에 달려 있다. 현장에서 관찰한 것을 체계적으로 정리할 때 나타나는 긴장 관계는 어떤 것은 본질적으로 시간의 흐름에 따라 구성할 때 만들어지지만 어떤 것은 그렇지 않다는 것이다. 이를테면 다이어리와 일지 정보는 일일 기재 형식이지만, 데이터와 실험 기록은 오랜 기간에 걸쳐 불규칙하게 수집되기 때문에 일기 형식의 기재 사항과 맞지 않을 수 있다. 다윈은 작은 메모장과 일기를 동물과 지리 관련 탐사 내용을 기록하는 전용 노트와 함께 지니고 다녔다. 이 책의 저자들은 자유롭게 기록하는 일기 형식에서 전용 다이어리와 일지, 일람표 형식에 이르기까지 아주 다양한 기록 방법을 보여 준다. 대개는 간편하게 수첩을 들고 다니며 그날그날 짧게 메모해 두었다가, 다윈이 한 것처럼 나중에 정식 일지에 내용을 보완해서 탐사 기록을 옮겨 적는다. 오늘날 현장 과학자들은 현장에서 수집한 정보를 통합하기 위해서 조지프 그리널의 추종자들이 쓰는 전통적인 필기 방식에서 현대식 관계형 데이터베이스(relational database) 방식에 이르기까지 다양한 유기적 해법을 따른다.

현장 탐사 연구자들은 관찰 노트의 내용과 구성의 문제를 다룰 때

메리웨더 루이스의 1806년 2월 24일자 관찰 노트. 오리건주 포트 클랫솝 인근에 머물면서 북태평양 빙어 율라칸(Eulachon, *Thaleichthys pacificus*)에 대해 기록했다.

반드시 자신이 추구하는 목적과 관련해서 기록의 궁극적 가치가 무엇인지 고려해야 한다. 인간의 기억은 일시적이어서 무엇이든 써 놓지 않으면 금방 잊어버리기 때문에 현장에서 바로 기록을 남기는 것은 무엇보다 중요하다. 그러나 관찰 노트를 작성하는 것에는 기회비용이 따르게 마련이다. 무엇인가를 기록하는 순간에는 다른 것을 할 수 없다. 대개는 노트를 정리하는 것보다 실험을 하거나 표본을 만들거나 잠을 자는 것이 더 우선이다. 사람이 모든 것을 기록할 수는 없기 때문에 노트를 정리하는 데 어느 정도 수준에서 시간과 노력을 투자할지 정해야 한다. 이는 현지 조사의 성패를 결정짓는 중요한 요소가 될 수 있다. 통합된 관찰 노트 없이도 소기의 목적을 달성한 일부 저명한 현장 과학자들이 있었던 것은 맞다. 다만 노트를 작성하는 데 얼마나 많은 노력을 기울일지는 어떤 정보가 기록할 만한 가치가 있느냐에 달려 있다.

현장에서의 관찰 노트 작성이 중요한 이유는 실제로 거기에 기록되는 정보의 가치 때문만이 아니라 기록하는 과정에서 중요한 것을 얻을 수 있기 때문이다. 다윈의 동물학 관련 관찰 노트에 실린 채집 목록은 그가 어디에서 무엇을 채집했는지 정확하게 설명하고 있다는 점에서 여전히 과학적으로 중요한 가치가 있다. 그의 관찰 기록은 그가 나중에 《항해기》를 쓸 때 필요한 정보를 제공했다. 관찰 노트에 담긴 기록은 그것을 작성한 과학자 자신뿐 아니라 미래 세대를 위해서도 필요한 정보다. 실험 설계와 이론에 대한 상세한 기록은 혹시 있을지도 모를 오해나 실수를 밝히기 위해 필요할 수도 있고 중대한 발견을 하게 되는 실마리를 제공하기도 한다. 위치 관련 데이터는 앞으로 몇백 년 뒤에 특정한 생물을 발견하려고 할 때 필요한 정보를 제공할 것이다.

어떤 정보가 미래에 필요한 정보가 될지는 아무도 예측할 수 없다.

그러나 정확하고 체계적으로 기록된 정보가 현장 탐사 연구의 바탕이 된다는 것은 명백한 사실이다. 실험실에서 연구하는 사람들에게 실험 노트가 중요한 것처럼, 관찰 노트는 현장에 나가서 연구하는 사람들에게 가장 기본이 되는 도구다. 관찰 노트의 내용이 이렇게 중요한 가치가 있음에도 사람들은 기록하는 행위에 대해서 과소평가하거나 그것이 주는 의미를 정확하게 이해하지 못하는 경우가 많다. 예컨대 다윈의 관찰 노트에 담긴 정보들이 하나같이 모두 없어서는 안 될 중요한 정보라는 것은 누구나 안다. 그러나 노트를 작성하는 과정에서 다윈이 전에 옳다고 생각했던 것을 다시 생각할 수밖에 없었다는 사실에 주목하는 사람은 별로 없다.

관찰한 것을 상세하게 옮겨 적다 보면 잠시 멈춰서 생각을 가다듬지 않을 수 없다. 성공이든 실패든 날마다 실험 과정을 기록하는 것은 그날그날의 작업이 연구 과제의 기본 목표와 이론에 얼마나 충실한지를 솔직하게 평가할 수 있는 기회를 제공한다. 각종 실험과 성과, 관찰 내용을 설명하고 기록하는 데 많은 시간이 걸리지만, 그 과정에서 꼼꼼히 검토를 해야 하기 때문에 그것은 결국 연구자에게 유익한 작업이다. 어느 연구 분야든 기록은 과학의 공통된 특징이다. 예컨대 다윈이 바다이구아나를 설명하는 것을 보면, 우리는 다윈이 비글호를 타고 동물학 관련 관찰 노트를 작성하면서 바다이구아나의 '어리석기 짝이 없는 행동'의 원인이 무엇인지 깊이 생각하는 모습을 떠올릴 수 있다.

시간의 기회비용과 기록의 가치에 대한 딜레마와는 대조적으로, 현장에서 정보를 수집하는 기술이 발전하면서 또 다른 문제들이 모습을 드러냈다. 각종 디지털 매체의 등장은 관찰 노트의 작성을 더욱 쉬우면서도 복잡하게 만들었다. 컴퓨터 감지기와 디지털카메라, 마이크 등 각종 휴대용 장비는 순식간에 엄청나게 많은 정보를 포착할 수 있

Charles L. Hogue   COLLECTING NOTES   No. *CLH 1649*

Locality *2 mi. S. Little Rock Dam ⓜ San Gabriel Mts.*   Coords. *118° 1' - 34° 27'*
District *CALIFORNIA*   Sub. *Los Angeles County*   Country *U.S.A.*
Date *15 May 1965*   Time *1 PM*   Elevation *3800'*
Collected by *C.L. Hogue*   Method *net*

SITE

(TERRESTRIAL) *Visiting flowers of Salix sp. growing by small, sluggish stream*

Weather *almost clear, hot day (third in a series of three following mild storm)*
Temperature *85* deg. F.   Humidity *16* rel. %   Barometric pressure *29.6* rise ✓ fall
Clouds *sparse, high*   Wind *intmt. breezes* force *0 - 10 mph.* direction *S - SSE*
Terrain *gravelly, boulder strewn wash* slope *level* direction

(AQUATIC) *Small ground pool in a shallow depression beneath edge of a large Baccharis shrub ⓟ*

Size *oval, 6' x 2'*   Flow *none - stagnant*
Salinity *none (by taste)*   Other solutes *not determined*
Temperature *73* deg. F.   Color *clear*   Surface *light bacterial scum*
Bottom *algae covered granite rocks.*   Shade *partial*
Vegetation *abundant & thick masses of Spirogyra; sparse grass near edge*

(ANIMAL HOST) *wood rat*
Species *Neotoma fuscipes macrotis* det. *C.L. Hogue*
Age *adult*   Size *388 - 191 - 39 - 32*   Sex *♂*
Situs *base of tail*   Preserved: yes ✓ no   Museum *LACM* no. *28621*

OTHER

GENERAL ENVIRONMENT

Artificial
Natural *Shadscale Scrub (Munz & Keck)*

COLLECTIONS

No.	Identification	Remarks
A	*Autographa californica*	*♀ - confined, laid 60 eggs (over)*
B	*blue megachilid bee*	*exhibited peculiar feeding behavior ✳*
C	*large tachinid*	
D	*Andrena sp.*	
E	*Culiseta incidens*	*2 blooded ♀♀; both confined, #1 laid 30 eggs, #2 " 40 "*

✓ ✳ See supplemental sheets for additional notes.   ✓ ⓟ Photographs   ✓ ⓜ Maps

FIG. 1.—Field-note form, front. Hypothetical examples are inserted for all categories under "Site." Under actual conditions, only 1 category would be completed for each collection.

찰스 호그가 작성한 표준화된 관찰 노트 형식의 예.

다. 그러나 체계적으로 정리되지 않은 정보는 사람들에게 헛된 성취감을 안겨 줄 뿐이다. 이렇게 얻은 정보는 내용이 응축된 관찰 노트가 아니다. 그러한 데이터는 자연스럽게 통합되지 않은 채 대개 저마다 특수한 사용 기술이 필요한 여러 개의 도구에 분산되어 있기 마련이다. 따라서 이처럼 가공되지 않은 정보는 그것을 어디에서 어떻게 작성했는지에 대한 설명과 내러티브가 부족하다. 그런 기록을 제공하는 것이 바로 관찰 노트의 역할이다. 현장에서 일어난 일이나 발견한 것을 어떻게 기록할지를 정할 때는 무엇이 어디서 어떻게 일어났는지 제3자가 보더라도 이해하기 쉽게 설명해야 한다는 점을 고려해야 한다.

관찰 노트를 작성할 때 기술이 중요한 역할을 한다는 것은 틀림없다. 오늘날 많은 현장 탐사 연구자들은 기록한 것을 디지털 매체로 편집할 수 있는 형태로 바꾸는 방법을 찾는다. 탐사 기록에 적용되는 신기술 가운데 자동으로 기록을 복제할 수 있는 전자펜과 디지털 일지 소프트웨어가 널리 사용되고 있다.18 관계형 데이터베이스는 데이터와 가상 노트를 컴퓨터로 연결시켜 빠르고 강력한 접속과 검색을 가능하게 한다. 그러나 우리가 쓰는 필기도구가 전자펜이든 볼펜이든, 관찰 노트를 작성하는 목적은 변하지 않는다.

이 책의 저자들은 관찰 노트에 적용되는 기술적 접근 방식에 대해서 서로 다른 의견을 보인다. 이러한 다양한 관점은 디지털 관찰 노트로 무엇을 얻고 무엇을 잃는지 등 여러 가지 문제를 제기한다. 워드프로세서나 디지털카메라로 기록된 정보와 연필로 쓰고 그린 정보 사이에는 과연 어떤 차이가 있을까? 블로그나 디지털 슬라이드쇼에 관찰 내용을 기록하는 젊은 자연사학자들은 이전 세대들이 기록한 관찰 노트를 보고 무엇을 배울 수 있을까? 직접 손으로 쓰면 기록이 더 완벽해진다는 보장이 있을까? 관찰 노트가 어떻게 만들어지든 그것을 만드는 일은 과학자와 자연사학자 들에게 지금도 여전히 매우 중요하다.

대다수 현장 연구자들의 관찰 대상은 과학의 요소와 자연사의 요소를 모두 가지고 있다. 그러나 연구 목표에 따라 사용하는 수단이 다르다. 진화생물학자 나오미 피어스(Naomi Pierce)는, 저명한 사회생물학자 베르트 횔도블러(Bert Hölldobler)가 자신에게 관찰한 것을 단순히 기록하는 데 그치지 말고 그것들을 정량화하는 것에 집중하라고 했다고 이야기한 적이 있다. 우리가 실제로 특정한 각종 상호 작용을 조사하기 위해서 현장 탐사에 나서는 것이라면, 데이터 용지와 필기장에 정보를 체계적으로 기록해서 나중에 그것들을 정밀하게 비교할 수 있게 하는 것은 매우 중요하다. 그러나 일반적인 관찰을 하거나 새로운 동물이나 식물상을 연구하기 위해서 나서는 것이라면, 아무런 형식이 없는 일지에 관찰 내용을 자유롭게 적는 것이 더 나을 수 있다. 나는 여기서 다양한 접근 방식 가운데 어느 것이 좋다고 판정을 내리거나 '진정한' 관찰 노트가 무엇인지 정의를 내릴 생각이 없다. 그보다는 이 책이 제공하는 다양한 관점을 통해 연구자들이 자신에게 맞는 관찰 노트를 고르고 여러 가지 기록 방식을 꼼꼼히 살펴볼 수 있기를 바란다. 열정적인 현장 과학자들은 데이터 용지에 기록하는 것 말고도, 다이어리에 정보를 기록하는 것이 엄격한 과학적 승인을 받아야 하는 논문을 쓸 때 어떤 역할을 하는지, 또는 일지가 어떻게 실험과 생물에 대해서 더욱 총체적으로 바라볼 수 있는 폭넓은 시각을 제공하는지, 심지어 나중에 자신들의 현지 탐사를 되돌아 볼 때 그것이 개별적으로 어떤 의미가 있을 것인지를 충분히 고려할 것이다. 아무리 옛날 자연사학자들의 기록 방식을 충실히 따른다고 해도 관찰 정보를 정량화하는 것이 연구를 더욱 설득력 있게 만들 것이라는 데는 두말할 여지가 없다.

결과적으로 누구든 이 책을 통해서 훌륭한 현장 과학자와 자연사학자 들이 어떻게 탐사 일지를 작성하는지 살펴볼 수 있을 것이다. 이 구체적인 사례들은 그대로 채택하거나 상황에 맞게 그때그때 세부적으로 수정해 적용할 수 있는 것들이다. 또한 자연 세계에 관심이 있는 사람이라면 누구라도 사례에 나오는 방법을 출발점으로 삼을 수도 있다. 이 책의 저자들은 다양한 연구 분야에 걸쳐 기록에 대한 고유하면서도 보편적인 문제들을 제기한다. 또한 자신들의 특이한 버릇이나 남다른 행동, 실제로 겪은 진기한 모험은 탐사 주제를 더욱 폭넓게 해 준다는 것을 보여 준다. 이를 통해 인간이 어우러진 탐사 현장에서 자연사학자들이 어떻게 생각하고 연구하는지를 엿볼 수 있을 것이다.

지난 300년 동안 독자적인 양식으로 성장한 관찰 노트의 전통은 자연을 연구하는 사람이라면 누구에게나 지금도 여전히 유효하다. 탐사의 다양성과 복잡성 때문에 기록의 범위와 수단이 점점 늘어났지만, 관찰 노트의 기본적인 역할과 중요성은 바뀌지 않았다. 이 책에 나오는 다양한 사례와 생각, 설명은 관찰 노트의 귀중한 전통을 이어 가기 위한 첫 번째 단계일 뿐이며, 우리가 자연계에 대해 더욱 정확하고 의미 있는 기록을 꾸준히 남겨야 하는 이유를 일깨워 줄 것이다.

마이클 R. 캔필드 Michael R. Canfield
아메리카 대륙에 서식하는 자나방의 일종인 에메랄드모스(emerald moth)의 애벌레를 연구한다. 구체적으로, 애벌레의 위장 형태가 어떻게 먹이에 따라 달라지는지를 연구하는 과학자이다. 곤충에 관한 진화생물학 외에 자연사의 주제들에 대해 폭넓게 관심을 가지고 있다. 자연사학자들이 관찰 노트를 어떻게 기록하는지가 궁금해 이 책을 기획하게 되었다. 현재 하버드 대학교 개체 및 진화생물학과에서 곤충의 위장술과 생태를 가르치고 있다.

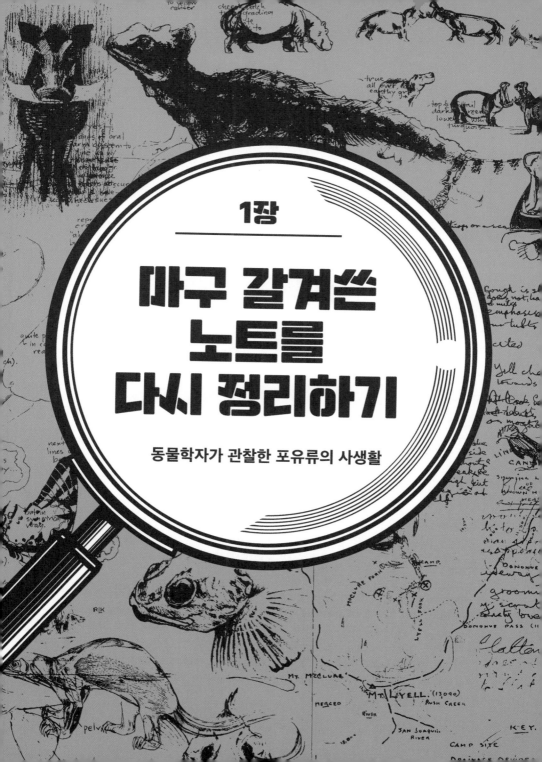

1장

마구 갈겨쓴 노트를 다시 정리하기

동물학자가 관찰한 포유류의 사생활

"나는 동물을 지켜보는 것을 좋아합니다.
동물이 어떤 행동을 하는지를 지켜보는 거지요.
동물종의 일대기를 글로 쓰는 것은 즐거운 일입니다."

조지 셸러 George B. Schaller

지난 60년 동안 아프리카와 아시아, 남아메리카 등 여러 나라에서 많은 시간을 보내며 고릴라, 사자, 대왕판다 등 멸종 위기에 처한 동물과 티베트 고원의 영양 등 잘 알려지지 않은 야생 동물을 연구했다. 그는 이 분야의 선구자로서 생태 보존에 필수적인 수많은 정보를 밝혀낸 걸출한 세계적인 현장 생물학자로 널리 알려져 있다. 1963년 《마운틴고 릴라》를 통해 고릴라가 얼마나 영리하고 온화한지를 대중에게 처음 알렸다. 1988년 중국의 쓰촨성 지역에서 수행한 대왕판다 연구는 판다를 보호하는 데 크게 기여했다. 그는 대왕판다의 개체군이 감소하는 이유가 자연의 대나무가 죽기 때문이라는 주장을 반박하고, 사람들의 지나친 관심이 포획을 부추기기 때문이라는 사실을 밝혀냈다. 셸러의 연구 기록은 야생 동물을 보호하고 과학 저술을 하는 데 탄탄한 기초가 된다. 포유동물학자이자 동물보호론자, 과학 저술가로 꾸준히 활동하고 있다.

과학자가 자연을 연구하지 않을 때는 그렇게 하는 것이 더 낫기 때문이다. 과학자가 자연을 연구하는 것은 그것을 즐기기 때문이다. 그가 그것을 즐기는 것은 자연이 아름답기 때문이다.

쥘 앙리 푸앵카레(Jules Henri Poincaré)

갈기 달린 수사자 세 마리와 암사자 일곱 마리, 어느 정도 자라 몸집이 큰 새끼 네 마리, 아직 어린 새끼 여섯 마리. 한 무리의 사자 떼가 몇 시간 동안 한자리에서 게으름을 피우더니 드디어 몸을 움직이기 시작한다. 밤이 깊어지기 전이다. 달빛이 은색으로 환하게 물들이는 세렝게티 초원에 사자들이 서서히 그림자를 드리운다. 사자를 관찰하기 위해 어떤 인공 불빛도 쓸 필요가 없다. 그런 불빛은 오히려 사자들의 사냥을 방해할 뿐이다. 멀리서 들리는 점박이하이에나(spotted hyena)의 들뜬 울음소리를 빼고는 이 광활한 초원의 침묵을 깨는 것은 아무것도 없다. 사자들의 묵직한 발걸음은 그 밑의 연약한 풀들을 짓밟는다. 무리에서 약간 떨어져 있던 암컷 한 마리가 혹멧돼지가 숨어 있는 굴을 파기 시작한다. 갈고리 발톱을 빼 들고 양발을 교대로 움직이며 모래흙을 뒤로 파낸다. 암사자 두 마리가 합세하여 서로 번갈아가며 굴을 판다. 나머지 사자들은 그 주위를 어슬렁거린다. 한 시간쯤 지나서 암사자들이 깊이가 0.6미터, 수평으로 2.5미터 정도 되게 굴을 팠다. 갑

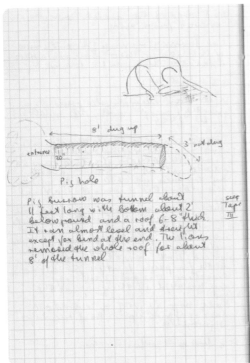

0135 ½ fill digging   34

0137 several times ♀ had put head
into hole and jerked it back
suddenly. Now she reaches in and
grabs something. Her head is out
of sight and she is straining.

No 2 ♂ arrived within past half hour.
Now he and No3 ♂ come up and
stand by ♀. The other ♀ who had
been digging paws at the hole
entrance, creating a dense cloud
of dust.

After 8 min of holding the head in
the hole, the ♀ starts to pull.
A ♂ warthog squeals. She seems to
have it by the nape. As she pulls
it out the 2 ♂ grab it too. Rest
of pride rushes up and the pig
is covered so completely that it
is invisible under the mass of lions.
3 small cubs eat too.

0200 Only the head has meat left.
The animals are scattered with
bones gnawing. The 2 ♂ squabble
over the head. While ♂3 lies on
his side, ♂2 is draped over his
neck, each retaining his hold.
They keep this position for 5
min, then ♂3 gets head when other
gives up. He takes head 100' and
eats.

8' dug up
3' not dug
entrance
10'

Pig hole

Pig burrow was tunnel about
11 feet long with bottom about 2'
below ground and a roof 6-8" thick.
It ran almost level and through
except for bend at the end. The lions
removed the whole roof for about
8' of the tunnel

see
Tape
III

1966년 10월 29일, 세렝게티에서 사자 한 무리가 어떻게 굴을 파서 혹멧돼지를 찾아내는지를 기록했다.

자기 암사자 한 마리가 굴 속으로 머리를 들이밀더니 무엇인가를 움켜잡고 밖으로 끌어당긴다. 암사자의 강인한 어깨 근육이 불룩거린다. 수사자 두 마리가 슬그머니 다가와서 기대 섞인 눈초리로 그 모습을 지켜본다. 또 한 마리의 암사자가 주변을 흙먼지로 뿌옇게 뒤덮으며 계속해서 땅을 판다. 8분 동안이나 잡은 것을 놓지 않고 있던 암사자가 갑자기 힘을 주어 세게 끌어당기자 혹멧돼지 수컷 한 마리가 목덜미를 잡힌 채 꽥꽥 소리를 지르며 굴에서 질질 끌려 나온다. 사자 떼는 순식간에 발버둥 치며 어쩔 줄 몰라 하는 혹멧돼지에게 달려들어 덮친다. 갈기갈기 찢겨져 나간 혹멧돼지의 내장과 피비린내로 대기가 무겁

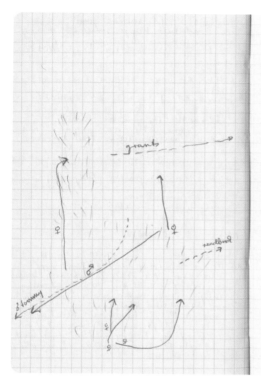

게 내려앉는다. 새벽 2시, 수사자 두 마리만이 여전히 혹멧돼지의 머리를 놓고 승강이를 하고 있다. 나머지 사자들은 자기 몸이나 서로를 핥거나 남은 고기를 뜯어먹거나 이빨로 뼈를 부셔뜨린다. 날이 밝을 무렵, 사자 떼가 일곱 번을 으르렁거렸다. 나는 사자 무리가 천둥처럼 포효하는 소리를 테이프에 녹음한다.

새벽 5시 10분, 나는 아내 케이와 두 아들이 살고 있는 방갈로로 차를 몰고 돌아간다. 지난 24시간 동안 사자 떼가 4킬로미터를 나아가면서 세 차례에 걸쳐 산만하게 사냥감을 쫓는 것을 보았다. 한 번은 리드벅(reedbuck)이라는 영양이었고 두 번째는 가젤이었다. 나는 또 누가

사자들의 실패한 사냥에 대한 상세한 설명. 사자들의 단호하지 못한 결정으로 두 차례 모두 사냥에 성공하지 못했다. 위 그림은 암사자 두 마리가 그랜트가젤(Grant's Gazelle) 한 마리를 몰래 뒤쫓는 모습을 보여 준다. 아래 그림은 암사자 세 마리가 리드벅 영양 한 마리에게 다가가는 모습을 그린 것이다.

누구와 서로 교류하는지 기록했고, 전반적으로 사자 무리의 틀에 박힌 일상 활동에 대한 각종 사실 정보를 얻었다. 세렝게티에서 3년 반을 보내는 동안 사자 떼의 움직임에 관한 수많은 단편적 정보들, 즉 사자 무리의 먹이가 되는 동물들의 나이, 성, 물리적 조건, 그리고 무리 내부나 다른 무리 사이에서 사자 한 마리 한 마리가 어떻게 사회적으로 반응하는지에 대한 정보를 수집했다. 이런 데이터를 수집한 까닭은 '사자의 포식성이 먹이가 되는 동물들의 개체 수에 어떤 영향을 미치는가?'를 알기 위해서였다. 이러한 자료를 조사하는 일에는 어떤 일정한 패턴을 찾아내어 결론을 추출하고 심지어 예측까지 할 수 있는 충분히 큰 표본을 얻을 때까지 동일한 사실들을 반복해서 기록하는 작업이 필요하다. 사자들이 가장 활발하게 활동하는 때가 한밤중이다. 낮에는 대개 꾸벅꾸벅 졸거나 잠을 잔다. 따라서 이러한 데이터를 수집하기 위해서는 며칠 동안 밤낮으로, 특히 밤중에 잠을 자지 않고 동물들을 지켜보아야 했다.

평소에는 세렝게티의 동물들이 근처에 있어도 전혀 꺼려하지 않고 실제로 해를 끼치지도 않는 랜드 로버(지프차의 하나—옮긴이)에 홀로 앉아서 사자들을 관찰하곤 했다. 사자를 관찰하기 위해서는 그들과 아주 가까운 거리에 있어야 하지만 그들의 일상에 영향을 끼칠 정도는 아니어야 한다. 쌍안경, 삼각대가 달린 망원경, 노트, 펜이나 연필은 관찰을 위한 기본 도구였다. 갑자기 어떤 일이 일어나면 바로, 아니면 직후에 휴대용 노트에 그 내용을 갈겨썼는데, 대개는 종이를 보지 않고 몇 가지 핵심 낱말만 적었다. 밤중에는 특히 더 그랬다. 사람의 기억력은 매우 부정확하기 때문에 그때그때 보거나 생각난 것을 빨리 메모해 두는 것이 꼭 필요하다. 나는 암사자들이 먹잇감을 뒤쫓으며 사방으로 흩어질 때처럼 동물들이 이동하는 경로와 대강의 거리를 약도로 그렸다. 동물의 자세를 간단하게 스케치하는 것은 나중에 그 동물을 마음속에 떠올릴 때 도움이 되었다. 활동 점검표는 무선 송신기를 통해 얻은 동물들의 활동 기록이나 그와 비슷한 단순한 기록을 표로 만들 때 중요한 구실을 했다. 그러나 나는 동물의 행동을 요약해서 기록하는 것을 별로 좋아하지 않는다. 동물들의 중요한 행동에 대한 상세 설명은 목록에서 따로 항목을 두지 않기 때문에 쉽게 무시되거나 적절한 주목을 받지 못하고 버려질 수 있다. 하지만 사람들에게 잘 알려지지 않은 일화적인 사건은 종종 특별한 통찰을 제공한다.

나는 캠프에 돌아오면 마구 갈겨쓴 관찰 노트를 다시 읽기 쉽게 정리해서 좀 더 상세하게 따로 기록했다. 어떤 경우에는 그 작업을 하는 데 한 시간 넘게 걸릴 때도 있었다. 또한 노트를 다시 정리하면서 나름대로 해설과 생각을 덧붙였다. 나는 크기가 가로 12센티미터, 세로 19센티미터, 또는 가로 20센티미터 세로 25.5센티미터의 60쪽짜리 양장본 노트를 썼는데, 지금도 마찬가지다. 명확하게 기록하는 것은 나중에 개별적인 관찰 내용을 요약·정량화하고 해석해서 학술 논문의 기초 자료로 쓰는 데 반드시 필요한 작업이었다. 그렇게 정리해 쓴 것은 나중에 하나를 잃어버릴 경우를 대비해 복사본을 만들어 두 개의 기록을 따로 보관한다. 사자에 대한 관찰 내용을 최종 정리한 노트는 누구나 이용할 수 있도록 색인을 만들고 반영구적으로 장정을 해 두었다. 이들 노트는 지금까지 23개국을 돌며 야생 동물을 연구한 결과로 나온 300권의 관찰 노트 가운데 일부다. 베트남 열대우림에서 희귀한 자바코뿔소(Javan rhinoceros)를 연구하거나 보르네오섬 사라왁에서 오랑우탄의 개체 수를 조사할 때처럼 한두 달에 조사가 끝나는 경우에는 관찰 노트가 한 권이면 충분하다. 그러나 사자나 대왕판다 같이 조사 기간이 오래 걸리는 동물의 경우에는 관찰 기록한 노트가 책꽂이 선반 하나를 꽉 채울 수도 있다.

　나는 학술적인 목적의 일지 말고도 개인적인 일지를 따로 작성한다. 일상에서 느끼는 인상, 생각, 관심사, 불평을 기록한 일지다. 거기에는 내 가족들의 행동과 내 활동을 쓰고 다른 사람들에 대한 비평, 그리고 학술적인 목적을 넘어서는 문제들을 이야기한다. 때로는 감상적인 느낌을 기록하기도 하는데, 이를테면 새로운 것을 발견했을 때의 기쁨, 석양을 등지고 선 기린의 모습에서 보이는 아름다움, 또 다른 존재의 풍요로운 삶을 관찰하면서 느끼는 깊은 만족감이 그런 것들이다. 그러한 기록은 나중에 독자와 동물 사이에 교감을 일으키는 대중적인 글을 쓸 때 필요하다.

　오늘날 같이 기술이 발전한 시대에 나처럼 손으로 글을 쓰는 사람은 시대에 뒤떨어진 사람처럼 보일지 모른다. 나는 녹음기를 써서 기록하지 않는다. 내가 현지 탐사를 시작할 때만 해도 휴대용 컴퓨터는 나오지도 않았다. 기계는 잘못하면 너무도 쉽게 데이터를 잃는다. 탐사 현지의 거친 환경 속에서 기계를 이용하려면 세심하게 관리해야 한다. 게다가 그것은 항상 들고 다녀야 할 또 하나의 짐이다. 도둑맞기도 쉽다. 그러나 나도 필요하면 기술을 사용한다. 이를테면 필요한 데이터를 쉽게 제공해 주는 위성 항법 장치(GPS)나 무선 원격 추적 같은 기술이 그것이다. 내가 가장 집중하는 것은 어떤 동물의 종과 관련된 역사 기록, 즉 그 종의 일대기를 기록하는 것이다. 그러기 위해서는 그 동물과 가까이 있어야 한다. 컴퓨터 화면을 바라보고, 탐사 지역 상공을 날고, 인공위성이 전달해 준 지도 위 좌표들을 그리는 것은 모두 수많은 유용한 정보에 보탬이 될 수 있다. 그러나 그런 정보 가운데 어떤 것도 동물과 함께 하는, 흔히 신발에 흙을 묻히는 힘든 일이라고 하는 것에서 느끼는 즐거움이나 거기서 얻는 지식과 경험은 제공하지 못한다.

오스트리아 동물행동학자 콘라트 로렌츠(Konrad Lorenz)는 생전에 동물의 행동을 말할 때 "묘사는 생략하고 의견만 내세우는 그릇된 최근의 경향"에 대해서 탄식했다. 다행히도 나는 지금까지 현지에서 많은 시간을 직접 동물들과 접촉하면서 보고 듣고 쓰는 즐거움을 만끽하고 있다.

이러한 긴밀한 만남 덕분에 나는 눈표범(snow leopard), 재규어와 같이 사람들 눈에 잘 띄지 않는 신비에 싸인 동물에 대한 이해도를 높일 수 있었다. 때로는 이런 동물들을 진정시키거나 손으로 만지기도 하고 꼬리표를 붙이거나 무선 수신 장치를 목에 달기도 했다. 그러나 그들의 복잡한 삶에 인간이 그렇게 무단으로 개입하는 것은 정서적으로나 심리적으로 큰 상처를 줄 수 있으며, 경솔하게 덫을 놓거나 약물을 주입하면 심지어 죽을 수도 있다. 나는 동물들을 하나하나 생명체로서 존중하며 그들을 평안하게 지내게 할 의무가 있다고 생각하기 때문에 동물들을 포획할 때 극도로 조심한다. 그럴 때마다 참을성 있고 끈덕진 관찰자가 될 때 배우는 것이 얼마나 많은지 알고는 새삼 놀라는 경우가 매우 많다.

연구를 수행할 때마다 정량적인 데이터를 많이 모아야 한다는 압박감이 있다. 그래야 탐사에 대한 재정 지원을 정당화할 수 있고 연구의 과학적 신뢰성을 높일 수 있기 때문이다. 정보를 엄밀한 방식으로 모으고 싶다면 될 수 있으면 어떤 행동 연구에서든 동물을 하나하나 개별적으로 구별할 수 있어야 한다. 흉터와 털 무늬, 기타 소소한 특징을 항목으로 기록해 놓으면 특이한 특징을 확인하거나 항목을 서로 조합해서 그 동물을 식별할 수 있다. 나는 호랑이의 얼굴에 그려진 줄무늬를 보고서 그 호랑이가 어떤 녀석인지 쉽게 알 수 있었다. 사회적으로 무리를 짓고 다니는 종일 경우는 개체들 사이의 특징을 비교해 훨씬

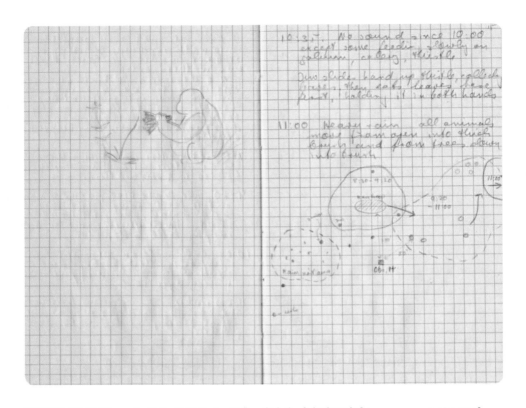

1960년 1월 12일, 당시 벨기에령 콩고의 알베르 공원(오늘날 콩고 민주 공화국의 비룽가 국립 공원)에서 마운틴고릴라를 추적하면서 작성한 기록이다.

더 쉽게 식별할 수 있다. 예컨대 마운틴고릴라(mountain gorilla)는 코의 모양과 잔주름 덕분에 100마리가 넘는 녀석들을 구별해 이름을 지어 줄 수 있었다. 그렇게 관찰 대상이 되는 동물들을 하나하나 식별할 수 있게 되면 연구는 새로운 차원으로 올라간다. 우리가 관찰하려고 하는 동물의 생활을 아주 잘 알게 될 뿐 아니라 그들 집단에 대해서도 자세하게 파악할 수 있다. 그 내용은 관찰 동물을 식별할 줄 모르면 제대로 알 수 없는 것이다. 연구 대상인 동물들을 하나하나 알게 되면 노트에 기록되는 관찰 내용은 인간미가 넘쳐나기 시작한다. 건조한 사실 관계를 넘어서 관찰자의 감성이 이입되고 거기서 더 나은 직관과 통찰력이 생긴다.

그럴 때 비로소 모든 동물은 개인사를 지닌 하나의 독립된 개체가된다. 그들의 행동 하나하나는 친구, 적, 친척, 이웃의 영향을 받아 나타난 것들이다. 우리는 동물을 인터뷰할 수는 없기 때문에 현재로부터 과거를 유추할 수밖에 없다. 따라서 거기서 나온 결론은 왜곡될 수도 있다는 것을 인정해야 한다. 이상적으로는 적어도 한 동물의 일생을 지속적으로 연구해야 한다. 사자의 경우는 15년에서 20년 정도, 고릴라의 경우는 30년에서 40년 정도를 관찰해야 한다는 말이다. 내가 이두 종의 동물을 연구한 지는 각각 2~3년밖에 안 되었지만 다른 사람들은 1960년대부터 지속적으로 연구해 왔다. 나처럼 겨우 초보적인 연구 단계에 있는 사람들은 관찰 대상의 식습관이나 틀에 박힌 일상 활동처럼 쉽게 관찰할 수 있는 것이면 무엇이든 기록하면서 마구잡이로 모든 정보를 포착하려고 한다. 이전에 이루어진 다른 동물에 대한 연구 결과가 어느 정도 지침이 되기도 하지만, 모든 종은 저마다 고유한 특성이 있어서 새로운 생물체의 특성과 그것이 취하는 독특한 행동의 의미를 찾아낼 수 있는 새로운 관점이 필요하다.

과학적 개념은 진화하고 새로운 의문은 끊임없이 제기된다. 과학 연구는 그렇게 시작해서 점점 더 확장된다. 내가 쓴 《마운틴고릴라(*The mountain gorilla*)》와 알렉산더 하코트(Alexander Harcourt)와 켈리 스튜어트(Kelly Stewart)가 공동으로 쓴 《고릴라 사회(*Gorilla Society*)》를 비교해 보라. 후자의 접근 방식이나 세부 내용이 전자와 비교해서 얼마나 큰 차이가 나는지 주목하라. 나는 《마운틴고릴라》에서 세상에 거의 알려지지 않은 수수께끼 같은 종에 대한 연구에 끊임없이 빠져들었다. 그 책의 일부는 나의 모습이기도 하다. 그러나 내가 그러한 베일에 싸인 종들이 무엇인지 실체를 밝혀내고 기록하는 것에 관심을 갖게 된 것은 나보다 앞서 동물행동학을 연구한 학자들의 노고 덕분이었다.

위대한 자연사학자 세 사람의 현지 조사는 내가 동물 연구를 바라보는 시각에 큰 영향을 끼쳤다. 동물을 무척 사랑하는 그들은 자신들이 느낀 발견의 기쁨을 전달하고 다른 사람들의 열정을 자극하기 위해서 대개 자신들이 관찰한 것을 아주 쉬운 말로 설명했다. 콘라트 로렌츠의 《솔로몬의 반지(King Solomon's Ring)》와 니콜라스 틴베르헌(Nikolaas Tinbergen)의 《괴짜 자연사학자(Curious Naturalist)》는 내 나름의 동물 연구에 대한 접근 방식을 형성하는 데 영향을 끼친 책으로 누구든 이 책들을 통해서 내가 느낀 것과 같은 영감을 쉽게 얻을 수 있을 것이다. 이 책들은 동물행동학의 기틀을 세운 두 학자가 자연계를 바라보며 깊이 성찰하는 모습을 분명하게 보여 준다. 그들의 열정은 곧바로 내게 옮겨 왔다. 1956년, 나는 올라우스 뮤리(Olaus Murie)가 이끄는 알래스카 브룩스산맥 원정대의 보조 탐사대원으로 현지에서 동물을 직접 관찰할 기회를 얻었다. 우리의 연구 결과로 브룩스산맥은 북극권 국립 야생 보호 구역(Arctic National Wildlife Refuge, ANWR)이 되었다. 나는 그곳에 서식하는 새의 목록을 만들고 식물 표본을 채집하고 전반적으로 그 지역의 풍요로운 자연 환경 요소들에 대한 일람표를 작성하면서 멋진 여름을 보냈다. 올라우스는 당시에 60대 후반이었지만 날마다 호기심과 경이감으로 자연을 대했다. 그는 자신이 "무형의 소중한 가치(precious intangible values)"라고 부르는 이러한 야생 지역의 중요성을 우리에게 일깨워 주었다. 나는 지난 몇 년 동안의 현지 탐사 작업을 기록한 관찰 노트들을 되짚어 보며 이러한 경험들이 내게 얼마나 깊은 감명을 주었는지를 깨닫는다. 당시에 동식물을 어떻게 관찰하고 기록하는지, 또한 이러한 "무형의 가치"를 어떻게 이해하는지를 배우면서 오늘날 과학과 자연 보존에 대한 내 생각을 정립할 수 있었다.

내가 초기에 진행한 세부적인 연구들은 주로 국립 공원 안에서 이루어졌다. 그것들은 생물 종의 자연사에 초점이 맞춰져 있었다. 당시에 자연 보존의 문제는 사회·경제·정치 문제와 긴밀하게 연결되어 있어 민감했기 때문에 자연 보존의 문제를 뒤로 미루고 생물 종의 자연사를 이해하고 발전시키기는 것이 먼저일 수밖에 없었다. 그러나 지금은 상황이 바뀌었다. 오늘날 나는 주로 생물 종을 보호하고 잘 다루기 위해서 데이터를 수집한다. '치루(Chiru)'라고 하는 티베트 영양이 그 좋은 예다. 이 우아한 동물은 대개 중국에 있는 해발 4,300미터의 티베트 고원에서 이리저리 옮겨 다니며 산다. 이 동물이 돌아다니는 면적은 50만 제곱킬로미터가 넘는다. 텍사스 주보다도 더 넓은 면적이다. 치루는 '샤투슈(shahtoosh)'라고 하는 고운 양모 때문에 오랫동안 사냥꾼들의 주요 표적이 되어 멸종 위기에 처해 있다. 이렇게 광활한 지역에 흩어져 있는 동물을 보존하는 데 필요한 기본 정보를 얻기 위해서는 그 동물들이 아무 제약도 받지 않고 생활하는 벽지로 탐사를 나가야 한다.

나는 지역 동료 학자들의 협조를 받아서 치루 무리의 서식지, 크기, 구성에 대해서 기록한다. 출생률과 사망률, 사망의 원인, 이주 경로, 계절별 식습관, 식물의 영양소, 야생 동물과 가축 사이의 경쟁과 같이 다양한 주제를 조사한다. 우리는 그 지역에서 포식 동물의 먹잇감이 치루인지, 가축인지, 마멋(marmot, 작은 토끼만 하고 온몸이 회갈색 털로 덮여 있는 다람쥣과 마멋속의 포유류—옮긴이)인지 알기 위해 늑대가 배설한 똥을 채집한다. 치루와 같은 동물의 관찰은 사자와 고릴라 연구처럼 대상 동물을 집중적으로 관찰하는 것과 달리, 어떤 면에서 넓은 지역을 옮겨 다니며 관찰해야 하는 규모가 방대한 연구다. 이 연구를 통해서 마침내 그곳을 자연 보존 지역으로 지정해야 한다는 결론에 이르렀다.

Misc behavior

- ♂ heads in headlow (so as not to frighten ♀♀), but then gives brief headdown as if to startle ♀♀. Stops and bellows

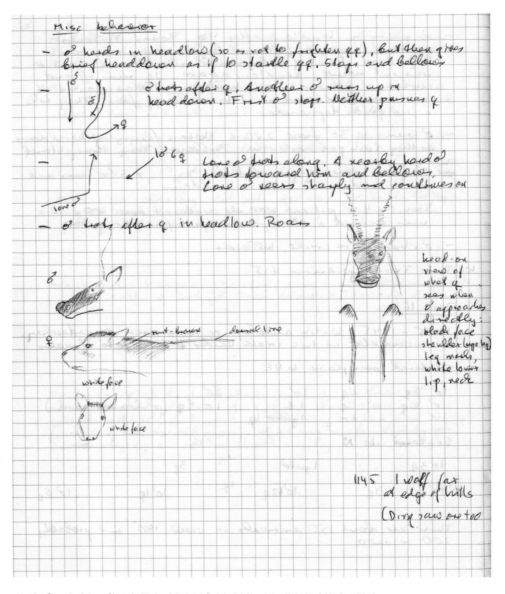

- ♂ trots after ♀. Another ♂ runs up in head down. First ♂ stops. Neither pursues ♀

- 18 ♂ ♀ Lone ♂ trots along. A nearby herd ♂ trots toward him and bellows. Lone ♂ veers sharply and continues on

- ♂ trots after ♀ in headlow. Roars

head-on views of what ♀ sees when ♂ approaches directly: black face shoulder (upper leg) leg marks, white lower lip, neck

rust-brown   dorsal line

white face

white face

1145 1 wolf far at edge of hills (Dirg saw one too

1991년 12월 16일, 티베트 고원 50만 제곱킬로미터 면적에 흩어져 서식하는 티베트 영양 치루의 행동을 기록했다.

Chiru birth   July 3

snowing to 1130 but snow melts off S-facing slope by early afternoon. 1600 snow flurry
1700 hailstorm, 1800-1900 hail - snow storm

♀ is on open lower slope, about 30 m from bottom, perhaps 15° slope but on a small more level
spot. I am nearly 1 km away with scope. Heat waves and distance make me miss some
detail.

1435 I see ♀ lie on side, hindlegs straddled, but head raised
1441 ♀ stands up, then lies
1445-46 ♀ stands and lies 3x
1447 ♀ stands, newborn is hanging out, head nearly touching the ground. ♀
       turns 2x 180°, fetus swinging and lies down. She stands immediately
       and I can see newborn struggling on ground. ♀ seems to lick it and her tail
       wags fast

There are at least 7 other chiru nearby, the nearest at 10 m, foraging but
none respond

       young rears on forelegs. ♀ seems to nuzzle it
1451 ♀ lies. Young struggles by her belly
1455 ♀ seems to lick young. young continually rears head up
1502 young gets up on its 4 legs   (15 minutes after birth)
       ♀ stands up then lies again. young gets on 4 legs, stumbles backward
       and falls on rump
1505 ♀ stands up. Young does too but falls on rump
1506 ♀ lies. Young stands up, lies down. ♀ stands up, lies down
1510 ♀ stands and seems to lick young
1511 young stands and seemingly tries to suckle - head around belly
1511 Young takes several steps. ♀ lies   ♀ lies down, young walks by ♀
1515 Young takes several fast steps
1520 ♀ stands up and feeds briefly then lies; young lies
1521 Both ♀ and young stand up. young nuzzles around her belly
       ♀ feeds again. young takes several steps with her and collapses
       ♀ lies again. young walks 2/3 around her and lies close to her
1525 ♀ stands and forages. Seems to lick young.
       young apparently suckles 1.5 min, standing at right angles to
       her, its muzzle in her groin. She stands still (38 min after birth)
1530 Young lies as ♀ feeds, ♀ too. Young walks to her head and lies
1535 ♀ feeds again, then lies. young circles ♀ and goes to her head
       ♀ stands and seemingly lick young. young lies, ♀ feeds
So far all action at birth site about 3 m diam.
       ♀ moves about 3 m from birth site and lies. young walks to her head

cont p.27

2005년 7월 3일, 치루가 새끼 낳는 것을 시간 순으로 상세하게 기록했다.

Diameter of shoots eaten by Zhen   May 31 AM

1.39	1.14	1.11	1.30	1.21
1.22	1.65	1.29	.98	1.38
1.70	1.33	1.25	1.58	Total 102
1.28	1.35	1.66	1.01	
1.05	1.78	1.40	1.17	13965
1.34	1.46	1.71	1.21	Mean 1.37
1.35	1.51	1.49	1.00	
1.39	1.37	1.15	1.35	
1.03	1.18	1.10	1.11	
1.30	.91	1.06	1.43	
1.32	.99	1.42	1.50	
1.28	1.11	1.12	1.29	
1.29	1.58	1.24	1.30	
1.40	1.49	.92	1.56	
1.13	1.15	1.35	1.21	
1.48	1.48	1.54	1.28	
1.32	1.90	1.55	1.36	
1.04	1.40	1.74	1.22	
.96	1.54	1.76	1.44	
1.67	1.63	1.60	1.60	
1.65	1.18	1.57	1.45	
1.32	1.23	1.40	1.33	
1.73	1.40	1.77	1.55	
1.31	1.75	1.55	1.10	
1.58	2.81	1.35	1.38	

Dropping shoot

6	1030 gm
5	770
5	910
5	1020
4	650
4	880
4	660
35	5920 g

169.14 g per dropping

또한 이것을 계기로 지평선이 끊임없이 이어지는 이 순수한 고원과 인연을 맺게 되었다. 나는 때때로 치루들이 줄지어 무리로 이동하는 광경 속에서 약동하는 생명의 흐름을 발견할 수 있다. 그리고 그곳에는 깊은 만족을 느낄 수 있는 순간들이 있다. 12월 어느 날은 치루들이 짝짓기 의식을 하면서 춤추는 모습을 가까이서 보았다. 덕분에 나는 치루와 관계가 있는 다른 종의 행동과 비교해서 상세한 기록을 남길 수 있었다. 7월 초 어느 눈 내린 날에는 암치루 한 마리가 황량한 산허리에서 새끼를 낳았다.

1980년 나는 당시까지 잘 알려지지 않았던 동물인 대왕판다를 연구하는 데 도움을 달라는 또 다른 부탁을 받고 중국 쓰촨성의 안개 자욱한 산림 지대에서 4년을 보냈다. 판다는 희귀한 동물로 자연 보존의 상징이다. 판다와 판다의 서식지를 보호해야 하는 이유를 입증할 사실들이 필요했다. 중국과 협력해서 하는 이 연구의 첫 번째 과제는 판다의 생활 방식을 설명하는 것이었다. 쉬운 일이 아니었다. 판다가 사는 곳이 대나무가 빽빽하게 들어찬 습기가 많은 방대한 지역이기 때문이다. 그런 곳에서 판다를 직접 쫓아다니며 관찰하는 것은 어렵기 때문에 섭식 장소와, 똥과 냄새로 영역을 표시한 곳을 추적해 판다가 다니는 곳에 인공 구조물을 설치해서 거기서 집중 관찰을 했다. 우리는 대왕판다가 먹은 대나무 종류를 기록하고, 어느 부위를 먹었는지, 즉 줄기를 먹었는지, 아니면 잎이나 죽순을 먹었는지도 조사했다. 대왕판다가 좋아하는 죽순이 어떤 것인지 알아내기 위해서 죽순의 길이와 지름도 쟀다. 나는 이 정보를 이용해 대왕판다의 이동 경로를 그렸다. 우리는 대왕판다가 대나무 줄기와 잎, 죽순을 각각 얼마나 먹는지 알아내기 위해 똥을 면밀히 살펴 소화가 안 된 줄기와 잎, 죽순을 따로 가려냈다. 우리는 실험실에서 대나무를 아미노산, 비타민, 조단백질, 섬유소 같은 성분들로 분해했다. 또한 눈이 오는 중에도 판다의 뒤를 쫓아가 판다가 똥을 몇 번이나 누고 양은 얼마나 되는지를 알아냈다. 대왕판다 수컷 한 마리를 닷새 반 동안 추적했는데, 그 녀석이 하루에 눈똥 덩어리는 평균 97개였고 그 무게는 20.5킬로그램이나 되었다. 판다들은 확실히 많은 양의 대나무를 먹었다.

우리는 판다 여러 마리에 무선 추적 장치를 달아서 그들이 주거하는

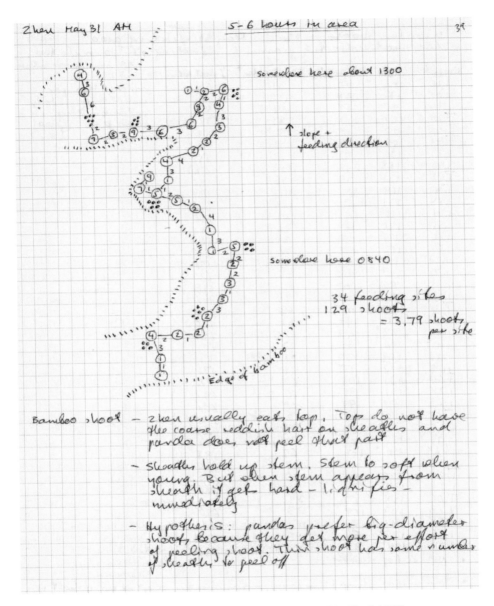

somewhere here about 1300

↑ slope + feeding direction

somewhere here 0840

34 feeding sites
129 shoots
= 3.79 shoots
per site

Edge of bamboo

Bamboo shoot — Zhen usually eats top. Top do not have the coarse reddish hair on sheaths and panda does not peel that part

- sheaths hold up stem. Stem is soft when young. But when stem appears from sheath it get hard — lignifies — immediately

- Hypothesis: pandas prefer big-diameter shoots, because they get more per effort of peeling shoot. Thin shoot has same number of sheaths to peel off

1982년 5월 31일, 판다 한 마리가 죽순을 찾아 헤맨 경로를 상세하게 기록했다. 얼마나 많은 죽순을 먹었고 얼마나 많은 똥 덩어리(검은 점으로 표시)를 배설했는지를 보여 준다.

54

공간의 범위가 얼마나 넓은지(3.9~6.4제곱킬로미터), 일일 활동 반경이 얼마나 되는지 파악했다. 무선 추적 장치를 단 판다들이 20일 동안 계속해서 15분 간격으로 규칙적으로 보내오는 무선 신호를 측정한 결과, 마침내 판다들은 매우 활동적이지만 대부분의 시간, 하루에 14.2시간을 대나무를 먹는 데 쓴다는 것을 알아냈다. 낮뿐 아니라 밤에도 먹었다. 이를 알아내기까지 우리가 기록한 횟수는 총 2만 8450회였다.

우리의 연구는 판다의 에너지 수지(에너지의 유입과 배출을 평가하는 것으로. 여기서는 판다가 먹은 양과 배설한 양의 비교를 의미한다.—옮긴이)와 생활 양식에 대해 타당한 결론에 이르렀지만 여러 가지 한계가 있었다. 내가 쓴 《최후의 판다(The Last Panda)》에는 다음과 같이 상상 속의 판다가 우리에게 이에 대해 훈계하는 장면이 나온다.

존경하는 과학자 여러분

나는 당신들이 우리를 연구하느라 애를 쓰는 것에 경의를 표합니다. 우리가 배설한 똥 덩어리의 수를 세는 데는 엄청난 수고가 들어갑니다. 당신들이 기술을 사용한다고 하지만 날마다 몰래 우리 뒤를 따라다니는 일은 무척이나 끈기가 필요한 일이지요. 나는 멀리서도 당신들의 움직임을 듣고 냄새를 맡을 수 있어요. 실제로 나는 당신들이 내 사생활을 침해하는 것에서 무엇을 얻으려고 하는지 궁금합니다. 당신들은 내가 날마다 먹는 줄기의 개수. 잠자는 시간과 같은 그다지 의미 없는 숫자들을 가지고 통계를 내더군요. (……) 그것으로는 나에 대해서 아주 단순한 사실들만을 알 수 있을 뿐입니다. 내 삶의 대부분은 산술적인 용어로 설명될 수 없어요. 당신들이 어떻게 나를 이해할 수 있나요? 당신들과 내가 무엇인가를 공감하는 것처럼 보일 수 있을지는 모르지만 내 감정을 이해할 수는 없어요. 결국 실제로 중요한 것은 당신들이 알지 못합니다. (……) 또 한 가지. 당신들은 내가 먹는 것을 연구합니다. 그리고 내가 얼마나 많이 냄새로 영역을 표시하고 짝짓기를 하는지, 얼마나 멀리 이동하는지도 연구합니다. 잊지 마세요. 당신들은 나를 서로 독립된 존재의 조각들로 쪼갤 수 없습니다. 당신들은 기껏해야 '판다 같은 것'을 알 수 있을지 모르지만 판다의 실체는 파악할 수 없습니다. 나는 다른 존재들과 마찬가지로 끝없이 복잡하고 보이지 않는 조화로운 하나의 전체입니다. (……) 우리는 언제나 두 세계가 그냥 그대로 남아 있게 할 것입니다. 인간이 판다를 진실로 알 수는 없습니다. 따라서 모르면 모르는 대로 판다의 신비를 그냥 즐기세요. 다만 우리가 살아남을 수 있도록 도와주세요.

오늘날 나는 판다와 같은 동물들에게 닥칠지도 모를 운명에 대해서 연민과 우려, 죄의식을 느끼지 않고 그들을 바라볼 수 없다. 야생 동물과 그들의 서식지가 파괴되는 것을 목격한 사람이라면 누구라도 자연 보호를 옹호하는 사람이 되지 않을 수 없다. 알도 레오폴드(Aldo Leopold)가 《모래땅의 사계(A Sand Country Almanac)》에서 주장한 것처럼 우리는 모두 대지의 윤리를 삶의 지침으로 삼아야 한다. 그 책은 자연 보호 문제를 가장 아름답게 서술한 책이고 내게 가장 큰 영향을 끼친 책이다. 단순히 멸종 위기에 처한 동식물뿐 아니라 모든 생물 종의 자연사를 이해하기 위해서 아직도 해야 할 일이 많다. 자연 보호 운동은 관찰한 것을 기록하는 것에서 시작된다. 동물의 똥을 노트에 기록하는 일은 결국 당신에게 유용한 통찰력을 제공할 것이다.

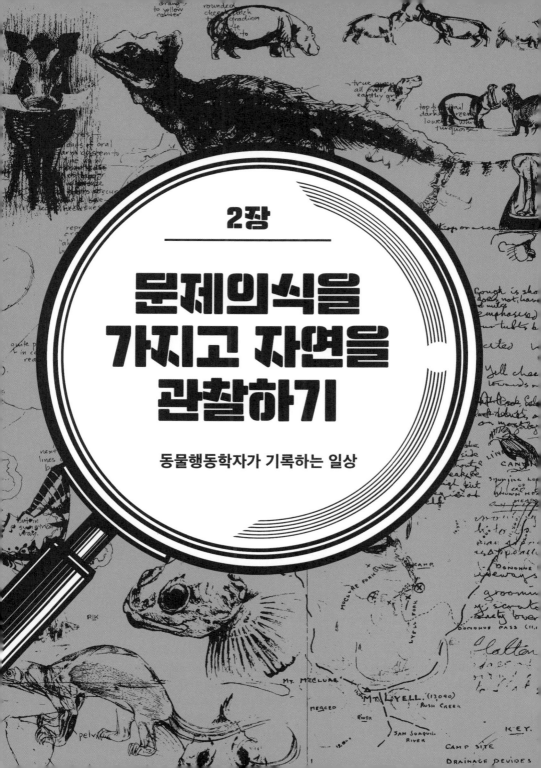

2장

문제의식을 가지고 자연을 관찰하기

동물행동학자가 기록하는 일상

"나는 글을 쓰고 그림을 그리는 과정을 통해
자연과 소통합니다."

베른트 하인리히 Bernd Heinrich

호박벌, 쇠똥구리 등 다양한 곤충을 비교 연구해 곤충의 체온 조절에 대한 새로운 생리학적 메커니즘을 밝혀냈다. 또한 올빼미, 거위, 까마귀 등 다양한 동물의 행동과 인지를 연구했다. 곤충생리학과 동물행동학 연구에서 독보적인 생물학자다. 지금까지 생물학, 자연사와 관련해서 20여 권의 책을 냈고, 대표작으로는 《까마귀의 마음》, 《숲에 사는 즐거움(In a Patch of Fireweed)》, 《우리는 왜 달리는가(Why We Run)》가 있다. 2011년에는 그의 이야기를 담은 60분짜리 다큐멘터리 영화 《커다란 호기심(An Uncommon Curiosity)》이 개봉되기도 했다. 이 영화는 자연과 과학, 예술, 아름다움, 글쓰기, 달리기에 관한 그의 생각과 과거의 행적을 1년 넘게 취재한 것이다. 달리기를 즐기는 그는 1980년대에 마라톤 대회에서 기록을 세워 수상하기도 했다. 버몬트 대학교 생물학부 명예 교수로 있다.

모든 일은 내가 여덟 살 때 시작되었다. 그때 나는 집 근처 자갈길을 따라 달리기 시작했는데, 주변에 있는 딱정벌레와 새를 찾아 언제나 눈을 크게 뜨고 달렸다. 달릴 때는 대개 맨발이었는데, 메인주에 있는 고등학교를 다닐 무렵에는 검정 고무 밑창이 있는 운동화를 신기 시작했다. 정식으로 달리기 복장을 하고 뛰기 시작하면서 이제 달리기는 단순한 취미 수준을 넘어섰고, 3학년에 가서는 마침내 학교 육상부 명단에 선수로 이름을 올렸다. 나는 스스로 기록을 관리하기 위해 스프링으로 묶인 휴대용 노트를 한 권 사서 우리 팀의 크로스컨트리 경주 결과를 기록하는 일지로 만들었다. 내가 기록을 표시하는 방식은 아주 단순했다. 달린 거리와 주파 시간, 함께 달린 선수들의 이름과 순위를 노트에 기입하는 것이었다. 나는 날마다 달리기를 했고, 달리는 거리는 점점 늘어나서 한 번 달렸다 하면 7~8킬로미터까지 달렸다. 그렇게 달리다 보면 시야를 가로지르며 춤추듯 움직이는 식물과 동물의 모습이 내 눈과 마음을 끊임없이 사로잡았다. 나는 달리면서 마음의 한편에 떠오르는 자연에 대한 애정으로 관찰한 것들을 달리기 일지의 뒷면에 기록했다.

나는 다섯 살 때부터 표본을 수집했는데, 특히 캐러비드딱정벌레 (carabid beetle)를 좋아했다. 딱정벌레에 대한 관찰 내용을 종이에 기록하기보다 대개 딱정벌레를 잡아 상자 안에 넣고 핀으로 고정하는 데

나의 첫 번째 관찰 노트. 메인주 힝클리의 굿윌홈앤스쿨에 있을 때 수첩에 기록했다. 자연사 관련 기록은 수첩의 앞장에서부터 뒷장으로 순서대로 작성했다. 당시 열일곱 살이어서 어휘력은 매우 서툴렀다. 여기서 "알을 품은"이라는 말은 "인공 부화된" 것을 의미한다. 알을 물통에 넣었을 때 알이 바닥에 가라앉는지 위로 뜨는지에 따라서 자연 부화한 신선한 알인지 인공 부화한 알인지를 알 수 있다. 자연 부화한 신선한 알은 가라앉지만 인공 배양된 알은 물 위로 뜬다.

열중했다. 그로부터 얼마 되지 않아 나는 아버지를 도와 새총으로 새를 잡기 시작했다. 우리는 잡은 새를 하버드 비교동물학 박물관과 같은 연구 기관에 팔았다. 이렇게 동물들과 자주 접하면서 지역에 서식하는 생물 종의 학명과 습성에 익숙해졌다. 마침내 나는 새둥지에서 새끼들을 꺼내 와 집에서 애완동물처럼(새장에 가두지 않고) 기르기 시작했다. 가장 기억에 남는 것들은 까마귀, 야생 비둘기, 매, 어치다. 몇 년 뒤, 나는 메인주의 우리 집 농장에서 새집을 여러 개 만들어서 집 옆에 서 있던 사탕단풍나무(sugar maple tree)에 매달았다. 그때부터 나

Cross - Country
            meats — 1957

① Good Will
   Waterville J.V.
            Came in 3rd
   for team, 5th for race
   ant of 20.

② Waterville
   Good Will
   Lawrence (Fairfield)
   Winslow
   Guilford
            Came in 3rd
   for team, 12th for
   race ant of 60.

③ GW-16 ; Rockport -41
   Heinrich   GW
   Salisbury   GW
   Pottle   GW
   Hillard   GW
   Merrill   R.
   Broke course record of
   12:36 in 12:05.

⑨ GW-19 ; F.S.T.C. - 44
   Heinrich   GW
   B. Budzko   F
   E. Salisbury GW
   D. Hillard GW
   B. Pottle   GW
   Broke course record of
   14:44 in 14:30.

무에 둥지를 튼 다양한 새가 지저귀는 소리를 들으며 그들을 지켜볼 수 있었다.

새들이 생활하는 모습에 점점 푹 빠져들면서 나는 직접 내가 본 새들의 생태를 스프링으로 묶은 자그마한 관찰 노트에다 기록하기 시작했다. 그렇게 해서 그 새들이 언제 다시 돌아올지를 더 잘 예측할 수 있었다. 이러한 관찰 기록은 계절에 따른 새들의 생태 변화에 대한 것에서 식물들이 꽃을 언제 피우는지 기록하는 것으로 점점 범위를 넓혀 갔다. 이 관찰 일지들은 동식물에게 일어나는 생태 변화가 언제 다시

나는 크로스컨트리 기록을 자연사 관련 자료를 기록한 수첩의 뒷장에서부터 앞장으로 거꾸로 작성했다. 사진에 나온 것은 1957년부터 크로스컨트리 '미츠(meats)' 달리기 기록과 1958년에 참가한 몇 차례 경주에서 나온 성적이다.

1962년 5월 1일, 오로노에 있는 메인 주립 대학을 1년 휴학하고, 탄자니아에서 새 표본을 채집하기 위해 원정을 떠나는 부모님과 합류했다. 나는 새를 잡거나 박제 하느라 글을 쓸 시간이 거의 없었다. 그러나 다시는 보지 못할지도 모를 곳들에 대한 기억을 남기고 싶어서 가끔씩 시간이 날 때마다 일지를 썼다. 여기 내용은 밀림에 있다가 고향과 같은 느낌이 물씬 풍겼던 농촌 마을 사메 근처의 아카시아 스텝 지역으로 나왔을 때의 행복감과 해방감에 대해 쓴 것이다.

1968년 3월 2일, 열에너지가 범하늘소(tiger beetle)에 끼치는 영향에 관한 기초 데이터와 현지 관찰 내용을 담았다. 이 기록은 캘리포니아 대학교 로스앤젤레스 캠퍼스에서 박사 과정 연구를 수행하면서 작성했다. 결국 나는 이 연구를 포기하고 다른 특별한 주제를 찾아 현장으로 돌아갔다.

... this we manage to ... ... I like the thorn bush. It is a pleasure to hunt there. One does not get soaked to the skin after closing the tent flaps behind oneself, nor does one inhale that muggy, damp, mold-producing air of the tropical forest. It is pleasant to walk - walk - walk without having to stoop or to crawl on one's belly through tangles of lianas and plush undergrowth. There are many birds too, they are singing now and it is easy to follow one. Let me describe this, the thorn-scrub here.

21

Huntington Beach

March 2   1:00 PM

34.2 – top layer
23.0 – air directly above   wet bulb – 18.6
19.5 – " " breast high   dry " – 22.0

2" in soil were several beetles were – 26.2°C
(4" " " – 21.4)

Came at 11:00 – many beetles active then. Most prob. at noon 1:00. Later fewer as most caught!

2 species: caught 20 of smaller + 4 of larger (C. senilis) (C. ? ... senilis)
the smaller more definitely to salt flats, the larger more to edge with a little sand.
In good on sandy flat at noon were the smaller – plenty about at same time.

2:00 PM
31.8°C – top layer
23.5 – air above (just above gr.)
18.8 – " " breast high

Observation:

Put 3 cicindelids in terrarium with 3 lizards (2 Uta stans. and 1 Sceloporus occid.). As each lizard appeared in the first morning it immediately attacked the tiger beetles – pursuit, catching + violent shaking – then letting go. (The beetles lost a leg) ... – the leaving the beetles alone. Each lizard had I work at it. Then firing them on the post palms generally over back, just annoyed, sometimes if they crawled over back. After this first encounter the lizards were tempted with mealworms. The Scelop. ate 3, ... the others 2 + 1.

<u>1973</u>

PM June 21 - Arrived in Dryden.
   Rains most of the time till July 4

Fair weather at least during part
of almost every day till July 31.

Upon arrival - see only Bombus queens
Near first of July - see first workers

Now (July 31) see the drones.
Have seen isolated drones of
B. vagans, terricola, fervidus
perplexus + ternarius. Those of
terricola appear to be more common.
These drones foraging for nectar
from Spiraea latifolia.

July 31. Open nest of B. fervidus in
(X) our meadow. Nest is on surface of ground
in mousenest. Covered with gross — no wax.
The bees are very aggressive. Catch them one
by one as they come out of nest — ~ 40-50.
The only one not flying out of exposed nest
is the queen. She does most of the
buzzing — and incubates even after nest
is exposed. Comb has ~45 pupae. 7 batches (clumps)
of larvae and/or eggs. Honey- less than 2 cells full!

1973년 여름, 캘리포니아 대학교 버클리 캠퍼스에 있다가 자연 현장에서 직접 호박벌(bumblebee)을 연구하기 위해 메인주에 있는 집으로 돌아왔다. 그때 남긴 몇 안 되는 관찰 노트 가운데 하나로, 과학적 연구 기록은 별도로 작성했다.

1985년 5월 11일, 붉은까불나비(red admiral butterfly, *Vanessa atalanta*)의 귀소 본능에 관해 기록했다.

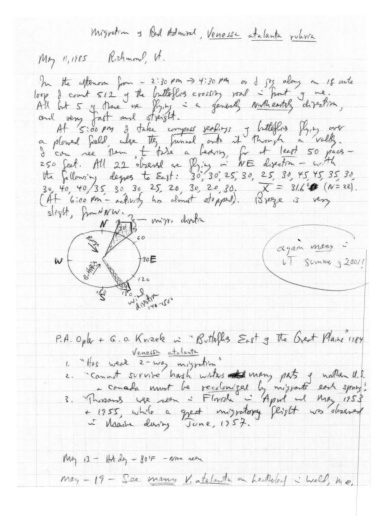

발생할지 예측하는 데 달력보다 더 큰 도움이 되었다. 그러나 나는 대학을 다니는 동안 그러한 사적인 기록 행위를 완전히 중단했다. 그 뒤 몇 년이 지나고 다시 관찰 일지를 쓰기 시작했고, 내 관찰 일지는 점점 더 자세한 정보로 채워졌다.

대학을 졸업하고 10년 뒤 다시 달리기를 시작했는데, 이번에는 특별한 목적이 있었다. 나는 날마다 달린 거리를 일지에 기록했다. 달리기에 대한 동기를 끊임없이 부여하기 위한 상징적인 격려 수단이었다. 뚜렷한 목적을 가지고 달리게 되자, 기록 향상을 체크하고 관리하는 데 도움이 된다고 생각할 수 있는 것은 무엇이든 일지에 기록하기 시작했다. 달릴 때의 감정 상태, 달리기 전에 먹은 음식, 보폭, 지구력, 회복 속도, 정신 자세와 같이 달리기를 잘하기 위해 필요한 것은 무엇이든 기록했다. 그렇게 일지를 기록하면서 내가 주로 어떤 날에 바람처럼 가뿐하게 달리고 어떤 날에 겨우 걷다시피 달리는지를 알게 되었다. 나는 일지에 기록된 이런 데이터를 통해서 내 몸 상태가 어떨 때 달리기 기록이 좋고 나쁜지를 파악하고자 했다. 이런 기록 작업은 내 몸이 어떤 조건 아래서 어떻게 반응하는지 알게 함으로써 내가 더 훌륭한 육상 선수로 성장하는 데 도움이 되었다. 그렇게 50년 넘게 달리기를 계속해 왔고 지금도 가끔 육상 대회에 참가한다.

과학 연구에서도 자연스럽게 달리기 기록을 작성할 때와 똑같은 방식을 적용했다. 새나 곤충을 지켜보면서 순간순간 갑자기 머릿속에 떠오르는 생물학적 문제에 대한 대답을 찾다보니 관찰한 내용을 정확하고 꼼꼼하게 기록하지 않을 수 없었다. 단순히 자연을 바라보는 사람과 어떤 주제나 문제의식을 가지고 자연을 관찰하는 사람은 기록을 하는 방식에서 차이가 난다.

자연에 대해서 광범위하게 관찰 노트를 작성할 때면 언제나 흥미로운 먹잇감을 찾아 자유롭게 사냥을 하고 있는 것 같은 기분이 든다. 이러한 기록은 어느 순간 갑자기 마음속에 떠오른 생각에서 아주 쓸모 있는 데이터에 이르기까지 내용이 다양하다. 또 어떤 때는 그러한 기록 과정에서 새로운 생각들이 꼬리에 꼬리를 물고 이어지기도 했다.

1984년 10월 어느 날, 메인주 연구 캠프에 있던 나는 먼 산등성이에서 큰까마귀(raven)들이 우는 소리를 들었다. 여태껏 그들이 거기에 나타난 적은 없었다. 나는 새를 탐사할 때 이용하는 산길을 따라 재빠르게 숲속으로 들어갔다. 그 큰까마귀들은 자신들이 먹잇감을 잡았다고 다른 큰까마귀들에게 알리고 있었던 것은 아닐까? 불쑥 이런 생각에 흥미진진해지면서 숲속을 1킬로미터쯤 헤치며 큰까마귀의 울음소리가 들리는 산등성이에 다가갔다. 마침내 그곳에 도착했을 때 12마리가 넘는 큰까마귀들이 까악까악 소리를 내며 거의 덤불에 덮인 말코손바닥사슴(moose)의 주검을 뜯어먹고 있는 모습이 눈에 들어왔다. 나는 이 새들이 왜 먹이를 서로 나눠 먹는지 이유를 알 수 없었다. 이 지역의 텃새인 큰까마귀 한 쌍을 알고 있는데 새끼들은 늦은 여름이면 이곳을 떠나기 때문에 그들이 한 가족 집단이 아닌 것은 틀림없었다. 그때 나는 흥미로운 연구거리를 크게 한 건 건졌다는 생각을 했다. 내가 아는 사실만으로 이 새들의 기괴한 행동을 이해하려고 애썼지만, 생각할수록 머리만 어지러울 뿐 마침내 아무것도 모르겠다는 결론에 이르렀다. 무엇이든 관련이 있을 것 같은 것은 모두 적어 두어야 했다. 그 뒤 몇 주 동안, 나는 그날 관찰하고 생각난 것들을 남김없이 기록한 노트를 정리하고 보완했다. 처음부터 목적지를 정하지도 않았고 무엇이 중요하고 무엇이 하찮은지 생각해 보지도 않은 탐사였기에 연구 계획서는 쓸 필요가 없었다. 관찰 노트들은 내용이 자세히 채워지고 복잡해졌다. 자유롭게 포괄적으로 관찰한 내용은 특정한 의문과 가설들과 함께 여러 갈래로 나뉘었다. 계획 없이 우연히 이루어진 관찰에 정교한 실험 계획을 보완하여 능동적인 관찰 일지로 변모한 이 기록은 그 자체로 한 권의 책이 되어 《겨울철 큰까마귀(Ravens in Winter)》로 나왔다. 그 뒤 동료들과 함께 한 후속 연구는 과학 전문 저널에 31쪽짜리 논문으로 게재되었고 나중에 《까마귀의 마음(Mind of the Raven)》이라는 책으로 발간되었다. 이 큰까마귀 이야기는 (이론까지는 아니지만) 큰까마귀의 행위를 예측할 수 있는 근거가 될 수 있을 정도까지 내용이 충실해졌다. 나는 언제나 관찰 노트를 작성함으로써 흥미로운 문제들에 초점을 맞출 수 있었다. 단순한 관찰에 머무르느냐 과학의 알맹이에 도달하느냐의 차이는 바로 관찰 노트를 작성하느냐 마느냐에 있다. 자연을 탐사하며 정보를 수집할 때. 나는 항상 주위를 주의 깊게 살피며 친숙한 것에서 갑자기 솟아나올지도 모를 예상치 못한 새로운 현상들을 찾으려고 애쓴다.

오랫동안 관찰을 하다 보니 내가 생각하거나 관찰하는 것들 가운데 어떤 식으로든 이미 잘 알고 있는 것과 연관되지 않은 것은 거의 없다. 그러나 내가 가장 흥미 있어 하는 것은 대개 변칙적이고 예외적인 것이다. 관찰 노트를 작성할 때 이런 특이한 것들을 발견하는 방법은 평상시에 전혀 관심을 두지 않는 것들을 많이 관찰해 기록하는 것이다. 풀잎이 미세하게 꼬인 모양을 보고 사냥감이 근처에 있음을 알 수 있는 것과 마찬가지로, 내 노트에 기록된 관찰 내용 가운데 어떤 것이 잘 정돈된 다른 내용들 사이에서 불쑥 튀어나와 있을 수 있다. 내가 관찰 일지를 작성하는 방식은 매우 무질서하다. 나는 데이터를 미리 분류해 둘 만한 여유가 없다. 따로 노트 같은 것을 들고 돌아다니지도 않는다. 대개는 셔츠나 반바지 주머니에 몽당연필과 종이를 접어서 넣고 다닌다. 차도를 따라 터벅터벅 걸어가거나 시골길을 걸으면서 흘러 들어오는 정보는 정말 끝이 없다. 이때 기록을 하겠다고 얼마 안 가서 중간중간 멈출 수는 없는 노릇이다. 기록한다고 해서 정보를 모두 다 담을 수 있는 것도 아니다. 따라서 걸으면서 관찰한 것들은 대개 그냥 머릿속에 기억해 둔다. 물론 평범한 것이라도 눈에 띄는 것이 있거나 특별히 확인해야 할 흥미로운 것들이 있으면 당연히 기록한다. 요즘에는 애써 문제를 풀려고 하지 않는다. 그보다는 어떤 흔적이 될 만한 것들을 찾는 데 열심이다.

해마다 11월이면 메인주의 숲에서 사슴 사냥을 나간다. 어느 해인가 해질 무렵 가문비나무(spruce tree)에 올라가서 추위에 떨면서 사슴이 나타나기를 기다리며 지켜보고 있는 가운데 상모솔새(kinglet) 여러 마리가 날아온 것을 보았다. 새들은 (관찰하기 좋게!) 근처에 가지가 많은 가문비나무에 옹기종기 모여 앉았다. 나는 그들이 밤사이 추위를 견디기 위해서 서로 몸을 웅크리고 있는 거라고 생각했다. 그러나 그렇다고 확신하기에는 무엇인가 아직 부족했다. 해질 무렵 내가 본 다른 새들은 모두 뿔뿔이 흩어졌고 어떤 새들은 나무 구멍 속으로 들어갔기 때문이다. 이런 뜻밖의 일을 겪고 머릿속을 맴돈 생각을 기록으로 남겼다. 관찰을 하면 할수록 감각도 날카로워졌다. 마침내 몇 년 뒤, 또다시 상모솔새 한 무리를 보았다. 나는 그들이 좀 더 관찰하기 쉬운 키작은 나무에 내려앉을 때까지 추적했다. 밤에 다시 그곳에 가 보니 한 나뭇가지에 '네 무리'의 상모솔새들이 앉아 있었다. 나는 그들이 둥글게 몸을 말아 웅크리고 있는 모습을 촬영했다. 그런 모습이 야생에서 발견되거나 기록된 것은 아마 그때가 처음이었을 것이다. 이것으로 상모솔새가 극한의 추위에서 살아남을 줄 아는 능력이 있다는 것에 감탄하게 된 나는 다른 동물들에 대해서도 비교 연구를 하기 시작했고 마침내 데이터들이 쌓여 더 큰 구성 체계를 갖추면서《동물들의 겨울나기(The Winter World)》라는 책이 탄생했다. 당시에 나는 반 칩거 생활을 하면서 그 책을 쓰고, 11월에 메인주에서 사슴 사냥(대개 사슴 고기를 얻는 데는 실패했지만)을 하는 가운데 네안데르탈인이 어떻게 생존 전략을 구사했는지,《여름 세계(The Summer World)》에서 거론한 동물학적 관점

29 Aug. '94

First class tomorrow.

Today I suddenly had the idea to take off, flat-footed, and run my 18 mile Richmond loop — it was almost a dare — thing, because I haven't run 18 miles ≅ 2 months. But I did it! Sometimes I wonder if this isn't like shock-treatment that keeps me motivated and alive. Somewhere I read where a poison (from a S. American frog) that normally kills people, is easily countered if the victim plunges in cold water. The shock affects the nervous system, and it "voids it". I've heard the same for treatment of drug overdose (Heroin?). The victim is effectively "dead" — but can sometimes be brought to life, if thrown into a bathtub — only here in addition to the water, add a plugged-in lamp! This yields fireworks, too.

On the run I saw surprisingly few monarch & their caterpillars. Will there be a second hatch? I picked up or brought back
1.) 3 caterpillars   2.) One Grateful Dead Hogee

1994년 7월 28일, 울트라 마라톤 경주에 나갈 훈련을 시작했다. 달리기 훈련은 길에서 발견하는 것들을 기록할 기회였다. 이 기록을 남긴 곳은 사실 한 편집자가 선물로 준 〈알베르트 아인슈타인 선집(The Writings of Albert Einstein)〉의 양장본 1권이다. 책 안에는 백지로 된 쪽이 있었다. 나는 그 백지의 앞뒤 면을 모두 자연 관찰 기록으로 채웠다.

while I was writing, I heard the flight-calls of geese. They were leaving! I rushed out the door — and heard them coming up over the woods. I stood by the door — they circled over the house, all twelve geese. I called up "Peep — peep —— " and the lead goose turned, to come back, leading the whole group behind her. Then the incredible happened. They passed over, and then circled again, and this time she set her wings, started gliding, and extended her feet. She was going to land, as she was coming directly toward me! The small yard is now totally surrounded by densely-leafed-out trees. It's not a place where geese would normally land. It's a hole in the forest. Yet she came on, ~~just~~ a few feet over my head, and then almost crashing into the trees on the other side of the garden. She fluttered to try to break her momentum, and a feather fell out of her wing, drifting down to the ground. She veered sharply, and regained altitude, all eleven behind her, and then she left. The feather twirled to the ground, and I picked it up. I never thought I could cry over a goose. But I did. I choked up. This was just too incredible to be real. This was too incredible to write about. Things like this ~~just~~ don't just happen. It's more like a fiction. Truth stranger than fiction. More wonderful. Richer. It has been an experience of a lifetime, and I must write it all up to share, even if many will undoubtedly say I am seeing things. But this was Peep. There was no doubt. I'd been writing all summer on the geese. Now this is the ending. The only problem is — it's too good. Nobody will believe me. They'll think I've made it up.
But then, she did come by last fall, too.

P.S. went down afterwards — the corn had not been touched.

Heard a catlike "meow". A flock of grackles flew over, making a rushing sound in the air — going east. A blue jay. No fresh bears sign now. Blue jays + crows.

2002년 9월 1일, 비버가 서식하는 집 근처 소택지에서 날마다 거위들을 집중 관찰했다.
마침내 이 내용을 책으로 출판하기로 하면서 더욱 자세하고 체계적으로 정리했다.

에서 생각하게 되었다.

흔적은 여기저기 많다. 그러나 적당한 사냥감과 마주치기란 쉽지 않다. 1970년대 어느 여름에 미네소타 대학교 아이타스카호(湖) 현지 연구소에서 생태학 실습 강의를 준비하던 일이 기억난다. 나는 학생들이 실습에 흥미를 느낄 수 있게 하기 위해서 내가 아끼는 쐐기벌레(caterpillar)들 가운데 하나를 강의 소재로 생각하고 있었다. 쐐기벌레가 새의 먹이가 되는 것을 피하기 위해서 어떻게 몸을 위장하고 보호 의태를 하는지 보여 줄 요량이었다. 그리고 숲속을 걷다가 땅바닥에 떨어진 참피나무(basswood) 이파리 하나를 발견했다. 쐐기벌레가 일부 갉아 먹은 흔적이 있고 작달막한 잎자루가 달린 것이었다. 잎자루는 절대 부러지지 않을 정도로 억세고 질겨서 쐐기벌레가 잘 먹지 않는다. 그것을 먹으려면 힘들게 오랫동안 씹어야 할 게 틀림없다. 나는 직감적으로 이것이 과학적 연구 대상이라는 '냄새를 맡았다.' 이미 이파리를 갉아 먹은 모양만 보고도 쐐기벌레가 있는지 없는지를 알았다. 그렇다면 새들도 그런 걸 알지 않을까? 쐐기벌레는 포식자를 피하기 위한 방편으로 자기가 먹은 '자리'를 감추기 위해 먹다 만 이파리를 일부러 땅에 떨어뜨렸을까? 땅바닥에 떨어진 신선한 이파리를 닥치는 대로 관찰하는 것은 (바로 얼마 전까지는 벌들의 섭식 효율을 연구했다.) 지금도 내가 가장 좋아하는 과학적 연구 방식 가운데 하나다. 때때로는 그런 방식이 아니라면 예견하지 못했을, 직관을 벗어나는 뜻밖의 발견에 이를 수 있기 때문이다. 독성이 있는 가시투성이 쐐기벌레가 먹은 이파리들은 대개 갈가리 찢겨 있거나 일부만 갉아 먹은 채로 나뭇가지에 달려 있는 경우가 많지만, 주로 새들의 먹이가 되는 쐐기벌레는 잎을 조금씩만 갉아 먹거나 식사가 끝난 뒤 자리를 뜨거나, 또는 먹다 만 이파리들을 나뭇가지에서 떨어뜨려 자신들이 먹은 자리를 감춘다. 거꾸로 이러한 쐐기벌레의 행동은 그들을 잡아먹는 새의 감각과 인지 능력, 사냥 습성을 이미 알고 있다는 뜻일 수 있다. 실제로 나중에 실험실과 야생처럼 꾸민 새 사육장에서 이루어진 몇 차례 시험에서 이러한 가정이 사실임이 밝혀졌다. 지금도 포장이 안 된 흙길을 따라 천천히 달릴 때 나는 언제나 그런 흔적을 찾아 두리번거린다. 아직도 일지에 기록할 만한 게 있는지, 더 나아가 본격적인 연구거리가 되어 책으로 낼 만한 새로운 "사냥감"을 찾고 있기 때문이다.

내가 최근에 딱새의 일종인 피비(phoebe)가 둥지 주변을 깨끗하게 관리하는 것과 관련된 행동을 유심히 지켜보고 있다. 어느 날 나는 이웃에 사는 사람이 장작을 쌓아 둔 헛간 위에 피비가 둥지를 튼 줄 모르고 그 밑에 오토바이를 세워 놨다가 오토바이가 온통 새똥으로 뒤덮였다고 불평하는 소리를 들었다. 반면에 우리 집에 둥지를 튼 피비는 새끼를 막 독립시킨 상태였는데, 그 둥지 밑에는 새똥 흔적이 전혀 없었다. 참 이상하다는 생각이 계속 마음에 걸려서 그것을 기록으로 남겼다. 그 뒤 몇 년 동안 메인주와 버몬트주를 돌아다니며 피비들이 집이나 헛간, 외양간에 둥지를 트는 것을 지켜보았다. 이 새들이 여러 가지 흥미로운 행동을 했던 것은 분명하지만, 이미 누구나 아는 것이었기 때문에 일일이 기록하지는 않았다. 그러다가 인접한 지역에 있는 피비들을 비교하면서 관찰하기 시작한 뒤에야 전에는 몰랐던 사실을 발견했다. 나는 새똥과 관련한 이상한 현상에 대해서 늘 생각했다. 이웃집 피비의 둥지 주변에는 새똥이 너저분하게 떨어져 있는데 우리 집 피비의 둥지 주변은 깨끗한 이유가 무엇인지 알고 싶었다. 둥지 주변을 깨끗하게 관리하는 것은 작은 새들이 포식자의 침입을 피하기 위해 하는 중요한 일이다. 그러나 다음 해 나는 우리 집 피비가 둥지 관리를 소홀히 하고 있다는 것을 알아챘다. 새끼들이 둥지를 떠난 뒤 둥지 밑에는 새똥이 많이 떨어져 있었다. 나는 집으로 돌아가 몇 년 전 《자연사 (Natural History)》라는 책을 쓰면서 지켜봤던 둥지와 관련해서 기록한 관찰 노트들을 급히 찾아보았다. 기록에 그 새똥에 대한 언급이 있었다. 당시에 나는 심지어 새들이 배설한 똥 덩이들이 그저 우연한 것이 아닐 거라는 생각에 그것들을 하나하나 세기까지 했다. 그때 나는 무언가 실체를 알 수 있을 것 같은 확신이 들었다. 피비들은 어떤 때는 엄청난 양의 똥을 꼼꼼하게 치우지만 어떤 때는 상관도 하지 않는다. 앞서 달리기와 큰까마귀 사례에서 본 것처럼, 나는 흔적을 보고 몇 시간 동안 곤혹스러워하다가 관찰한 내용을 기록으로 남겼다. 그리고 이제야 비로소 우리 집 피비들이 첫 번째 새끼를 기를 때는 대개 둥지 주변을 아주 깨끗하게 정리한다는 사실을 알았다. 그들은 첫 번째 새끼가 둥지를 떠나고 딱 일주일 만에 똑같은 둥지에서 두 번째 새끼(그해의 마지막 새끼)를 기르기 시작한다. 그리고 그 새끼들이 아주 어렸을 동안만 둥지 주변을 깨끗이 관리한다. 이러한 관찰은 여러 가지 흥미로운 의문을 새롭게 제기했다. 피비들이 두 번째 새끼를 기를 때 똥을 치우지 않고 그대로 놔두는 것은 앞으로 다시 그 둥지를 쓰지 않을 테고 천적들을 더 이상 피하지 않아도 되므로 애써 둥지를 깨끗하게 치우지 않아도 되기 때문이 아닐까? 그렇다면 그 새들이 1년에 한 번만 알을 낳아 새끼를 기를 때는 둥지에서 무슨 일이 일어날까? 어쨌든 부모 새는 이제 더는 둥지를 사용하지 않을 것이기 때문에 둥지 밑을 더 이상 깨끗하게 유지할 필요가 없다는 것을 '알고 있는' 것이 아닐까? 둥지 주변의 위생 상태는 생태계의 영양분 순환과 관련이 있는 걸까? 먹이가 계절에 따라 달라서 그런 것은 아닐까? 이렇게 똥을 치우지 않는 것은 외양간 처마에 굴처럼 비교적 안전하게 둥지를 트는 제비 같은 새에서도 마찬가지로 관찰되는 현상일까? 현재까지 나는 과학적 연구

가치가 있는 이 문제와 관련해서 관찰 자료와 탐구 과제를 충분히 모았다. 이 일을 계속한다면 내가 지금까지 기록한 내용을 더욱 세밀하게 분석하고 체계적으로 분류해야 할 것이다. 그러고 나서 하나의 연구 과제로 정리해 파일로 보관할 것이다. 나는 연구 과제와 관련된 모든 정보와 데이터를 다른 관찰과 별도로 한데 모으기 위해 이 작업을 한다. 내 관찰 노트에는 많은 정보가 정리되지 않은 채 여기저기 널려 있기 때문이다.

자연사를 연구할 때 자연에서 관찰한 것은 노트에 담긴 과거의 관찰 기록과 비교하면서 거기서 영감을 얻는다. 내가 쓴 관찰 일지를 슬쩍 보면 무슨 내용인지 모를 정도로 뒤죽박죽인 것처럼 보인다. 다른 사람은 이해하거나 읽기 어려우며 대개는 그보다 더 심하다. 관찰 일지를 쓸 때 서둘러 쓰기 때문이다. 종이나 필기구는 가까이에서 손에 잡히는 것이면 무엇이든 상관하지 않는다. 마음속에 어떤 방식이나 대상, 목적도 없다. 이러한 즉흥성은 관찰 일지를 쓸 때 논리 정연한 과학적 객관성과 균형을 맞춰 준다. 나는 어떤 제한이나 금기 사항을 두지 않고 연구하는 엉뚱한 측면이 있다. 그것의 가치는 정해진 연구 내용보다는 내가 주의를 기울이고 기억할 수밖에 없는 것들을 기록하는 행위라는 데 있다. 이러한 과정은 차분히 생각할 수 있는 기회를 주고 자연이 제공하는 데이터의 끊임없는 흐름 속에서 알고 싶은 정보를 걸러 주는 첫 번째 천연 여과기 구실을 한다.

나는 관찰 노트를 작성할 때 특정한 공식이나 양식, 주제, 구성에 구애받지 않는다. 어떤 것은 집중해서 별도로 기록하고 또 어떤 것은 아무렇게나 뒤죽박죽 기록한다. 지금 흥미롭거나 의미가 있다고 생각되는 것을 발견하면 주머니에 접어 넣고 다니는 종이를 꺼내서 바로 갈겨쓴다. 나중에 집에 도착해 자리에 앉아서 주머니에 넣은 종이를 꺼내 거기에 쓰인 내용을 천천히 검토한다. 그러고 나서 비로소 노트에 정식으로 옮겨 적는다. 보통은 A4용지 크기의, 스프링으로 철한 유선 노트를 쓰는데, 흔히 '대학 노트'라고 부르는 공책이다. 대부분은 처음에 관찰 내용을 어떻게 분류할지 정하지 못하지만 나중에 다시 찾아보기 위해서 색인을 만들거나 핵심어나 주제에 밑줄을 그어 나중에 쉽게 참조할 수 있게 한다.

나는 열 살 때부터 이러저런 일지들을 많이 써 왔다. 내가 그렇게 쓴 모든 잡문과 기록에 대해 지금 자신 있게 말할 수 있는 것이 하나 있다면, 만일 그때그때 기록해 두지 않았다면 어떤 일도 일어나지 않았을 것이라는 사실이다. 더 많은 기록을 남길수록 더 많은 일이 일어났다. 기록을 남기는 과정에서 새로운 생각들이 떠오르기 때문이다. 책상에 앉아 글을 쓰는 일에는 시간과 공을 들여야 하기 때문에 어떤 생물학자들은 글을 쓸 시간에 연구에 집중해야 한다고 주장한다. 저명한 생물학자 에른스트 마이어(Ernst Mayr)는 관찰 노트를 작성하는 것은 마음을 산란하게 만들기 때문에 "시간 낭비"라고 내게 완곡하게 말했다. 그의 경우에는 그럴 수도 있다. 그는 주로 하나의 주제에 관심이 있었다. 또한 무엇이든 딱 보면 기억하는 뛰어난 기억력의 소유자였다. 따라서 따로 기록을 할 필요가 없는 그런 사람이다. (옆에서 볼 때 그는 모든 것을 기억했다.) 그러나 나는 그와 기질이 달라서 기록하는 것을 좋아한다. 기록하는 것은 내가 생각을 구체화하거나 적어도 주의를 집중할 수 있게 하며 엄청난 자연의 소음 속에서 어떤 신호를 찾아낼 수 있게 도와주는 유용한 수단이다.

나는 이 글을 메인주의 숲속에 있는 야외 연구 캠프에서 쓰고 있다. 전에 새 사육장에서 연구했던 이 지역의 큰까마귀 한 쌍이 근처의 소나무에다 둥지를 짓고 있다. 기분 좋게 만족스러운 듯 지저귀는 소리

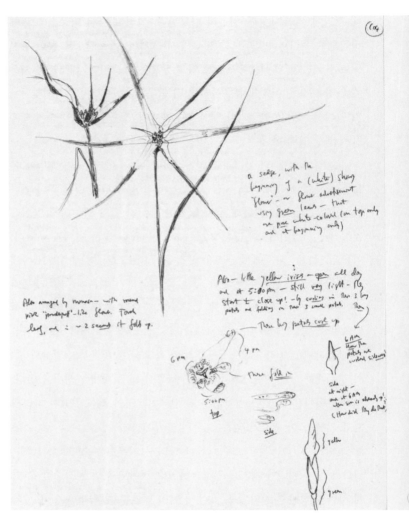

2006년 5월 26일, 아들 스튜어트에게 열대 우림을 보여 주기 위해 함께 푸에르토리코로 여행을 가서 관찰한 기록이다. 첫 번째 것은 꽃이 잎에서 진화된 것을 명확하게 보여 주는 것이어서 눈에 띄었다. 두 번째 기록은 쐐기벌레의 섭식과 이파리를 갉아 먹은 모습에 관한 내용이다.

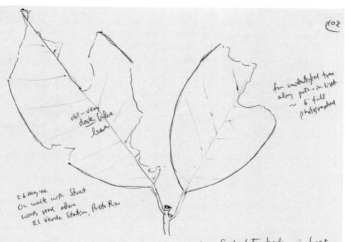

가 저만치서 들려온다. 나는 각다귀(crane fly) 두 마리가 옥외 변소에서 짝짓기 춤을 추고 있는 것을 지켜보느라 큰까마귀들에게는 거의 시선을 주지 않고 있다. 바로 며칠 전에 쓴 기록들을 훑어보고 나서 각다귀의 활동에 대해서 좀 더 자세하게 기록하고 스케치도 그려 넣는다. 현재 집필 중인 책에서 파리와 관련된 부분에 그 내용을 추가할 생각이다. 날씨에 대한 관찰 내용을 길들인 캐나다기러기(Canada geese)를 관찰한 내용과 연관지어 살펴본다. 이미 기록한 것들을 다시 숙고하고 새로 기록되는 내용도 검토한다. 내가 가지고 있는 기록 상자들을 살펴본다. 딱 반세기에 걸쳐 기록한 것들이다. 어릴 적 달리기를 하면서 기록했던 작은 노트부터 해서 이 모든 기록은 내게 수많은 매력적인 질문을 제기했다. 최근 어느 이른 봄날 아침, 호박벌의 뒤를 따라다니며 관찰했던 습지인 허클베리 보그(Huckleberry Bog)에서 산책을 하던 중에 나를 사로잡은 초록색으로 물든 풍경을 낡은 노트 속에서 다시 만났다. 온갖 생명체가 어지럽게 뒤엉켜 사는 메인주의 숲속 둑길을 맨발로 달리며 무상하게 주위를 관찰하던 어린 소년을 자연계의 신비를 밝히기 위해 눈에 불을 켜고 다니는 자연사학자로 바꾼 것이 바로 관찰 노트였다는 사실을 새삼 깨닫는다.

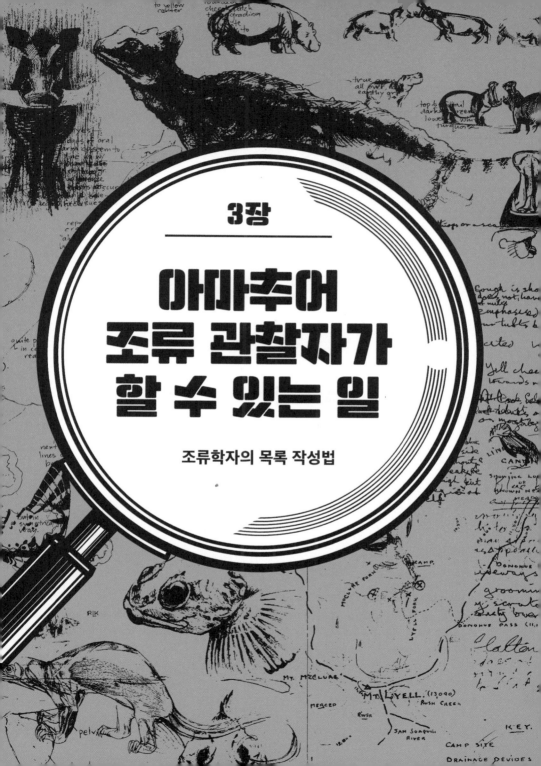

3장

아마추어 조류 관찰자가 할 수 있는 일

조류학자의 목록 작성법

"탐조는 즐거워서 하는 일입니다.
새를 관찰하는 것이 즐겁다면
당신은 이미 좋은 탐조가입니다."

켄 카우프만 Kenn Kaufman

여섯 살 때 새를 관찰하기 시작했고 일곱 살 때 책을 보고 새를 식별하는 데 매력을 느꼈다. 열여섯 살에는 고등학교
를 중퇴하고 미국과 캐나다를 누비며 새를 탐사했고, 열아홉 살에는 한 해에 북아메리카에서 가장 많은 새 종을 찾은
기록을 세웠다. 세계에서 가장 존경 받는 탐조가 중 한 사람이다.

새 관련 전문 잡지인 《오듀본(*Audubon*)》의 편집자이며 칼럼니스트로도 활동하고 있다. 지은 책으로 《북아메리카 새
의 삶(*Lives of North American Birds*)》, 《킹버드 하이웨이(*Kingbird Highway*)》, 《해질녘의 비행(*Flights
Against the Sunset*)》 등이 있다.

학술적으로 새의 분포를 연구할 때, 발견한 새에 대해 자세하게 주석을 달아 종 목록을 작성하는 것은 관찰 노트를 작성하는 데 매우 중요한 요소다. 하지만 탐조 대회에서 참가자들이 저마다 발견한 새의 종 목록을 작성하며 서로 경쟁하는 것은 지금까지 고안된 가장 어리석은 놀이 가운데 하나다. 적어도 새를 관찰하는 것이 취미인 사람들은 학술 활동으로 관찰 노트를 작성하는 것과 탐조 대회에서 발견한 새의 종 목록을 만드는 것 사이에 무슨 차이가 있는지 혼란스러워할지도 모른다. 여기에서 이 차이를 다루는 것은 나름 충분한 이유가 있다. 그러나 그런 이유를 떠나서 목록 작성이라는 것은 그 자체만으로도 검토할 가치가 있다. 긍정적으로든 부정적으로든 그것이 자연사학자의 성장과 자연 과학의 발전에 영향을 끼칠 수 있기 때문이다. 나는 오랜 세월 동안 새를 비롯해 자연사의 여러 다른 영역에서 관련된 일을 해 왔다. 한때는 목록 작성을 열성적으로 지지하기도 했고 또 한때는 목록 작성에 온건하게 반대하기도 하는 오락가락한 태도를 취했다. 따라서 나는 목록 작성과 관련해서 양쪽 입장을 모두 말할 수 있다.

관찰 노트를 작성하는 방식과 탐조 대회에서 목록을 작성하는 방식이 모두 어떤 종류의 종 목록을 만들어 낸다고 할 때, 그 두 방식의 차이는 무엇일까? 사람들이 하는 일이 다 그런 것처럼 그 차이는 그 일을 어떤 의도로 하는가에 있다. 새의 개체 수를 조사할 때는 조사 지역

2 DECEMBER 1992 — SOUTH ORKNEYS

— WE HAD PLANNED TO REACH CORONATION ISLAND EARLY IN THE MORNING, BUT WERE SLOWED DOWN BY ICE & FOG, SO DIDN'T ARRIVE UNTIL MID-DAY. PICKED UP SOME BRITISH ANTARCTIC SURVEY PEOPLE FROM THEIR BASE ON SIGNY ISLAND & THEN PUT ASHORE AT SHINGLE COVE, CORONATION I., ABOUT 1430-1645. DURING THE AFTERNOON THE WEATHER WAS INCREDIBLE, W/ CLEAR SKY, NO WIND, TEMP ABOUT 40°F.

SP. REC. (AT SEA / VIC CORONATION)

BLACK-BROWED ALBATROSS 1/—
S. GIANT PETREL 15/10
SOUTHERN FULMAR 10/—
CAPE PETREL 1000/100+ — NESTING ON LEDGES
SNOW PETREL 40+/20+ — MOST APPARENTLY GOING TO NEST ABOUT HIGH CLIFFS ABOVE SHINGLE COVE
ANTARCTIC PRION 30/20 — ALSO FOUND MANY DETACHED WINGS ON THE ISLAND; APPARENTLY THE SKUAS PREY HEAVILY ON THE PRIONS. SAW ONE ON A NEST, IN A DEEP CREVICE UNDER A ROCK.
WILSON'S STORM-PETREL 35/10
BLACK-BELLIED STORM-PETREL 2/—
GENTOO PENGUIN 4/—
CHINSTRAP PENGUIN 35/—
ADELIE PENGUIN 50/1000 — MOST IN COLONY STILL ON EGGS, BUT SOME HAD NEWLY HATCHED YOUNG
BLUE-EYED CORMORANT (P.A. BRANSFIELDENSIS) 5/35

과 기간이 미리 정해지고, 일정하게 표준화된 방식으로 종을 확인하고 개체 수를 세는 것에 초점을 맞출 것이다. 따라서 같은 방식으로 여러 번 조사할 수 있으며 결과를 서로 비교할 수 있다. 탐조 대회에서 목록을 작성할 때도 지역과 시간은 미리 정해질 수 있지만 거기서 주목하는 것은 가능한 한 많은 종의 새를 찾아내는 것이다.

두 방식의 닮은 점과 다른 점은 두 종류의 현지 관찰 조사, 즉 브리딩 버드 서베이(Breeding Bird Survey)와 빅 데이(Big Day)를 비교하면 가장 명확하게 이해할 수 있다. 조류 개체군의 상황과 동향을 관찰하는 모임인 브리딩 버드 서베이는 미국 어류 및 야생 동물 보호국(U.S Fish & Wildlife Service)이나 캐나다 야생 동물 보호국(Canadian Wildlife Service)이 미리 조사를 진행할 구역을 정한다. 조사는 해뜨기 30분 전부터 시작하는데, 총 24.5마일(약 39.4킬로미터)에 이르는 경로를 0.5마일(약 800미터)씩 구간을 나누어 50개 조사 지점을 만들고 조사자들은 각 지점에서 정확하게 3분 동안 머물면서 반경 0.25마일(약 400미터) 안에서 발견하는 모든 새의 종 수를 센다. 반면에 새를 기리는 축제인 빅 데이는 대개 마지막 순간까지 변경을 거듭하며 사전에 조사 구역을 계획한다. 자정에 일찌감치 조사를 시작하는데, 수백 마일에 이르는 조사 구간을 따라 여러 곳에 조사 지점을 둔다. 각 조사 지점에서 머무르는 시간은 다 다르다. 특히 낮에는 조사 지점에 머무르는 시간이 짧아서 경쟁이 매우 치열하다. 여기서는 새의 개체 수를 세지 않는다. 필요한 것은 개체 수가 아니라 종 수다. 새 한 종이 발견되면 다음에 같은 종의 다른 새를 발견해도 무시한다. 중요한 것은 다음날 자정까지 가능한 한 많은 종의 새를 찾아내는 것이다.

취미로 새를 관찰하는 사람이 볼 때는 이 두 가지 활동 사이에서 다른 점을 발견하지 못할 수도 있다. 그러나 수십 일에 걸쳐 수천 개의 구역을 조사하는 브리딩 버드 서베이는 북아메리카 대륙에 서식하는 수많은 조류 종의 개체군 변화를 나타내는 가장 정확한 지표를 만들어 낸다. 반면에 빅 데이는 그저 자기가 얼마나 많은 종의 새를 발견했는지를 뽐내는 행사일 뿐이다. 두 가지 조사 모두 나름대로 만족감을 느낄 수 있다. 하지만 전자가 훨씬 더 의미있는 작업이라는 것은 자명한 사실이다.

물론 이 두 가지 극단의 조류 조사의 사이에는 중간 형태의 다양한 조사가 있다. 심지어 두 가지 조사 방식의 특징이 모두 있는 탐조 활동도 있을 수 있다. 예컨대 크리스마스 버드 카운트(Christmas Bird Count, CBC, 서반구 서식 조류 개체 수 조사 기관—옮긴이)가 그런 것이다. CBC는 표준화된 조사 방식이 나오기 전인 1900년 무렵에 시작되었는데, 매우 느슨한 조류 조사 방식을 쓴다. 관찰자들은 여러 개의 소집단으로 나뉘어 지름이 15마일(약 24킬로미터)에 이르는 구역 안에서 하루 24시간을 보내며 자기들이 맡은 구역에서 확인할 수 있는 모든 새를 센다. 이런 허술한 조사 방식 아래서도 나름대로 꼼꼼한 일부 관찰자들은 해마다 같은 지역에서 같은 방식으로 조사를 지속한다. 물론 그렇게 하는 것이 가장 좋은 방식이다. 그러나 고백컨대 나는 이런 소박한 조사 방식을 지속하기가 어렵다는 것을 안다. CBC의 방식은 어렸을 때 친구들과 함께 써먹었던 방식이다. 그때 우리는 미친 듯이 가능한 한 모든 종을 찾아내려고 맡은 구역을 내달리곤 했다. 우리 구역에 대한 조사는 어두워지기 전에 끝내고, 다른 사람들이 발견하지 못한 희귀한 새들을 찾아낼 요량으로 다른 조사 집단의 구역을 '침범'해 들어가기도 했다. 우리는 발견한 새들을 대충 기록했다. 중요한 것은 옆 집단보다 더 많은 종을 발견하는 것이고, 발견된 종의 총수가 작년보다 더 많아야 하며, 남쪽 지역보다 더 많은 종을 찾아내는 것이었다. 여기서는 결국 얼마나 많은 종의 새를 찾는가가 목적이었다.

목록 작성이 다른 동물들보다 조류에 먼저 적용된 이유는 간단하다. 새를 박제하고자 하는 인간의 욕구를 대리 만족시키기 때문이다(보통 사람들이 취미로 조류 박제를 수집하는 것은 100년 전에 불법이 되었다.). 새는 매우 다양해서 흥미로운 것들이 많다. 북아메리카 대륙은 캐나다의 북극권 지역 일부를 제외한 대부분 지역에서 수백 종의 새를 찾아볼 수 있다. 북아메리카에서 하루에 볼 수 있는 포유류는 12종을 넘기는 경우가 매우 드문 것과 달리(친구들과 함께 동아프리카를 여행할 때, 하루 동안 관찰 목록에 등재되는 포유류의 종이 얼마나 많은지를 알고는 무척 즐거워한 적이 있다.), 거의 모든 지역에서 하루에도 100종이 넘는 새를 발견할 수 있다. 더군다나 거의 모든 새를 들판에서 아주 쉽게 식별할 수 있다. 물론 들판에는 새보다 훨씬 다양성이 풍부한 다른 동물 집단이 있다. 그러나 그것들을 확인하기 위해서는 어려움을 훨씬 더 많이 감수해야 한다. 예컨대 북아메리카에서 확인된 파리의 종 수는 새의 종 수보다 20배나 많다. 그러나 파리들을 종까지 식별하는 것은 파리류(Diptera, 초파리나 모기, 각다귀 같이 날개가 한 쌍인 곤충—옮긴이)를 연구하는 연구원들에게도 부담스러운 일이다. 학자들도 그러한데, 곤충 채집을 취미로 하는 사람들이 그런 일을 하고 싶어 할 리 없다.

그러나 오늘날 목록을 작성하는 작업은 새뿐 아니라 다른 동식물에서도 이루어지고 있다. 요즘에는 근접 초점용 쌍안경과 많은 양질의 도감 덕분에 나비와 잠자리를 정밀하게 식별할 수 있어, 이들 집단의 거대한 종 목록을 작성하는 데 더 많은 사람들이 뛰어들기 시작했다. 식물 종 목록을 작성하는 대회도 여기저기 우후죽순처럼 생겨났다. 이런 종류의 활동은 미래에 동식물을 식별하는 자료로 더욱 유용해질 가능성이 크다. 따라서 동식물의 목록 작성에 대한 찬반양론은 단순히

NORTH CAROLINA

15 OCTOBER 2005 — CAPE HATTERAS POINT
— STAYED THE NIGHT OF THE 14TH AT BREAKWATER
INN, NEXT TO ODEN'S DOCK IN HATTERAS. OUR
PELAGIC TRIP FOR TODAY WAS CANCELLED BECAUSE OF
HEAVY SEAS SO WE HAD TODAY TO EXPLORE. THERE
HAD BEEN BAD WEATHER FOR SEVERAL DAYS PRIOR
(RAIN, INCL VERY HEAVY RAIN 5-6 DAYS BEFORE,
STRONG NORTHERLY WINDS, TO 30 MPH) BUT TODAY
DAWNED TOTALLY CLEAR, + WITH NORTH WINDS OF
10-15 MPH THAT DECREASED TO ALMOST NOTHING
BY LATE AFTERNOON. IN THE MORNING WE LOOKED
AT SOME OTHER SPOTS INCL. THE "NATIVE AMERICAN
MUSEUM" IN FRISCO (FUNKY LITTLE PLACE W/ A MINOR
NATURE TRAIL OUT BACK) BUT OUR MOST INTERESTING
STOP WAS AT CAPE HATTERAS POINT, ABOUT
1330-1800 — PARKED NEAR SOUTHERN END OF
PANGE ROAD + WALKED OUT SOUTHWARD
THROUGH DUNES, ALONG BEACH, AROUND SALT POINT
+ AROUND DESIGNATED TERN NESTING AREA
NEAR TIP OF POINT. HIGHLIGHTS HERE WERE
NUMBERS OF PEREGRINES (OFTEN 4 VISIBLE
AT ONCE, SOMETIMES 5 OR 6), NUMBERS OF
LARGE GULLS + TERNS (& ABSENCE OF
SMALL ONES), + PRESENCE OF ODD ASSORTMENT
OF LANDBIRD MIGRANTS.

조류학자들의 문제만은 아닌 것이다.

동식물의 종 목록을 경쟁하듯 작성하는 방식의 문제점은 아마 이 책을 읽는 독자들은 누구라도 인정할 것이다. 단순히 많은 동식물 종을

15 OCT 2009 AT CAPE HATTERAS POINT, NC
   CONTINUED
(PEREGRINE CONTINUED) BOTH LOW OVER THE
WATER & HIGH OVERHEAD — ALSO SOME INTERACTION
AMONG PEREGRINES, + SAW ONE MAKE A PASS AT
A VULTURE. SAW A COUPLE OVER BUXTON & FRISCO
EARLIER IN THE DAY. OUT AT THE POINT THEY
WERE MOST EVIDENT BETWEEN 1400 + 1630 BUT
WE SAW A COUPLE LATER.
AM. KESTREL — A COUPLE GOING BY OUT AT
   POINT; THEY DIDN'T STICK AROUND.
MERLIN — SAW NONE OUT AT POINT. BUT ON
   WAY BACK AROUND 1800 SAW 2 NR LIGHTHOUSE.
AM. OYSTERCATCHER — 2 AT POINT
BLACK-BELLIED PLOVER — 1 HEARD, 1 NEAR BEACH
WILLET — A COUPLE OF FLOCKS OF 10 - 20
GR. YELLOWLEGS — 3 FLEW OVER TOGETHER
LESSER YELLOWLEGS — 2 SINGLE FLYBYS
SANDERLING — 2 - 3 LARGE FLOCKS (35+)
   FLYING AROUND + AT WATER'S EDGE
DUNLIN — 3 WITH ONE SANDERLING FLOCK
BAIRD'S SANDP. — ONE LONE BIRD
RUDDY TURNSTONE — 3
GR. BLACK-B GULL — 200+ — MOSTLY RESTING,
   WITHIN AREA DESIGNATED AS TERN NESTING AREA;
   PROB. 2/3 ADULTS

발견하기 위해서 어느 한 카운티나 주를 하루 종일 허겁지겁 돌아다니
거나 어느 한 대륙이나 전 세계를 1년 내내 헤집고 다니는 것은 그것
이 아무리 재미난 일이라 해도(내 경험으로 볼 때, 그것이 매우 재미난 일인 것

은 틀림없다.) 너무나 비생산적인 일이 아닐 수 없다.

그뿐 아니라, 단순히 새로운 종을 발견하고 조사하는 것을 계속해서 강조하는 것은 개인이 자연사학자로서 성장할 수 있는 기회를 지연시키고 더 많이 배울 수 있는 능력을 제한할 수 있다. 나는 여러 해 동안 탐조 여행의 가이드로 활동했다. 그러면서 전에 본 새들은 거들떠보지도 않고 새로운 종만 목록에 추가하려고 애쓰는 몇몇 어리석은 사람도 보았다. 그들은 새들이 어느 순간 얼마나 멋진 장관을 연출하고 어떻게 사람의 마음을 사로잡는지에는 관심도 없다. 그들이 늘 내뱉는 상투적인 대답은 "난 그런 새는 필요 없어요."였다. 나는 자신의 북아메리카 탐조 목록에 시베리아에서 길을 잃고 날아오는 철새들을 추가하고 싶어서 해마다 봄이면 알래스카의 세인트로렌스섬까지 탐조 여행을 가는 사람을 한 명 알고 있다. 그는 혹시 새를 관찰하는 다른 친구들이 자기가 모르는 어떤 희귀한 소식을 알려 주지나 않을까 기다리며 숙소에 있는 무선 통신 장비 옆에 앉아 있곤 했다. 우리가 아는 한, 어느 해 그는 그곳에서 새로운 종의 새를 한 마리도 발견하지 못했다. 그는 그해에 거기에 있는 내내 새를 한 마리도 관찰하지 않았다. 더군다나 이런 일이 벌어진 곳은 미국의 전역에 서식하는 새와는 완전히 다른 새들이 '날마다' 환상적으로 집결하는 곳이었다. 새를 관찰하는 대다수 사람들은 그러한 상황을 이해할 수 없겠지만 목록 작성에 극단적으로 집착한 경우에 나타날 수 있는 일이다.

따라서 새를 관찰하고 종 목록을 기록하는 것을 놀이나 레저 스포츠로만 생각하고 거기에 집착하는 것은 그러한 놀이를 즐기는 사람들에게도 별로 바람직하지 않은 영향을 줄 수 있으며, 크게 볼 때 지역 사회에도 좋지 않을 수 있다. 그러나 목록을 작성하며 새들을 관찰하는 놀이가 자연사학자나 현장에 처음 발을 내디딘 생물학자들에게 도움

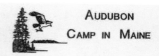

AUDUBON CAMP IN MAINE

Summer Bird Checklist

PASSERIFORMES (Troglodytidae)	
Carolina Wren	o D,M
House Wren	r D,M
Winter Wren	c E
Marsh Wren	u M
PASSERIFORMES (Regulidae)	
Golden-crowned Kinglet	c E
Ruby-crowned Kinglet	u E
PASSERIFORMES (Sylviidae)	
Blue-gray Gnatcatcher	r D,M
PASSERIFORMES (Turdidae)	
Eastern Bluebird	o M
Veery	u D
Swainson's Thrush	c E
Hermit Thrush	c E
Wood Thrush	u D
American Robin	c D,M
PASSERIFORMES (Mimidae)	
Gray Catbird	c D,M
Northern Mockingbird	r D,M
Brown Thrasher	u D,M
PASSERIFORMES (Sturnidae)	
European Starling	c D,M
PASSERIFORMES (Bombycillidae)	
Cedar Waxwing	c D,E
PASSERIFORMES (Parulidae)	
Blue-winged Warbler	r M
Tennessee Warbler	o D,E
Orange-crowned Warbler	r M
Nashville Warbler	o E
Northern Parula	c D
Yellow Warbler	c D,M
Chestnut-sided Warbler	u M
Magnolia Warbler	c E
Cape May Warbler	o E
Black-throated Blue Warbler	u D,E
Yellow-rumped Warbler	c E
Black-throated Green Warbler	c D,E
Blackburnian Warbler	u E
Pine Warbler	u E
Prairie Warbler	o E
Bay-breasted Warbler	o D,E
Blackpoll Warbler	o E
Black-and-white Warbler	u M
American Redstart	u D,M
Ovenbird	u D
Northern Waterthrush	o D,F
Mourning Warbler	r F,M
Common Yellowthroat	c F,M
Wilson's Warbler	r D
Canada Warbler	u D,F
Yellow-breasted Chat	r M
PASSERIFORMES (Thraupidae)	
Scarlet Tanager	u D

PASSERIFORMES (Emberizidae)	
Eastern Towhee	u D,M
Chipping Sparrow	c M
Savannah Sparrow	o I,M
Nelson's Sharp-tailed Sparrow	u I
Saltmarsh Sharp-tailed Sparrow	r I
Seaside Sparrow	r I
Song Sparrow	c D,M
Lincoln's Sparrow	o M
Swamp Sparrow	c F
White-throated Sparrow	c E,M
White-crowned Sparrow	r M
Dark-eyed Junco	c E
PASSERIFORMES (Cardinalidae)	
Northern Cardinal	o M
Rose-breasted Grosbeak	u D
Indigo Bunting	o M
Dickcissel	r D,M
PASSERIFORMES (Icteridae)	
Bobolink	u M
Red-winged Blackbird	c F,M
Eastern Meadowlark	u M
Common Grackle	c D,M
Brown-headed Cowbird	c E,M
Orchard Oriole	r D,M
Baltimore Oriole	u D
PASSERIFORMES (Fringillidae)	
Purple Finch	u D,E
House Finch	u M
Red Crossbill	u* E
White-winged Crossbill	u* E
Pine Siskin	u E,M
American Goldfinch	c M
Evening Grosbeak	o E
PASSERIFORMES (Passeridae)	
House Sparrow (I)	c D,M

a abundant - widespread & easily found in proper habitat
c common - certain to be seen or heard in suitable habitat
u uncommon - present but not certain to be seen or heard
o occasional - seen only a few times each season
r rare - seen only a few times in 10 years
* irregular - intermittently common or absent

E Evergreen/coniferous forest
D Deciduous Forest
M Meadow/Thicket
F Fresh water including marshes
I Inshore
P Pelagic (ocean-going)

Date/Location
A _____
B _____
C _____
D _____
E _____

Notes:

A B C D E		
GAVIIFORMES (Gaviidae)		
	Red-throated Loon	r I
	Common Loon	c I
PODICIPEDIFORMES (Podicipedidae)		
	Pied-billed Grebe	o F
	Horned Grebe	r I
	Red-necked Grebe	r I
PROCELLARIIFORMES (Procellariidae)		
	Greater Shearwater (N)	r P
	Sooty Shearwater (N)	r P
	Manx Shearwater	r P
PROCELLARIIFORMES (Hydrobatidae)		
	Wilson's Storm-Petrel (N)	o P
	Leach's Storm-Petrel	o P
PELECANIFORMES (Sulidae)		
	Northern Gannet	o P

여름 한철, 특정 구역(메인주 호그 아일랜드의 오듀본 캠프와 그 주변 지역)만을 위해 고안된 점검표의 한 예. 매우 치밀하게 짜인 점검표는 캠프의 하계 교육 프로그램에 참가하는 사람들이 어떤 종의 새를 관찰할지를 잘 보여준다. 새 이름 앞에 있는 다섯 개의 네모 칸에는 5일 동안의 교육받는 날이나 장소를 표시할 수 있으며, 글씨를 작게 쓸 수 있는 사람이라면 개체 수를 기록할 수도 있다.

이 되고 과학에 기여할 수 있는 방법도 있다.

나는 그동안 초보 자연사학자들과 접촉할 기회가 많았다. 그러나 누구보다 새를 가까이서 자세히 관찰한 사람은 바로 나였다. 내가 실제로 동물에 매료되기 시작한 것은 여섯 살 때 새에 관심을 집중하면서부터였다. 주변에 있는 사람들 가운데 새에 관심이 있는 사람은 아무도 없었다. 그래서 나는 책을 보며 스스로 공부하기 시작했다. 깨우치는 속도는 느렸지만 서서히 인디애나주 교외에 서식하는 새들의 생태에 대해 이해할 수 있었다. 책을 읽다가 문득 내가 확인한 모든 종의 새에 대한 관찰 기록을 작성해야겠다는 생각이 들었다. 그래서 여덟 살 무렵부터 노트에다 새를 관찰한 내용과 새로 발견한 종의 목록을 기록하기 시작했고, 그 수가 20종에서 25종으로 늘어나는 것을 자랑스럽게 생각했다.

내가 지금도 그 노트를 가지고 있어서 어릴 때 기록한 새의 종 수가 엄청나게 많다는 것을 보여 줄 수 있으면 좋으련만, 사실은 맨 처음에 기록한 노트는 없어졌고 열두 살이 되기 전에 열두 번 넘게 노트를 바꾸고 다시 쓰기를 거듭했다. 10대 때는 나도 새로 발견한 새 목록을 작성하는 것에 광적으로 집착했지만 20대 초반에 들어서면서 관심이 점점 사라졌다. 나는 지금까지 내가 얼마나 많은 종의 새를 보았는지 전혀 알지 못한다. 어디에도 그런 목록이 기록되어 있지 않다. 수십 차례 전 세계를 돌며 자세히 기록한 관찰 일지들을 차분히 정리하면 목록을 찾아낼 수 있을 테지만, 그렇게 하려면 여러 주가 걸릴 것이다. 그런데 무엇보다 그런 일에 내가 관심이 없다.

그렇지만 어린 시절 그렇게 새를 관찰하고 목록을 작성했던 것은 지금도 여전히 아주 소중한 일이었다고 생각한다. 실제로 나는 어떤 부문에서든 자연사에 관심을 갖기 시작하는 사람들이 종의 목록 작성에 집중하는 것은 적어도 얼마 동안은 좋은 일이라고 말한다. 중요한 것은 언제 멈출지를 아는 것이다. 그러나 사람들은 언제나 나중에 그 문제를 걱정하곤 한다.

놀이나 레저 스포츠로서 생물 종의 목록을 기록할 때는 지역 내에

	Southern	Northern
Ring-billed Gull	M,W-lc	M,W-u
California Gull	M,W-lu	M,W-u
◊ Herring Gull	M,W-r	M,W-ca
* Thayer's Gull	W-acc	FM-acc ?
* Yellow-footed Gull	SpV-acc	
* Western Gull	W, SuV-acc	
* Glaucous-winged Gull	W-acc	
◊ Glaucous Gull	W-acc	
◊ Sabine's Gull	(F)M-r	FM-r
* Black-legged Kittiwake	(F)M.W-ca	FM-acc
* Gull-billed Tern	SpV-acc	
Caspian Tern	(F)M-lc; W-lr	M-ca
* Elegant Tern	Sp, SuV-acc	
Common Tern	(F)M-lu	(F)M-r
* Arctic Tern	(F)M-acc	FM-acc
Forster's Tern	(F)M-lc; W-lr	M-u
◊ Least Tern	(Sp)M-r	Su-acc
Black Tern	(F)M-c	M-u
* Black Skimmer	(Su)V-acc	

Columbidae - Pigeons and Doves

	Southern	Northern
Rock Dove, n (int)	R-c	R-c
Band-tailed Pigeon, n	Su-c; M,W-ir	Su-c; M-r; W-acc
◊ Eurasian Collared-Dove, n (int)	V-r	V-ca
White-winged Dove, n	Su-c; W-r	Su-r; W-ca
Mourning Dove, n	P-c	Su,M-c; W-u
Inca Dove, n	R-c	(F)V-ca
◊ Common Ground-Dove, n	Su-lc; W-u	FV-ca
◊ Ruddy Ground-Dove, n?	F,WV-r; SuV-acc	

Psittacidae - Parrots

	Southern	Northern
◊ Thick-billed Parrot	(W)V-ca	

Cuculidae - Cuckoos, Roadrunners, and Anis

	Southern	Northern
* Black-billed Cuckoo	FM-acc	
Yellow-billed Cuckoo, n	Su-lc; M-r; W-acc	Su-lu
Greater Roadrunner, n	R-u	R-u
* Groove-billed Ani	(Su,F)V-ca	(F)V-acc

Tytonidae - Barn Owls

	Southern	Northern
Barn Owl, n	P-u	Su-lr

Strigidae - Typical Owls

	Southern	Northern
Flammulated Owl, n	Su-c; W-acc	Su-c
Western Screech-Owl, n	R-c	R-lu
Whiskered Screech-Owl, n	R-c	
Great Horned Owl, n	R-c	R-c
Northern Pygmy-Owl		
californicum form, n	R-lr	R-lu
gnoma form, n	R-u	
◊ Ferruginous Pygmy-Owl, n	R-lr	
Elf Owl, n	Su-c	
Burrowing Owl, n	R-lu	Su,M-lu; W-acc
Spotted Owl, n	R-u	R-u
Long-eared Owl, n	R-ilr; W-r	Su-lr; W-r
Short-eared Owl	W-r	M-ca; Su,W-acc
Northern Saw-whet Owl, n	R-ilr; W-ca	R-lu

Caprimulgidae - Nighthawks and Nightjars

	Southern	Northern
Lesser Nighthawk, n	Su-c; W-ca	Su-lr; M-ca
Common Nighthawk, n	Su-lc	Su-c
Common Poorwill, n	Su-c; W-ir	Su-c
* Buff-collared Nightjar, n	Su-lr	
Whip-poor-will		
arizonae form, n	Su-c; W-acc	Su-lc
* vociferus form	FV-acc	

Apodidae - Swifts

	Southern	Northern
◊ [Black Swift]	Su,M-ca	M-ca
* Chimney Swift, n	Su-lr; M-ca	
Vaux's Swift	M-u	M-r
White-throated Swift, n	Su-c; M,W-lc	Su,M-c

Trochilidae - Hummingbirds

	Southern	Northern
Broad-billed Hummingbird, n	Su-c; W-r	
◊ White-eared Hummingbird, n	Su-lr; W-acc	
* Berylline Hummingbird, n	(Su)V-ca	
* Cinnamon Hummingbird	SuV-acc	
Violet-crowned Hummingbird, n	Su-lu; V,W-ca	
Blue-throated Hummingbird, n	Su-lu; W-lr	
Magnificent Hummingbird, n	Su-c; W-lr	Su-lr
* Plain-capped Starthroat	(Su)V-ca	
◊ Lucifer Hummingbird, n	(Su)V-ca	
Black-chinned Hummingbird, n	Su-c; W-acc	Su,M-u
Anna's Hummingbird, n	(F)M,W-c; Su-u	(Su,F)M-ca
Costa's Hummingbird, n	W,Sp-c; Su,F-lr	Sp-lu
Calliope Hummingbird, n	(F)M-u; W-acc	FM u, SpM acc
* Bumblebee Hummingbird	SuV-acc	
Broad-tailed Hummingbird, n	Su,M-c; W-acc	FM-c
Rufous Hummingbird	(F)M-c; W-acc	FM-c
◊ Allen's Hummingbird	(F)M-r	

Trogonidae - Trogons

	Southern	Northern
Elegant Trogon, n	Su-lu; W-lr	
* Eared Trogon, n	(Su,F)V-ca	SuV-acc

Alcedinidae - Kingfishers

	Southern	Northern
Belted Kingfisher, n	M,W-u; Su-lr	M,W-u; Su-lr
Green Kingfisher, n	P-lr; (F,W)V-lr	

Picidae - Woodpeckers

	Southern	Northern
Lewis's Woodpecker, n	M,W-ir	P-lu; M-u
* Red-headed Woodpecker	M,W-acc	FV-acc
Acorn Woodpecker, n	R-c	R-lc
Gila Woodpecker, n	R-c	FV-acc
Williamson's Sapsucker, n	M,W-r	R-u; (F)M-r
* Yellow-bellied Sapsucker, n	(F)M,W-ca	FM-acc
Red-naped Sapsucker, n	M,W-u; Su-lr?	M-c; W,Su-u
* Red-breasted Sapsucker, n	M,W-ca; Su-acc	
Ladder-backed Woodpecker, n	R-c	R-lu
Downy Woodpecker, n	M,W-ca	R-lr; M,W-u
Hairy Woodpecker, n	R-u	R-u
Arizona Woodpecker, n	R-u	
Three-toed Woodpecker, n		R-r

8

9

특정 지역에 서식하는 새(나 다른 생명체)에 대해서 주석을 단 점검표는 매우 효과적인 학습 도구가 될 수 있다. 조류 종을 더 많이 조사하기 위한 작업의 일부로 이 점검표를 이용하는 자연사학도 이 목록을 통해서 조류의 현황과 분포에 대한 것들을 배우지 않을 수 없다. 애리조나조류 기록원이 만든 이 목록은 애리조나 남부와 북부의 조류 현황을 자세하게 보여 줘, 애리조나주의 조류 분포 상황을 알려 주는 소책자 구실을 한다.

서식하는 동식물군이 이미 다 파악된 곳에서 하는 것이 가장 좋다. 그 동안 탐사되지 않은 지역에 들어가 새로운 생물 종을 찾는 일은 생물 학자들이 열심히 할 것이다. 물론 그들의 생각은 놀이로 관찰하는 사 람들과는 다르다. 여태껏 탐사가 안 된 지역에서 새로운 생물 종을 찾

1991년 유럽 여행 중에 다양한 형태를 식별하는 방법을 이해하기 위해 프랑스 북부 해안가에서 갈매기들을 밀착 관찰하며 긴 하루를 보냈다. 그날 자세한 관찰 기록과 스케치를 남겼는데 (여기 있는 것은 노란색 다리와 옅은 검은색 등을 가진 유럽재갈매기European Herring Gull이다.) 스케치는 현장에서 그린 것이고 기록은 나중인 그날 저녁에 추가했다. 하지만 그날 본 다른 종의 새들에 대한 목록은 작성하지 못했다. 갈매기 몇 마리에만 정신을 집중하느라 주변에 다른 종의 새들이 있었는지는 전혀 신경 쓰지 못했다.

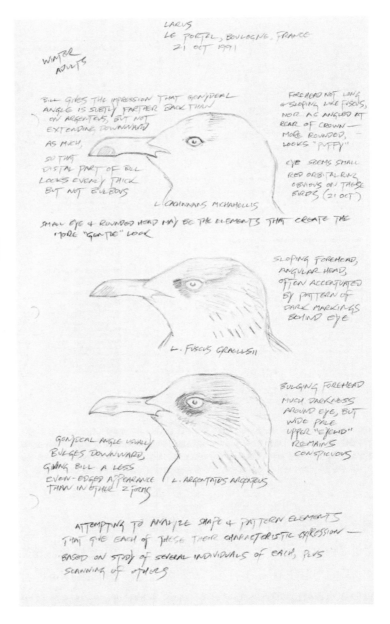

LARUS
LE PORTEL, BOULOGNE, FRANCE
21 OCT 1991

WINTER ADULTS

BILL GIVES THE IMPRESSION THAT GONYDEAL ANGLE IS SLIGHTLY FARTHER BACK THAN ON ARGENTEUS, BUT NOT EXTENDING DOWNWARD AS MUCH,

SO THAT DISTAL PART OF BILL LOOKS EVENLY THICK BUT NOT BULBOUS

FOREHEAD NOT LONG & SLOPING LIKE FUSCUS, NOR AS ANGLED AT REAR OF CROWN — MORE ROUNDED, LOOKS "PUFFY"

EYE SEEMS SMALL RED ORBITAL RING OBVIOUS ON THESE BIRDS (21 OCT)

L. CACHINNANS MICHAHELLIS

SMALL EYE & ROUNDED HEAD MAY BE THE ELEMENTS THAT CREATE THE MORE "GENTLE" LOOK

SLOPING FOREHEAD, ANGULAR HEAD, OFTEN ACCENTUATED BY PATTERN OF DARK MARKINGS BEHIND EYE

L. FUSCUS GRAELLSII

BULGING FOREHEAD MUCH DARKNESS AROUND EYE, BUT WIDE PALE UPPER "EYELID" REMAINS CONSPICUOUS

GONYDEAL ANGLE USUALLY BULGES DOWNWARD, GIVING BILL A LESS EVEN-EDGED APPEARANCE THAN IN OTHER 2 FORMS

L. ARGENTATUS ARGENTEUS

ATTEMPTING TO ANALYZE SHAPE & PATTERN ELEMENTS THAT GIVE EACH OF THESE THEIR CHARACTERISTIC EXPRESSION — BASED ON STUDY OF SEVERAL INDIVIDUALS OF EACH, PLUS SCANNING OF OTHERS

는 놀이를 하는 것은 마치 골프장이 아닌 곳에서 골프를 치는 것과 마찬가지다. 골프장이 아닌 곳에서도 공을 날마다 칠 수는 있지만 공을 얼마나 잘 치고 있는지를 측정할 방법이 없다. 따라서 탐사가 안 된 지역에서 새로운 생물 종을 찾는 경우에는 실제로 발견할 만한 종들을 미리 정하거나, 적어도 관찰 장소를 일정 구역으로 제한하기 마련이다. 참여자들이 발견할 수 있는 종의 수를 제한하지 않으면, 종을 세는 것은 빗방울을 세는 것과 마찬가지 일이 될 것이고, 어떤 의미 있는 숫자도 나오지 않을 것이다.

나는 어렸을 때 새를 관찰하는 일에 흠뻑 빠졌지만 집이 인디애나주에서 캔자스주로 이사할 때까지 새의 관찰 목록을 작성하는 것에는 관심이 없었다. 그런데 거기서 나는 국립 오듀본 협회(National Audubon Society, 미국의 야생 동물 보호회) 위치토 지부에서 발행한 작은 점검표를 하나 발견했다. 위치토에서 50마일(약 80킬로미터) 내에 서식하는 모든 새를 기록한 목록이 거기에 있었다. 그것은 새에 대한 내 생각을 순식간에 바꾼 뜻밖의 사건이었다. 이렇게 많은 종의 새 가운데 얼마나 많은 종을 발견할 수 있을까? 이 목록에 없는 새들도 발견할 수 있을까?

그 많은 종을 모두 알지 못했기 때문에 그 작은 점검표를 이후 2년 동안 학습을 위한 기초 자료로 활용했다. 지역에서 발행한 그곳에 서식하는 새의 점검표는 새 관찰을 시작하는 초보자나 조류학자가 공부하기 가장 좋은 자료다. 나는 (거의 날마다) 그 점검표에 나온 목록을 반복해서 훑어보면서 내가 이미 본 새와 아직까지 발견하지 못한 새가 무엇인지 자세히 살폈다. 아직까지 발견하지 못한 새들을 조사하기 위해 새의 서식지와 이동에 대해 공부하고 야외로 나가기를 거듭하면서 내 의식은 날카로워졌다. 새로운 새를 조사하는 일은 나를 점점 더 자연 속으로 끌어들였고 계절마다 다른 지역을 탐사하도록 이끌었다. 자전거 바퀴와 운동화가 닳는 속도는 점점 더 빨라졌다. 보기 힘든 희귀한 새들을 찾는 동안 흔히 볼 수 있는 새들과 더 친숙해졌다.

새 목록이 있는 점검표는 내게 새를 더욱 열심히 조사하도록 북돋는 동시에 분류학의 기초를 가르쳐 주었다. 거의 모든 점검표는 (유감스럽게도 알파벳 순서로 배열한 몇몇 경우를 빼고) 동식물 분류 체계에 따라 배열되어 있어서, 공식적인 목록 순서에 따라 과(科, family)와 같은 여러 분류 체계로 새의 종을 나누었다. 북아메리카의 조류 점검표는 대개 미국 조류학자 연합(American Ornithologists' Union, AOU)의 분류 명칭 위원회(Committee on Classification and Nomenclature)가 정한 순서를 따른다. 내가 갖고 있는 오듀본 협회 위치토 지부에서 만든 작은 점검표도 예외는 아니었다. 날마다 그 목록을 면밀히 살펴보다 보니, 이 지역에서 농병아리과(grebe科) 새 3종을 볼 수 있다는 것과, 그것들이 딱따구리과(woodpecker科) 7종과 휘파람새과(warbler科) 30종보다 빨리 온다는 것을 알게 되었다. 나도 모르는 사이에 AOU가 만든 새 목록의 순서를 모두 외웠다.

이 점검표를 들고 야외에서 머무는 시간이 많아지면서 아주 자연스럽게 내가 과연 하루에 몇 종의 새를 발견할 수 있을까 하는 호기심이 생겨났다. 나는 새로운 지역을 탐사하는 것은 물론이고 자전거를 타고 이 지역의 텃새인 박새(chickadee)를 찾으러 강으로 가고, 아직 날아가지 않은 오리를 찾아 연못가 모래톱으로 가고, 이동하는 참새를 관찰하려고 조수 관리를 하는 운하 옆 벌판으로 나가곤 했다. 나는 날마다 오늘은 60종을 발견할 수 있을까, 70종을 발견할 수 있을까 하면서 그날까지 발견한 모든 새의 종 수와 지난해 같은 시기에 발견한 새의 종 수를 비교하기 시작했다. 물론 나는 밤마다 관찰한 새의 목록을 기록하고 있었다. 오듀본 지부에서 발행한 조류 점검표는 한 장에 10센트로 비쌌다. 따라서 날마다 새것을 쓰기보다는 노트에다 그 점검표에 나온 순서와 새 이름들을 옮겨 적어 거기다 내가 날마다 관찰한 새 목록을 기록했다.

어렸을 때 이렇게 탐조 놀이를 하면서 관찰한 새의 종 수를 계산하던 것이 내가 처음으로 관찰 노트를 쓴 때였다. 그때 생각에, 새 목록 옆에 관찰한 날짜와 날씨, 장소까지 적어 넣는 것이 과학적일 것 같았다. 몇몇 종에 대해서는 내가 본 새가 몇 마리인지도 기록했다. 물론 둥지를 발견했거나 새들의 어떤 특이한 행동을 관찰한 때에는 따로 기록하곤 했다. 어쨌든 나는 새 관찰 목록을 작성하는 놀이를 통해서 기본적인 형태의 그리넬 관찰 노트 작성법(Grinnell method)을 새로 고쳐, 세련되지는 않았지만 내 나름의 관찰 기록 방식을 확립하고 있었다.

실제로 나는 그 이후부터 날마다 기록하는 관찰 노트에 관찰한 새의 종 목록과 함께 관찰한 새들의 개체 수도 기록했다. 습관처럼 그렇게 했다. 그렇게 작성한 목록은 내 관찰 노트에서 언제나 가장 중요한 부분이다. 그러나 예외가 있기 마련이다. 어쩌다 한두 종의 새에 집중할 경우에는 주변에 있는 다른 것들을 기억조차 못하는 때가 있다. 새의 종을 식별하는 공부를 하기 위해 스케치를 하는 경우에 특히 그럴 때가 많다. 그런 경우에, 관찰 노트 작성의 중심이 되는 내용은 새의 종 목록을 작성하는 것이 아니라 새를 스케치하는 것이다.

10대 후반에 나는 새 목록을 작성하는 놀이에 흠뻑 빠져 있었다. 심지어 한 해에 새의 종 수를 가장 많이 관찰한 기록을 깨기 위해서 북아메리카 대륙을 열두 달 내내 자동차를 얻어 타고 다니며 도보 여행을 하기까지 했다.1 그 뒤로 나는 새 관찰을 하나의 레저 스포츠로 생각하며 즐기던 것에서 점점 멀어지기 시작했다. 나는 지금도 과거나 올해에 아프리카 대륙이나 콜로라도에서 자신들이 얼마나 많은 종의 새를

1973년, 10대였던 나는 북아메리카에 서식하는 새 가운데 누가 많은 종의 새를 발견하는지, 플로리다에서 알래스카까지 (자동차를 얻어 타며 도보로) 여행을 하며 1년 동안 새를 관찰하는 '빅 이어'라는 대회에 참여했다. 그 대회는 자신이 얼마나 많은 새 종을 발견했는지 목록을 작성하며 즐기는 탐조 놀이에 지나지 않았지만, 이를 계기로 나는 관찰 노트를 계속해서 쓰고 있다. 날마다 관찰한 새의 목록을 작성하고 새의 개체 수와 행동은 따로 기록한다.

관찰했는지 정확하게 말할 수 있는 친구들이 여럿 있다. 하지만 그들이 부럽지 않다. 새를 관찰하고 목록을 작성하며 즐기던 시절은 이미 먼 과거의 일이 되었기 때문이다.

그러나 그것은 새에 관해서일 뿐이다. 나는 최근 몇 년 동안 새가 아닌 다른 동물의 목록을 작성하는 일에 빠졌다. 애리조나로 이사한 뒤, 사막에 사는 다양한 도마뱀을 보면서 예전에 파충류에 대해 가졌던 호기심이 되살아났다. 하지만 애리조나에 서식하는 파충류의 종이 정리되어 있는 목록을 찾기 어려워서 《서부 지역 파충류와 양서류 도감(A Field Guide to Western Reptiles and Amphibians)》2에 나온 자료들을 편집해 목록을 직접 만들었다. 2년 동안 나는 양서파충류 목록을 열심히 만들면서 내가 아직까지 확인하지 못한 뱀과 도마뱀, 두꺼비 종을 찾는 데 몰두했다. 애리조나에서 시작해서 나중에 오하이오에서도, 엄청나게 종류가 다양한 나비와 식별하기가 매우 어려운 나방 목록을 만드는 데 많은 시간을 들였다. 게으른 탓에 지금까지 실잠자리(damselfly)를 다 공부하지 못했다(일반 잠자리보다 종류가 훨씬 더 복잡하다.). 그러나 결국에는 친구들의 성화 때문에 오하이오에 서식하는 잠자리목(目, order)에 속한 것들을 찾아내지 않을 수 없을 것이다. 그러면 밖에 나가 새로 발견한 여러 종의 잠자리를 잠자리 목록에 합해 넣을 것이다.

목록만을 만드는 경우에 사람들은 피상적으로 부정적인 요소만 집

어느 날 애리조나의 친구들과 함께 야외에서 새를 관찰한 내용. 부득이하게 빨간 볼펜으로 쓸 수밖에 없었다. 할 말이 없다.

16 OCT 2009 - MIDWAYO CO - WESLACO:

BUTTERFLY CHECKLIST FOR THE
LOWER RIO GRANDE VALLEY OF TEXAS
(Cameron, Hidalgo & Starr Counties)

A-ABUNDANT   O-OCCASIONAL
C-COMMON   R-RARE
U-UNCOMMON   X-<5 RECORDS

Common name *Latin name*
Abundance codes for the LRGV only

Skippers—Family Hesperiidae
Spread-wing Skippers—Subfamily Pyrginae
— Belus Skipper *Phocides belus* (X)
— Guava Skipper *Phocides polybius* (O)
— Mercurial Skipper *Proteides mercurius* (R)
— Broken Silverdrop *Epargyreus exadeus* (R)
— Hammock Skipper *Polygonus leo* (R)
— Savigny's Skipper *Polygonus savigny* (X)
X— White-striped Longtail *Chioides albofasciatus* (U)
X— Zilpa Longtail *Chioides zilpa* (O) |/—
— Gold-spotted Aguna *Aguna asander* (O)
— Emerald Aguna *Aguna claxon* (R)
— Tailed Aguna *Aguna metophis* (R)
— Mottled Longtail *Typhedanus undulatus* (X)
— Eight-spotted Longtail *Polythrix octomaculata* (R)
— Mexican Longtail *Polythrix mexicanus* (R)
— White-crescent Longtail *Codatractus alcaeus* (R)
X— Long-tailed Skipper *Urbanus proteus* (U) 2/—
— Pronus Longtail *Urbanus pronus* (X)
— Bell's Longtail *Urbanus belli* (X)
— Esmeralda Longtail *Urbanus esmeraldus* (X)
— Dorantes Longtail *Urbanus dorantes* (U)
— Teleus Longtail *Urbanus teleus* (R)
— Tanna Longtail *Urbanus tanna* (R)
— Plain Longtail *Urbanus simplicius* (R)
X— Brown Longtail *Urbanus procne* (U) 2/4
X— White-tailed Longtail *Urbanus doryssus* (R)
— Two-barred Flasher *Astraptes fulgerator* (O)

0

1000-1230 AT FRONTERA AUDUBON / 1245 -1330 AT VALLEY NATURE CENTER

— Small-spotted Flasher *Astraptes egregius* (R)
— Frosted Flasher *Astraptes alardus* (R)
— Hopffer's Flasher *Astraptes alector hopfferi* (R)
— Yellow-tipped Flasher *Astraptes anaphus* (O)
— Coyote Cloudywing *Achalarus toxeus* (U)
— Jalapus Cloudywing *Thessia jalapus* (R)
— Northern Cloudywing *Thorybes pylades* (R)
— Potrillo Skipper *Cabares potrillo* (U)
— Fritzgaertner's Flat *Celaenorrhinus fritzgaertneri* (R)
— Stallings Flat *Celaenorrhinus stallingsi* (O)
— Falcate Skipper *Spathilepia clonius* (R)
— Acacia Skipper *Cogia hippalus* (O)
— Outis Skipper *Cogia outis* (R)
— Mimosa Skipper *Cogia calchas* (C)
— Starred Skipper *Arteurotia tractipennis* (X)
— Purplish-black Skipper *Nisoniades rubescens* (R)
— Glazed Pellicia *Pellicia arina* (O)
— Morning Glory Pellicia *Pellicia dimidiata* (X)
— Red-studded Skipper *Noctuana stator* (X)
— Obscure Bolla *Bolla brennus* (R)
— Mottled Bolla *Bolla cylina* (R)
— Golden-headed Scallopwing *Staphylus ceos* (O)
X— Mazans Scallopwing *Staphylus mazans* (O) |/—
— Hayhurst's Scallopwing *Staphylus hayhurstii* (X)
— Variegated Skipper *Gorgythion begga* (R)
— Blue-studded Skipper *Sostrata nordica* (X)
— Hoary Skipper *Carrhenes canescens* (R)
— Glassy-winged Skipper *Xenophanes trixus* (R)
X— Texas Powdered-Skipper *Systasea pulverulenta* (U)
X— Sickle-winged Skipper *Eantis tamenund* (A) 15/3
— Hermit Skipper *Grais stigmaticus* (O)
X— Brown-banded Skipper *Timochares ruptifasciata* (O) 1/—
X— Everlasting Skipper *Anastrus sempiternus* (X)
X— White-patched Skipper *Chiomara georgina* (U) 1/—
— False Duskywing *Gesta invisus* (O)
— Horace's Duskywing *Erynnis horatius* (O)
X— Mournful Duskywing *Erynnis tristis* (R) 2/—
X— Funereal Duskywing *Erynnis funeralis* (C)
— Common Checkered-Skipper *Pyrgus communis* (R)

2

— White Checkered-Skipper *Pyrgus albescens* (C)
— Desert Checkered-Skipper *Pyrgus philetas* (U)
X— Tropical Checkered-Skipper *Pyrgus oileus* (A) 25/20
— Erichson's White-Skipper *Heliopyrgus domicella* (R)
— Turk's-cap White-Skipper *Heliopetes macaira* (U)
X— Laviana White-Skipper *Heliopetes laviana* (C) 1/3
— Veined White-Skipper *Heliopetes arsalte* (X)
— Common Streaky-Skipper *Celotes nessus* (O)
— Common Sootywing *Pholisora catullus* (U)
— Mexican Sootywing *Pholisora mejicanus* (R)
— Saltbush Sootywing *Hesperopsis alpheus* (X)
Intermediate Skippers—Subfamily Heteropterinae
— Dyar's Skipperling *Piruna penaea* (X)
Grass Skippers—Subfamily Hesperiinae
— Pecta Skipper *Synapte pecta* (R)
— Salenus Skipper *Synapte salenus* (R)
— Redundant Skipper *Corticea corticea* (R)
— Pale-rayed Skipper *Vidius perigenes* (O)
— Violet-patched Skipper *Monca crispinus* (R)
— Swarthy Skipper *Nastra lherminier* (X)
— Julia's Skipper *Nastra julia* (U)
X— Fawn-spotted Skipper *Cymaenes trebius* (U) 5/1
X— Clouded Skipper *Lerema accius* (A) 5/1
— Liris Skipper *Lerema liris* (X)
— Fantastic Skipper *Vettius fantasos* (X)
— Green-backed Ruby-Eye *Perichares philetes* (R)
— Osca Skipper *Rhinthon osca* (X)
— Double-dotted Skipper *Decinea percosius* (O)
— Hidden-ray Skipper *Conga chydaea* (R)
— Least Skipper *Ancyloxypha numitor* (R)
— Tropical Least Skipper *Ancyloxypha arene* (O)
— Orange Skipperling *Copaeodes aurantiaca* (X)
X— Southern Skipperling *Copaeodes minima* (U) 1/—
X— Fiery Skipper *Hylephila phyleus* (A) 60/30
X— Sachem *Atalopedes campestris* (U) 2/10
X— Whirlabout *Polites vibex* (C) 2/1
X— Southern Broken-Dash *Wallengrenia otho* (C) 5/2
— Delaware Skipper *Anatrytone logan* (R)
— Common Mellana *Quasimellana eulogius* (O)

3

— Dun Skipper *Euphyes vestris* (O)
— Nysa Roadside-Skipper *Amblyscirtes nysa* (U)
— Dotted Roadside-Skipper *Amblyscirtes eos* (R)
— Celia's Roadside-Skipper *Amblyscirtes celia* (C)
— Eufala Skipper *Lerodea eufala* (C)
— Olive-clouded Skipper *Lerodea arabus* (O)
— Brazilian Skipper *Calpodes ethlius* (U)
— Obscure Skipper *Panoquina panoquinoides* (U)
X— Ocola Skipper *Panoquina ocola* (C) 15/5
X— Purple-washed Skipper *Panoquina lucas* (U) 1/—
— Hecebolus Skipper *Panoquina hecebolus* (R)
— Evans' Skipper *Panoquina evansi* (R)
— Violet-banded Skipper *Nyctelius nyctelius* (O)
— Yucca Giant-Skipper *Megathymus yuccae* (O)
— Manfreda Giant-Skipper *Stallingia maculosus* (X)
Swallowtails—Family Papilionidae
X— Pipevine Swallowtail *Battus philenor* (C) 4/2
— Polydamas Swallowtail *Battus polydamas* (O)
— Mylotes Cattleheart *Parides eurimedes* (X)
— Dark Kite-Swallowtail *Eurytides philolaus* (X)
— Black Swallowtail *Papilio polyxenes* (U)
— Three-tailed Swallowtail *Papilio pilumnus* (X)
— Abderus Swallowtail *Papilio garamas* (X)
— Thoas Swallowtail *Papilio thoas* (X)
X— Giant Swallowtail *Papilio cresphontes* (A) 6/3
— Broad-banded Swallowtail *Papilio astyalus* (X)
— Ornythion Swallowtail *Papilio ornython* (R)
X— Ruby-spotted Swallowtail *Papilio anchisiades* (R) 1/—
— Pink-spotted Swallowtail *Papilio rogeri* (X)
Whites & Sulphurs—Family Pieridae
— Costa-spotted Mimic-White *Enantia albania* (X)
— Tropical White *Appias drusilla* (O)
— Mountain White *Leptophobia aripa* (X)
— Checkered White *Pontia protodice* (A)
— Cabbage White *Pieris rapae* (R)
— Great Southern White *Ascia monuste* (U)
— Giant White *Ganyra josephina* (O)
— Falcate Orangetip *Anthocharis midea* (O)
— Orange Sulphur *Colias eurytheme* (O)

4

새 관찰 목록은 유행이 오래 가지 않았다. 대신에 나비 관찰에 대한 관심이 점점 높아지면서 지금은 지역의 나비 관찰 목록 작성이 대세를 이루고 있다.

텍사스 남부에 서식하는 나비 목록을 보여 주는 이 점검표는 숫자나 메모를 적을 공간이 거의 없다. 하지만 나는 나비 이름 뒤에다 히말라 가운티에 있는 '웨슬라코'라는 도시의 두 곳에서 발견한 나비의 수를 사선으로 구분해 기록했다.

중해서 보기 쉽다. 그러나 나는 긍정적인 측면도 함께 본다. 동식물 목록을 기록하는 놀이는 내가 한 생물군의 다양성과 현재의 분류 체계를 배우고 자연에서 이러한 것들을 만나기 위해 밖으로 나가도록 자극하는 효과적인 틀을 반복적으로 제공했다. 나는 어떤 특정 분야에 상관없이 자연사를 연구하려는 사람이라면 누구에게라도 주저하지 않고 이런 방식을 추천할 수 있다. 우선은 새들을 관찰하고 날마다 발견한 것들의 목록을 작성하면서 즐겨라. 그러다가 스스로 알아서 목록 작성을 그만두는 때가 되면 많은 것을 배웠다는 생각이 들 것이다.

또한 동식물의 목록을 작성하는 일은 개인뿐 아니라 지역 사회에 여러모로 도움을 주기도 하고 과학 지식의 축적에 기여하기도 한다. 취미로 새를 관찰하며 목록을 작성하는 활동이 새 분포 현황을 상세하게 파악하는 데 끼친 영향은 매우 크다. 적어도 북아메리카와 유럽에 걸친 지역의 방대함과 고립된 개체군의 분포, 저밀도의 집단 이동이나 방랑 형태들을 볼 때, 최근 수십 년 사이에 엄청나게 중대한 발견이 이루어진 것은 실제로 전문 조류학자들이 아니라 아마추어 새 관찰자들 덕분이었다.

나는 1970년대 애리조나에서 이와 관련된 완벽한 사례를 보았다. 애리조나주로 이주한 탐조 애호가 두 사람이 각 카운티에 서식하는 새의 목록 만들기 시합을 열자는 의견을 퍼뜨리기 시작했다. 특히 마리코파 카운티(행정 중심지는 피닉스)의 탐조 애호가 집단은 그 생각을 적극 수용하여 즉각 활동을 시작했다. 사람들은 일일·연간 단위로 자기 카운티에 서식하는 새의 목록을 만드는 데 경쟁적으로 몰두했다. 지난날 피닉스의 탐조 애호가들은 새를 관찰하러 더 멀리 차를 몰고 가는 것으로 만족했다. 산새를 관찰하려면 애리조나 남동부로 갔고, 물새를 관찰하려면 콜로라도강으로 갔다. 자기 카운티 내에서라는 한정된 구역에서의 새 관찰은 엄청난 종류의 새를 발견하는 성과를 가져왔다. 애초에 산란 지역이라고 알려졌던 지역이 생각보다 더 넓다는 사실이 밝혀졌고, 이 취미 활동의 부산물로 지금까지 알려지지 않았던 월동 조류와 희귀 철새에 대한 새로운 정보도 얻었다. 9년 동안 마리코파 카운티에 서식하는 것으로 새롭게 밝혀진 새가 50종이 넘었다. 처음에 미친 짓이라는 소리를 들으며 시작한 두 명의 젊은 열성 탐조 애호가는 그 사이에 조류학 박사 학위를 받아 지금은 그 분야의 전문가가 되었다. 초기에 취미로 탐조 활동을 한 것은 그들의 경력에 전혀 해가 되지 않았고, 오늘날 마리코파 카운티에 서식하는 새의 종은 전보다 훨씬 더 속속들이 세상에 알려졌다.

카운티에 서식하는 새의 목록을 만든다는 생각은 1970년대에는 결코 새로운 것이 아니었다. 1890년대, 윌슨 조류 협회(Wilson Ornithological Society) 회장이었던 린즈 존스(Lynds Jones) 교수는 오하이오주 로레인 카운티에서 탐조 목록을 열심히 만들어 그 결과를 《윌슨 회보(*Wilson Bulletin*)》라는 협회지에 게재했다. 존스는 하루 동안 발견한 새의 종 목록을 작성하는 것을 '일일 탐조(daily horizons)'라고 했는데, 그가 방대한 종 목록을 작성하고 거기에 개체 수도 조사하여 기록했던 "개체 수 탐조(censo-horizons)"와 구분 짓기 위해서 그렇게 불렀다. 그는 1899년에 발표한 〈오하이오주, 로레인 카운티, 1898년 탐조(The Lorain County, Ohio, 1989 horizon)〉라는 논문에서 윌리엄 리언 도슨(William Leon Dawson)과 함께 집계한 내역을 제출했다. 그들은 그해에 기존에 로레인 카운티에 서식하는 것으로 알려진 총 221종의 새 가운데 175종을 발견했다. 존스와 도슨은 각자 자기 목록에 그 새들을 추가했다.3 존스는 《윌슨 회보》 3호에서 1899년 5월에 자신이 로레인 카운티에서 하루에 112종을 발견했다고 보고했다.4 그 시대에 기록적인 숫자였다. 존

스와 도슨은 둘 다 새 분포에 관한 논문을 많이 발표했다. 그들은 당대의 손꼽히는 조류학자로서 명성이 드높았기 때문에 그들이 새 목록을 만들며 즐기는 행위를 비난하는 사람은 아무도 없었다.

이 방식은 새뿐 아니라 다른 동물 관찰에도 사용되었다. 1960년대 말, 인시류(鱗翅類, Lepidoptera, 절지동물 곤충강의 한 목임. 나비류와 나방류를 합친 것을 말한다.—옮긴이) 곤충학자 키스 브라운(Keith Brown)은 브라질의 여러 연구지에서 날마다 관찰·집계하는 나비의 종 수를 최대로 늘리기 위해 체계적으로 연구하기 시작했다. 그 방식은 지역의 나비 현황에 대한 새로운 정보를 밝히는 데 매우 효과가 좋아서 그는 그것을 논문으로 발표했다.[5] 브라운은 어떻게 해서 이 사례를 '하루에 발견하는 나비의 종 목록을 최대로 늘리겠다는, 어찌 보면 과학 활동이 아닌 목표(인접 영역인 조류학에서도 많이 채택한다.)가 과학적으로 큰 영향을 끼칠 수 있는 경우'라고 생각하게 되었는지를 설명했다. 그는 브라질 중앙 고원 지대에서 6주 동안 관찰한 결과, 과거에 그 지역에서 발견되지 않았던 나비 25종을 확인했으며, '최대화' 방식을 채택하고 난 뒤 다시 6주를 관찰하면서는 거의 300종이 넘는 새로운 나비 종을 발견했다고 설명했다.

브라운은 물론 (19세기 말 조류학자들의 전형적인 조사 방식처럼) 표본 채집도 포함해서 조사했다. 채집은 잘 알려지지 않은 생물군이나 지역을 연구할 때 계속해서 중요한 부분을 차지할 것이다. 그러나 날마다 목록을 조사하고 기록하는 습관은 표본 조사만으로는 얻을 수 없는 정보를 제공한다. 채집은 대개 희귀한 것을 대상으로 하는 경우가 많다. 8월에 넓은 지역에서 채집한 나비 중에 붉은까불나비(red admiral)가 몇 마리 없다고 해서 그 종이 반드시 그 시기에 희귀하다는 것을 의미하지는 않는다. 그 종이 늦여름에 너무 흔해서 8월 중에는 수집가들이 주목하지 않았다는 것을 의미할 수도 있기 때문이다. 그러나 매일매일 최대한 많은 종의 나비를 관찰하고 집계하려고 노력하는 사람은 아무리 흔한 종이라도 지나치지 않는다. 발견한 나비가 아무리 흔하고 평범하다고 해도 그것은 그날 발견한 나비의 종 수가 하나 더 늘어난다는 것을 의미한다! 이것은 꼭 그렇다고 할 수는 없지만 열성적으로 목록을 작성하는 이유 가운데 하나다. 어느 날 나비 한 종이 집계 목록에서 빠져 있다면, 그것은 사람들이 그 종을 그날 또는 그곳에서 실제로 발견하지 못했다는 것을 가리킨다. 다시 말해 그 종이 없다는 것이 아니라 현재 발견되지 않아 집계되지 않았다는 것이다. 이는 특히 이동성 혹은 계절성 생물의 생물 기후학적 현상이나 계절적 발생을 입증하려고 할 때 매우 중요하게 고려해야 할 사항이다.

지금까지 말한 동식물을 관찰하고 목록을 작성하는 놀이들(오하이오의 존스, 브라질의 브라운)에서 목록을 작성한 사람들이 분산된 데이터를 신중하게 다듬는다면 놀이의 결과물은 일반적인 지식이 될 수 있다. 물론 항상 그런 것은 아니다. 동식물 관찰과 목록 작성에 열심인 사람들이 만든 많은 점검표가 결국에는 아무런 기여도 하지 못하고 버려진다. 그러나 탐조 애호가들의 관찰 내용이 아주 훌륭한 데이터베이스로 사용될 수 있는 프로그램들도 있다.

1980년대 초에 시작된 대규모 프로그램 사례가 하나 있다. 위스콘신 주 내에 있는 카운티마다 주별로 어떤 종의 새가 있는지 관찰하고 점검표를 작성하는 프로그램에 자원봉사자들을 모집했다. 새를 관찰하는 사람들이 컴퓨터 인식 카드에 표시된 여러 종의 새 가운데 자신들이 확인한 새들을 체크해서 위스콘신 대학교로 제출하면 나중에 주 정부 천연자원부에서 최종 취합했다. 2007년, 이렇게 취합한 보고서 가운데 위스콘신 탐조 프로젝트(Wisconsin Checklist Project)에 제출된 것이

9만 4000건이 넘었다.6 점검표 목록에는 그저 어떤 종이 있고 없고만 기재되어 있었지만, 과학자들은 점검표에서 어떤 종이 얼마나 자주 나타나는지 비율을 조사하고 그 비율이 시간에 따라 어떻게 바뀌는지를 추적함으로써 엄청나게 다양한 새의 이동 시기와 변화에 대해 대강의 지표를 얻어낼 수 있었다.

그 밖에도 여러 사람들과 기관이 협력해서 새를 비롯한 다른 동식물을 관찰하고 목록을 작성하는 다양한 시도가 있었다. 그 가운데 가장 야심찬 사업이 이버드(eBird) 프로젝트로, 코넬 조류학 연구소(Cornell Laboratory of Ornithology)와 국립 오듀본 협회가 공동으로 대규모 데이터베이스를 구축한 사업이다. 이버드는 방대한 용량의 컴퓨터와 인터넷을 통해 지역의 관찰자로부터 단순히 발견한 새의 종류뿐 아니라 개체수, 관찰 장소, 관찰 소요 시간, 기타 특이한 사항까지 추가로 보고 받는다. 오늘날 구축된 데이터베이스의 정보량은 매우 크다. 최근에 한달 평균 입력되는 점검표는 5만 건이 넘으며 지금도 꾸준히 그 수가 늘고 있다. 이버드는 모든 계절에 걸쳐 엄청나게 다양한 종류의 새에 관한 현황을 놀랄 만큼 아주 상세하게 보여 준다. 이 프로젝트에 참여하는 관찰자가 늘어나면 늘어날수록 이버드가 제공하는 정보는 점점 더 정교하고 세밀해질 것이다.

이버드 프로젝트를 운영하는 사람들이 탐조 애호가의 심리를 잘 이해하고 있기 때문에 여기에 참여하는 관찰자의 수는 더욱 늘어날 수밖에 없을 것이다. 2002년에 이 프로젝트를 시작했을 때, 코넬 대학교와 오듀본 협회의 과학자들은 관찰자들이 일반 시민들일 것이고 그들이 자신들에게 필요하기 때문에 정보를 제공할 것이라고 추측했다. 하지만 처음에 시민들의 반응은 미온적이었다. 프로젝트 운영자들은 마침내 탐조 애호가들이 새의 목록을 작성하는 데 경쟁심이 있다는 것을 알고 그것을 자극할 방법을 고안해 냈다. 오늘 내가 야외에서 본 새들을 보고하기 위해서 컴퓨터에 접속하면, 초기 화면에 내 '새 관찰 기록'이 가장 먼저 뜬다. 물론 그것은 진짜 내 관찰 기록이 아니다. 내가 이버드에 보고한 새들을 집계하고 기록한 것일 뿐이다. 화면을 아래로 이동시키면 내가 거주하는 주에서, 또는 올해에 얼마나 많은 종의 새가 보고되었는지와 같은 세부 기록을 보여 준다. 그것이 탐조 애호가들을 크게 자극할 것은 뻔하다. 나 같으면 그것을 보고 이렇게 생각할 것이다. "내 관찰 기록이 실제로 얼마나 될지는 모르지만, 이것보다는 많을 게 분명하지!" 나는 당장 내 관찰 노트를 펴들고 알래스카, 베네수엘라, 자메이카 등지를 여행하며 관찰한 새에 대한 기록을 입력하고 싶은 충동에 휩싸인다. 물론 내가 그렇게 하면, 이버드의 데이터베이스 정보는 더욱 풍성해질 것이다. 이는 동식물의 목록을 작성하는 사소한 놀이가 과학 발전에 기여할 수 있는 하나의 방식이다. 이 독특한 조합은 제 역할을 제대로 해내고 있다.

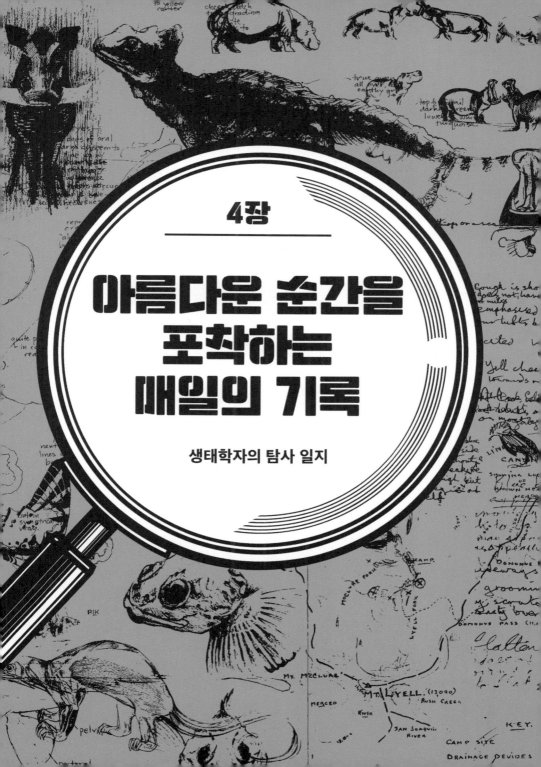

4장

아름다운 순간을 포착하는 매일의 기록

생태학자의 탐사 일지

"매일매일의 기록은 기억을 쉽게 되살리고
인생의 아름다운 (또는 그다지 아름답지 않은)
순간들을 포착합니다."

로저 키칭 Roger Kitching
곤충 생태와 생물다양성, 생태계 관리, 수관(樹冠, canopy, 나무 꼭대기가 서로 맞닿아 만들어진 녹색 융단의 최상
위층 ─ 옮긴이)을 연구하는 생태학자로, 주로 인도, 파푸아 뉴기니, 브루나이의 열대지역 오지에서 연구 활동을 한다.
특히 곤충의 생태 연구를 통해 기후 변화가 현재와 미래에 어떤 영향을 줄 것인지를 탐지하는 데 관심을 가지고 있다.
그가 생태학 교수로 있는 그리피스 대학교는 오스트레일리아에서 환경 과학 발전에 큰 역할을 하고 있으며, 그의 연구
실은 환경 변화 적응에 관한 분야에서 세계적으로 유명하다.

헐(Hull)이라는 도시는 도대체 정감이 안 가는 곳이었다. 지금도 여전히 그렇다고 말하는 사람들이 있다. 나는 그 도시의 외곽에 있는 혼지라는 해안가 작은 마을에서 태어났다. 어머니는 1944년 독일이 전격전을 벌이자 위급한 사태를 모면하기 위해 혼지로 잠시 피신했다. 그러다가 우리는 생선 비린내가 풍기며 저인망 어선들이 드나드는 저지대 포구인 헐로 돌아갔다. 나는 그곳에서 어린 시절을 보내며 학교를 다녔다. 그 도시는 또한 내가 무엇인가에 홀린 듯 자연사학자가 된 곳이기도 하다.

헐은 얼핏 봐서는 야생의 자연과는 어울리지 않을 것 같은 곳이었다. 그러나 처음에는 실체를 제대로 못 보는 경우가 허다하다. 1940년대와 1950년대에 이 따분하기 그지없는 도시는 우리가 흔히 "배수로"라고 부른 넓은 수로들이 종횡으로 가로지르고 있었다. 우리는 거기서 잼을 담았던 병과 어망을 들고 큰가시고기와 도롱뇽, 올챙이와 개구리를 모두 잡아 버리려고도 했다. 나는 이 고만고만한 수로들에서 장구애비, 물방개, 물거미를 처음 보았고, 가끔 물총새들이 수로에 날아와 앉는 것을 보았다. 수로를 따라 소택지를 이룬 제방 기슭에 무성하게 자란 물가 식물들이 그들을 감싸고 있었다. 헐은 또한 전쟁 때 공습으로 폭탄이 떨어져 움푹 파인 곳이 유난히 많았다. 파인 곳에는 대개 부식된 파편들 사이로 잡초가 무성하게 자랐는데, 분홍바늘꽃(rose bay

파랑띠물총새(Blue-banded Kingfisher, *Alcedo euryzona*)를 관찰 기록하고 그린 것. 보르네오섬 사바 주에 있는 다눔 밸리 현지 연구소의 창문 아래에서 죽은 채로 발견되었다.

willow herb) 무리가 길게 띠를 이룬 곳에는 그것을 먹고 자라는 통통하게 살이 오른 연두색 주홍박각시(elephant hawk moth) 유충들이 꿈틀거리고 있었다. 부리가 짧은 콩새와 딱새, 큰까마귀, 개똥지빠귀 무리들도 그곳에 둥지를 틀었다. 관목과 풀들은 빈 땅과 공간이 생길 여유도 주지 않고 그곳이 자기 영역이라고 주장이라도 하듯이 끊임없이 자리를 넓혀 갔다.

하지만 어린 시절 점점 자라는 동안 이 모든 것이 서서히 자취를 감추었다. 덮개가 없던 배수로는 파이프로 교체되고, 폭탄이 떨어졌던 자리들도 조금씩 깨끗하게 정리되었다. 도시 전체가 말끔해졌다. 그러다가 아이슬란드의 해양 영토권 주장(1958년과 1972년에 일어난 이른바 대구 전쟁. 희소 자원인 대구 보호를 둘러싼 아이슬란드와 영국 간의 분쟁을 말한다.)의 희생양이 되고 이어서 유럽 연합 가입으로 어획 권한이 제한되면서, 원양 어업이 쇠퇴함과 동시에 언제나 그 도시를 감돌고 있던 (바람이 동쪽으로 불 때 특히 심했던) 특유의 비릿한 냄새도 완전히 사라졌다. 운좋게도 이러한 사태 진전은 내 자신의 발전과 맞물렸다. 장차 내 일생에서 가장 소중한 기관인 자연사 학회를 그 도시에서 발견한 것이 바로 그 시기였다.

헐 자연사학자 클럽(Hull Scientific and Field Naturalists' Club)은 빅토리아 시대까지 기원을 찾아 거슬러 올라갈 수 있는 영국 북부 지역의 많은 자연사 학회 가운데 하나였다. 그들의 '과학적' 열정은 산업 시대와 다윈 이후 자연사의 혁명을 거치면서 불타올랐다. 1960년 무렵, 자연사를 연구하는 전문가들이 있었지만 노동 계급이 사는 이 작은 도시에서 그들이 소수 집단으로 남은 것은 당연한 일이었다. 그들은 자연사를 진심으로 아끼는 아마추어 애호가들과 한 달에 한 번씩 모임을 갖고 주말 탐사를 나가면서 서로 어울렸다. 지금 특별히 기억에 남는 사람으로 데니스 웨이드라는 항만 노동자가 있었는데, 그는 점심 식사 시간에(대개는 점심을 걸렀다.) 부두 구역 내 공터에서 나비와 나방을 관찰하고 기록하며 보냈다. 또 항만 노동자인 데니스 패시비는 요크서 출신의 통명스럽기 그지없는 사람으로, 항만에서 쇠목테갈매기(Ross's gull)를 보았다거나 스펀곶에서 휘파람새(Cetti's warbler)를 보았다는 소문만 들어도 브리들링턴으로 가는 기차나 버스에 올라타곤 했다. 한번은 러시아에서 이주하다가 길을 잃은 검은목두루미(Common Crane)가 갑자기 나타났다는 소식을 듣고 '베일 오브 피커링'이라는 평야 지대로 달려가기도 한 사람이었다.

　야외 관찰을 즐기는 이 '아마추어 자연사학자들'은 내게 많은 것을 가르쳐 주었다. 무엇보다도 그들은 내가 혼자가 아니며, 설명하기 어렵지만 언제 어디서고 자연과 떨어질 수 없다고 생각하는 것이 흔한 일은 아니지만 그렇다고 아주 유별난 것도 아니라는 것을 알려 주었다. 나는 또한 처음으로 전문적인 생물학자들, 대개 고등학교 교사들과 대학 교수들을 소개 받았는데, 그들은 모두 자연에 빠져서 그것을 직업으로 삼은 사람들이었다. 이것은 장차 내게 매우 유익한 열매를 맺게 해 준 씨앗이 되었다. 어렸을 적 내게 조언을 아끼지 않았던 스승들 가운데 신념이 굳은 자연사학자들을 꼽으라면, 돈 스미스(Don Smith), 귀네스 켐프(Gwyneth Kemp), 프랑크 더부르(Frank DeBoer), 퍼시 그라벳(Percy Gravett), 에바 크래클스(Eva Crackles)를 들 수 있다. 그들은 조숙하지만 설익은 내 열정에 방향을 제시하고 깊이를 주었다. 모두 자애롭고 총명한 사람들로 내가 다니던 그래머 스쿨에서 생물을 가르치던 켄 펜턴 선생과 더불어 말 그대로 나의 앞날을 열어 주었다.

　내가 자연사학자가 되기 위해 첫발을 내디딜 무렵, 그 길을 가는 데 두 가지 기술적 도움이 꼭 필요하다는 것을 알았다. 초기에 내게 조언해 주었던 사람들은 실제로 그런 도움을 준다는 것이 얼마나 힘든 일인지 보여 줌으로써 그것의 중요성을 다시 한번 일깨워 주었다. 첫 번째는 채집물을 모으는 것이었다. 나는 한 마디로 말해서 채집광이었다. 새알부터 시작해서 조개껍데기, 화석, 야생화, 진균류 포자 흔적, 깃털에 이르기까지 채집에 열을 올렸고, 열세 살 때에는 나비, 나방, 딱정벌레, 빈대, 잠자리 같은 곤충 채집으로 열정이 최고조에 달했다. 요즘에는 아이들에게 채집을 장려하지 않는 경향이 있는데, 그것은 아무리 선의라고 해도 내가 보기에는 잘못된 것이라고 생각한다. 아마추어 채집가들의 채집 행위가 환경 보존에 어떤 심각한 영향을 미치는 경우는 거의 없다. 숲과 생물의 서식지를 파괴하는 행위에 비하면 나무에서 쐐기벌레 몇 마리를 잡는 것이 환경에 미치는 영향은 아주 미미하다. 그런데도 우리는 후자에 대해서는 도덕적으로 비난하면서 전자에 대해서는 불행하지만 어쩔 수 없는 것으로 받아들이곤 한다. 곤충 채집은 내 채집 기술의 영역을 크게 넓혔고, 채집 대상이 되는 것을 식별해 내는 관찰 능력을 연마시켰다. 그와 더불어 앞으로 채집과 관련된 현지 탐사를 어떻게 구성할지에 대한 전망도 보여 주었다.

채집을 하다보면 기록을 남길 필요성이 생기기 마련이다. 나는 처음부터 이름표가 없는 표본은 단순히 (때때로) 멋진 물체일 뿐이라고 생각했다. 표본과 관련된 데이터가 없다면 그것은 과학적으로 쓸모없는 것이나 다름없다. 그러나 그 이름표도 기껏해야 나비의 표본 아래 핀으로 고정시키는 아주 작은 사각형 카드 정도의 크기밖에 안 되었다. 나는 채집할 당시 주변 환경, 날씨, 심지어 채집당한 곤충이 느꼈을 감정, 채집을 둘러싼 경험 같은 것들이 중요하다는 것을 어렸을 때 이미 알았다. 나는 이런 것들을 이름표에 타이프라이터로 몇 자 적어 넣는 것이 아니라 서술 형태로 기록해야 한다고 생각했다. 이런 생각 때문에 나는 세밀하게 일지를 쓰는 능력을 익혔다.

물론 나도 다른 10대들과 마찬가지로 일기를 썼다. 하지만 일기에 마음속 깊은 내면의 느낌을 써야 한다는 생각은 너무 진부하다. 무엇을 위해서 그래야 하는지도 불분명했다. 전통적으로 크리스마스에 청소년이 새해 일기장을 받아 들면 이번에는 일기를 잘 써야지 하는 생각을 하지만, 처음 몇 주를 못 넘기기 마련이다. 나는 열네 살 때부터 열일곱 살 때까지 4년 동안 꾸준히 일기를 썼다. 그것이 한 10대 소년에게 어떤 특별한 의미가 있다면, 내가 일기장에 기록한 것은 내 내면의 깊은 생각이 아니었다는 것이다. 그때의 일기를 어른의 눈으로 다시 읽으면 과장되고 기계적인 딱딱한 이야기체에, 뭔가 의견을 말하는 것 같지만 산만해 보인다. 하지만 지난 50년 동안 쓴 일기들을 읽다 보면 어느 날 무슨 일이 일어났는지 아주 명료하게 떠오른다. 일기는 옛일을 기억나게 하는 생각의 체계를 제공한다. 내가 일기와 일지를 쓰면서 느끼는 큰 즐거움 가운데 하나가 바로 이것이다.

어린 시절 일기에는 자연사와 관련된 많은 사건과 발견에 대한 설명이 담겨 있다. 하지만 그것들은 내가 나중에 일지라고 부른 것과는 다르다. 거기에는 동식물 목록도 없고, 기억해야 할 중요한 사건도 첨부되어 있지 않으며, 어쩌면 가장 중요한 것인지도 모를 그림으로 설명한 것도 없다.

무언가에 사로잡힌 듯 자연에 몰두했던 어린 시절, 자연사는 다행히도 당시의 정규 교육 제도의 시대적 요구와 잘 맞아 떨어졌다. 1950년대와 1960년대 영국의 교육 제도는 학업 성적을 중시하면서 동시에 전통적 교육 방식도 중요하게 여겼다. 학생들은 적어도 두 개 언어로 읽고 암기하고 문법에 맞게 쓸 줄 알아야 했으며, 학교에서는 시험에서 모든 것을 엄청난 속도로 되뇔 수 있는 능력을 매우 중요하게 생각했다. 이 모든 능력은 내가 자연사학자로 성장하기 위해서 반드시 필요한 요소들이었다. 이것이 마음에 와닿는 순간, 학교에서 그러한 기술을 습득하는 것은 쉬운 일이었다. 일기를 쓸 때도 끊임없이 창조적으로 생각하려고 애쓴 것 또한 큰 도움이 된 것은 두말할 나위가 없다. 자연사 교육과 정규 교육이 서로 맞부딪히면서 어느 것이 더 중요한가에 대해 논란이 많았지만 어쨌든 그 둘은 서로 좋은 효과를 냈다.

그러나 제2차 세계 대전이 끝나고, 영국은 현대의 끊임없는 기술 발전과 수요에 대처하기 위해 무엇보다도 엘리트를 육성하는 것이 시급

Pathyta
antiphates

R|K

보르네오에서 서식하는 나비인 파이브바 소드테일(five-bar swordtail, *Pathysa antiphates*). 수채화로 그렸다.

하다고 판단했다. 따라서 영국 정부는 학교에 경쟁 제도를 도입했다. 이런 식의 경쟁 제도는 경쟁에 뒤진 사람들의 삶을 좌절시켰다. 그러나 옛날에는 나 같은 계급 출신들이 꿈도 꾸지 못했을 기회들을 만들어 냈다. 나는 마침내 지방 소도시 헐의 공용 주택 단지와 안개 자욱한 평야 지대를 떠나 런던에 있는 임페리얼 칼리지에서 동물학과 곤충학을 공부할 수 있는 기회를 잡았다.

이것은 1800년대 말, 위대한 자연사학자 토머스 헨리 헉슬리(Thomas Henry Huxley)가 처음으로 고안한 이후로 기본적으로 바뀌지 않고 유지해 온 교육 과정이었다. 실제로 어떤 교육용 표본(괭이 상어Port Jackson Shark였던 것 같다.)에 방부제를 다시 발라 재정비할 때를 보면 작은 인식표에는 어김없이 THH라는 정체 모를 머리글자가 붙어 있었다. 우리는 2년 동안 동물계(界, Kingdom)에 속한 모든 문(門, Phylum)을 체계적으로 연구했다. 인접 학문인 식물학과 화학도 일부 공부했다. 그러고 나서 마지막 해에는 곤충 강(綱, Class)에 속하는 (당시까지 알려진 전체) 29개 목(目, Order)을 반복해서 공부했다. 오늘날 학생들이 볼 때는 용납할 수도 없고 상상하기 힘든 일처럼 보일지 모르지만 자연사학자가 되고자 했던 내게는 더할 나위 없는 좋은 기회였다. 어릴 때 가톨릭 신자로서 마구잡이로 책을 읽으면서 머릿속에 집어넣었던 뒤죽박죽인 정보들이 이제 나름의 논리적인 틀을 갖추게 되었다. 이제 반삭동물문에 속한 동물들이 척추동물과 어떠한 관련이 있고, 벼룩과 파리를 왜 동종 집단으로 보는지, 또한 해부했을 때 아주 단순한 기생충 같은 동물을 통해서 어떻게 고도로 분화된 훨씬 더 복잡한 조상들을 설명할 수 있는지를 알게 되었다.

임페리얼 칼리지는 학생들의 탐사 연구를 적극적으로 지원했다. 특히 12명밖에 안 되는 동물학과 학생들이 탐사를 자주 했다. 우리는, 가능하면 아주 큰 산이나 빙하, 혹은 그냥 되도록 먼 곳으로 떠나기를 바랐던 공학도나 광산학과 학생들이 가는 여행에 과학적 신뢰성을 제공했다. 이렇게 해서 나는 처음에는 에티오피아에서, 두 번째는 북극에서 길고 유익한 여름을 보냈다. 내가 탐사 원정을 바탕으로 일지를 쓰기 시작한 곳이 바로 그곳이다.

일이 되려니까 그랬는지 1966년, 박사 과정을 밟기 위해 옥스퍼드 대학교에 가면서 '동물개체군국(Bureau of Animal Population, BAP)'이라는 연구 기관에 합류하게 되었다. 그때는 바로 그 기관을 설립하고 대표를 맡고 있던 찰스 엘턴(Charles Elton)이 퇴임하기 직전이었다. BAP와 엘턴에 대해서는 이미 널리 알려져 있고 여기서 다시 그 기관에 대해서 장황하게 설명할 까닭도 없지만, 몇 가지 알아야 할 중요한 사실이 있다. 엘턴은 영어권에서는 동물학의 아버지였다. 1927년에 그가 쓴 《동물생태학(*Animal Ecology*)》은 생태학 연구에 새로 발을 내디딘 사람들에게는 필독서이며, 나중에 나온 《동식물의 침략 생태학(*The Ecology of Invasions by Animals and Plants*)》 또한 오늘날 많은 연구 프로그램의 바탕이 되는 고전으로 남아 있다.[1] 그러나 무엇보다도 그가 내게 가장 중요한 영향을 끼친 것은 현지 탐사 작업을 강조했다는 점이었다. 내가 거기에 합류했을 때, 실제로 옥스퍼드 대학교에서 동물학 현지 조사 부처가 BAP의 한 조직이었다.

엘턴은 한마디로 기록광이었다. 내가 BAP에 있던 시기는 우연히도 엘턴이(실제로는 그의 비서가) 옥스퍼드 대학교 주변 삼림지에 대한 방대한 생태 조사 기록을 타자기로 치는 엄청난 작업이 완료된 시점과 맞아 떨어졌다. (그 결과 나온 책이 매우 격조 높은 《동물 군집의 유형(*The Pattern of Animal Communities*)》[2]이다.) 그러나 그것이 다가 아니었다. 그가 일생 동안 기록한 소중한 일지 가운데는 1920년대 그에게 새로운 영감을 안겨 준 스피츠베르겐섬 탐사 기록도 있었다. 꿈결 같던 옥스퍼드 대학교 시절, 엘턴이 내 연구를 총체적으로 감독하기는 했지만 실제로 논문 쓰는 것을 지도해 준 사람은 헨리 네빌 서던(Henry Neville Southern, '믹 Mick'으로 더 잘 알려져 있다.)이었다. 믹은 포유동물학자였다. 따라서 그가 내 곤충학 관련 논문을 지도하는 데는 기술적으로 한계가 있었다. 그러나 그는 《동물생태학 저널(Journal of Animal Ecology)》의 편집장인데다 동물학 박사 학위 말고도 옥스퍼드 대학교 고전학 학위도 있었다. 그는 내게 과학적 산문을 왜 써야 하고 그 의미가 무엇인지를 가르쳐 주었다. 나중에 한 지도 교수가 조언하기를 "그것이 책으로 나오지 않으면 끝난 것이 아니다."라고 했다. 믹은 과학적 저술에 요구되는 사항들이 다소 건조하고 딱딱한 부분이 있다고 해서 과학자들이 쓴 글에 반드시 격조나 유머, 위트가 배제되어야 한다는 것은 아니라는 것을 내게 가르쳐 주었다.

옥스퍼드 대학교 시절과 이후 생물학자로서 이어지는 모든 경험을 통해 내 기록 과정은 서서히 3단계로 자리 잡았다. 그 첫 번째가 수첩이다. 거기에는 실제로 관찰을 통해 얻은 수치들을 기록한다. 노트북에서 스프레드시트를 이용해서 데이터를 기록하는 것이 상용화되었지만 나는 여전히 현지에서 수집된 모든 데이터를 기존의 탐사 일지에 기록하고 그것을 확인한다. 종이는 전자 데이터보다 훨씬 오랫동안 보관할 수 있으며, 잉크는 전자의 단순한 분극보다 더욱 항구적이다. 우선, 잉크는 자기장의 영향으로 변질되지 않으며, 인간의 시각 인지 체계(다시 말해, 읽기)는 세월이 흘러도 기본 구조가 바뀌지 않는다. 따라서 수첩은 지금도 여전히 기록을 보관하는 필수 수단이다. 수첩은 또한 어떤 기상 상황에서도, 전기 공급이 끊어져도 기록할 수 있다.

다음으로 일지는 내게 수첩에 버금가는 기록 수단이다. 엄밀히 말해,

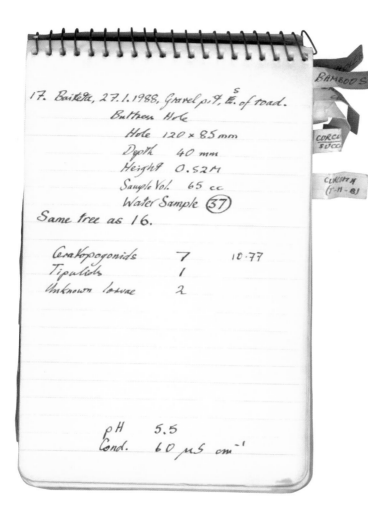

17. Baitata, 27.1.1988, Gravel pit, E. of road.
    Bamboo Hole
        Hole 120 × 85 mm
        Depth 40 mm
        Height 0.52 M
        Sample Vol. 65 cc
        Water Sample (37)
Same tree as 16.

    Ceratopogonids   7   10.77
    Tipulids   1
    Unknown larvae   2

                pH   5.5
                Cond. 60 µS cm⁻¹

장기간 뉴기니섬에서 피토텔마타(phytotelmata)라는 수생 동물의 먹이 그물을 조사한 기록. 피토텔마타는 나무 속 빈 공간이나, 파인애플과 식물인 브로멜리아드(bromeliad)의 물이 고이는 곳에 산다. 나는 현지 탐사에서 나온 수치 데이터와 그것과 관련된 관찰 내용을 기록할 때 수첩을 사용한다.

일지는 날마다 규칙적으로 일상 활동을 기록하는 필기장일 뿐이다. 그러나 자연사적 맥락이나 내 입장에서 보면 일지는 여행과 매우 관련이 깊다. 일지와 여행은 공통점이 많다. 나는 점점 지구의 외진 구석으로 날아가 탐사하는 일이 많아지면서 거기서 날마다 일어나는 사건들과

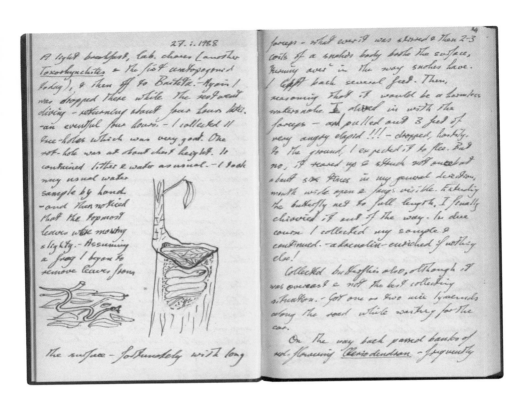

생각하고 관찰한 것들을 습관적으로 기록하게 되었다.

나의 첫 번째 기록은 유감스럽게도 실패로 끝났다. 1965년 임페리얼 칼리지에서 에티오피아로 떠난 탐사는 여행가와 과학자로서 성장하는 데 가장 큰 영향을 준 여행이었다. 나는 석 달 동안의 탐사 기간 도중에 일지를 쓰다 말았다. 일지 쓰기를 중단한 뒤에 일어난 일들을 기억할 수는 있다. 그러나 그런 비망록의 도움 없이 남아 있는 일시적인 기억은 지금도 머릿속에 떠올리고 싶은 하루하루의 자세한 내용과 연결되지 않는다. 나이가 들면서 이러한 불일치가 점점 더 커지는 것을 확연하게 느낀다.

일지는 내게 수첩에 비견할 만한 기록 수단이다. 수첩과 다른 점이 있다면 현지 탐사 내용을 서술 형태로 기록한다는 것이다. 이 부분은 뉴기니섬에서 관찰한 식물 내부의 빈 공간 서식지에 대한 설명을 일부 발췌한 것이다.

그 뒤로 1966년에 라플란드 탐사를 시작으로 기록하는 능력을 서서히 키워 나갔다. 그러나 경력을 쌓고 결혼을 하고 과학적 명성을 얻는 동안 오랜 공백기를 보냈고 그러고 나서 1985년에 런던 왕립 곤충 학회(Royal Entomological Society)가 주관하는 술라웨시 탐사 원정대 '월리스 프로젝트(Project Wallace)'에 참여하게 되었다. 나는 두 달 동안 정말로 일지 쓰기에 몰두했다. 그 뒤로도 꾸준하게 일지를 쓴 결과, 마침내 적어도 이틀이나 사흘마다 관찰한 것을 기록하지 않고는 못 배기게 되었다. 이제는 6대륙을 가로지르며 활동한 기록이 선반에 하나 가득하다. 그것들은 지금까지 내가 보관하고 있는 기록물 가운데 가장 아끼는 개인적이고 전문적인 정보들이다.

일지에 관한 전반적인 이야기를 끝내기 전에, 나는 마음속으로 출판을 생각하며 일지를 쓴 적이 전혀 없다는 점을 밝히고 싶다. 어떤 일지는 저자가 탁월하고 역사적으로 중요하기 때문에 그가 쓴 글을 모아 책으로 내는 것이 당연하다고 생각되는 경우도 있다. 다윈의 글을 읽는 독자들도 다윈이 옛날에 직접 기록한 전보문 형식의 일지들을 힘들여 읽기보다는《비글호 항해기》[3]처럼 실제 일지에서 엄선된 글을 발췌해 읽기 쉽게 편집한 문서를 훨씬 더 좋아할 것이다.[4]

3단계 기록의 마지막 단계는 여러 가지 간행물이다. 전통적으로 과학계에서 학술지에 기고하는 글이 그런 것들인데 책으로 치면 하나의 장에 해당하는 분량이다. 젊은 과학자들이 성공하기 위해서는 끊임없이 학회와 모임에서 발표하는 것과 함께, 다음에 이야기할 두 가지 형태의 출판물에 주목할 필요가 있다. 이론의 여지는 있지만, 만약 이런 것들이 당신이 추구하는 것을 방해한다면, 탐사 형태의 일지는 불필요하거나 기껏해야 다듬어진 자기 탐닉일 수 있다.

내가 과학적으로 발전할 시기에는 다른 형태의 간행물들이 중요해졌다. 그 가운데 첫 번째가 전문적인 대중 잡지다. 여기서 해야 할 일은 자기가 연구한 것이나 다른 학자들이 연구한 것을 독자가 이해할 수 있게 설명하는 것이다. 잘 알려진 일부 잡지들은 독자들이 실린 글을 숙독하기 때문에 많은 과학자들은 이런 잡지에 글을 쓰는 것을 부담스러워 한다. 여기서는 글의 목적이 과학적으로 뚜렷해야 한다. 하지만 연구 결과를 설명할 때 연구 과정에서 발생한 일화와 부수적인 세부 내용이 그 안에 녹아들어 있어야 한다. 여기서 어떤 사람의 일지는 매우 유용한 것으로 입증될 수도 있다. 열대 지역의 먹이사슬이 대개 온대 지역보다 더 길다는 것을 보여 주는 것은 과학적으로 흥미로운 일일 수 있다. 그러나 이러한 진실이 술라웨시의 떠다니는 습지에 서식하는 벌레잡이통풀(pitcher-plant)과 같은 식충 식물을 발견하는 이야기나 보르네오섬 열대우림의 가파른 진흙 지대에서 분투하는 이야기와 깊이 연결된다면 일반 독자들에게 훨씬 더 흥미롭게 다가갈 수 있을 것이다.

대중적인 글쓰기가 훨씬 더 중요해지고 일지도 훨씬 더 쓸모가 많아지면 그때 가서 책으로 발간된다. 그런데 이상하게도 오늘날 적어도 오스트레일리아의 과학 당국은 책 출판과 관련해 대부분 성과를 인정하지 않는다. 또 어떤 분야에서는 현역 과학자들이 그들의 한정된 시간을 쪼개서 책을 발간하는 것을 적극적으로 말리기도 한다. 그러나 돌이켜보면, 이것은 잘못된 것일 수 있다. 예컨대 섬 생물지리학 이론(the theory of island biogeography, 군집생태학에 확고한 이론적 기반을 최초로 부여한 영역)은 실제로 《생태학(*Ecology*)》과 《미국 자연사학자(*American Naturalist*)》에 처음 실렸지만 주목받지 못했다. 그러나 1967년 로버트 맥아더와 에드워드 O. 윌슨이 그 이론을 프린스턴 대학교 출판부에서 작은 책으로 발간했는데, 그 책은 지금까지도 모든 생태학자가 반드시 읽어야 할 책으로 남아 있다.5 그 밖에도 다른 사례가 많다.

내 경우에도 수년 동안 소명감을 가지고 연구한 무척추동물의 먹이 그물과 관련된 내용을 《먹이 그물과 용기 형태의 서식지(*Food Webs and Container Habitats*)》로 옮기는 데 무려 6년이 걸렸고 2000년에야 비로소 케임브리지 대학교 출판부에서 책으로 나왔다.6 그 책을 쓰면서 나는 전에 발표한 논문들과 미발표된 데이터들이 있는 수첩, 그리고 무엇보다도 중요한 내가 쓴 일련의 일지를 깊이 파고들었다. 일지에는 부수적인 세부 사항이 기재되어 있는데, 책이 순수 과학지에 실린 것들과 다른 것은 바로 이러한 내용이 책에 포함되어 있다는 점이다. 부수적인 세부 사항은 그 자체로 목적이 될 수 있다. 오늘날 일부 생태학자들이 저술하고 있는 자서전 형식의 여행담이 아주 적절한 예다. 미국의 생태학자 빌 로런스(Bill Laurence)가 오스트레일리아에서 연구하며 겪었던 일들을 기록한 책이 바로 그런 책이다.7

일지와 수첩, 그리고 활자화된 말은 자연사학자의 경험과 생각을 기록하기 좋은 수단이다. 나는 이를 입증하기 위해 내 일지의 내용과 출판하기 위해 일지에서 추려진 이야기들이 실제로 어떤 차이가 있는지 사례를 하나 들 것이다.

일지와 책의 차이에 관한 사례

여기서 나는 탐사 여행을 하면서 일지에 기록한 이야기를 하나 소개하려고 한다. 앞에 나오는 것은 좀 더 폭넓게 출판하기 위해서 내용을 더 늘리고 다듬어 기술한 것이고 뒤에 나오는 것은 실제로 일지에 기록한 원문이다. 이 사례는 내가 일지에 기록한 내용을 나중에 책으로 낼 때 어떻게 이용하는지를 보여 준다.

벨라롱 국립 공원에서 일어난 사건

"대니얼이 다리가 부러졌어요!" 물에 젖어 헝클어진 머리를 하고 숨넘어가는 소리로 캠벨이 내뱉은 말은 정말 듣고 싶지 않았던 말이다. 그들이 어느 날 보르네오섬 브루나이의 울루템부롱으로 12일 동안 현지 탐사를 떠나겠다고 할 때부터 마음에 들지 않았다. 내가 책임져야 할 학생들이 대니얼 말고도 17명이나 되었다. 그들 가운데 다수가 해외나 열대 지방으로는 처음 여행을 온 친구들이었다. 더군다나 이반(Iban)족의 기다란 보트를 타고서만 가닿을 수 있는 원시 우림 지대로 깊숙이 들어가는 것은 모두가 처음이었다.

믿고 싶지 않은 순간이었지만 어떻게든 빨리 조치를 취해야 했다. 당시에 쿠알라벨라롱 현지 연구 센터(Cuala Belalong Field Studies Center)에는 비상시에 어떻게 대처하라는 절차가 정해져 있지 않았다. 현지 연구소 책임자는 이틀 동안 어디에 가고 없었다. 굳이 책임자를 꼽으라면 조리사뿐이었다. 관계 당국에 단순히 긴급 구호 요청을 보내는 것말고는 방법이 없었다. 다친 사람은 10분 거리에 떨어져 있었다. 여러 개의 웅덩이를 거쳐 가파른 벼랑 아래로 쏟아져 내려 마침내 벨라롱강으로 흘러가는, 깎아지른 듯한 작은 폭포의 꼭대기를 건너가다 닥친 사고였다. 캠벨의 외침에 사람들은 모두 깜짝 놀라 너도나도 사고가 난 곳으로 가려고 했다. "잠깐." 단호하게 명령하는 목소리가 울려 퍼졌다. 내가 한 말이 아니었다. 우리 아들 팀(Tim)은 벌써 몇 년 동안 뉴사우스웨일스주 긴급 구조대의 대원으로 일해 왔다. 팀은 긴급 구조 훈련을 받은 구조 전문가로 〈란타나(Lantana)〉라는 영화에서 바위산에서의 구조 장면에 등장하기도 했다. 아들은 평소에는 접근하기 어려운 보르네오섬의 깊숙한 내륙 지역에 들어갈 기회를 잡기 위해서 그리피스 대학교 2학년 학생들과 함께 탐사대에 합류했던 터였다.

팀은 그때 사고 책임을 맡았다. 그는 네 명만 빼고 나머지는 점심을 먹고 30분 안에 사고 장소로 오라고 지시했다. 그보다 일찍 올 필요는 없다고 했다. 나는 팀, 멀린다, 캠벨과 함께 밧줄과 구급상자, 들것을 들고 대니얼이 떨어진 가파른 벼랑이 있는 숭아이이칸의 꼭대기로 향했다. 우리가 도착했을 때, 대니얼은 이끼로 덮인 거대한 뭉우리돌 위에 앉아서 한쪽 무릎을 가슴 쪽으로 끌어당겨 꼭 붙잡고 다른 발은 앞쪽으로 뻗은 채, 앞뒤로 몸을 흔들며 갑작스런 충격과 고통을 진정시키고 있었다. 그는 우리를 보자마자 진통제를 달라고 애걸했다. 하지만 구급상자에 진통제는 없었다.

우리는 대니얼의 말을 듣고 나서, 대니얼과 캠벨이 불과 한 시간 전에 탐사대에서 안전 교육을 받았는데도 절벽 꼭대기를 횡단하기로 결정했다는 것을 알았다. 잘 모르는 가파르고 미끄러운 우림 지역에서는 자신의 안전을 지키고 삼림에 피해를 주지 않기 위해서 한 발짝 한 발짝 천천히 움직여야 하는데, 교육을 받고도 그것을 무시한 것이다. 그곳은 1미터 정도 떨어진 두 개의 커다란 뭉우리돌 사이로 물살이 빠르게 빠져나가는 지점이었다. 대니얼은 그 정도면 간단히 뛰어넘을 수 있을 거라고 생각했다. 그는 젊은 남자의 무모함으로 펄쩍 뛰었다. 그러나 건너편의 뭉우리돌에는 이끼가 잔뜩 끼어 있었다. 그는 뭉우리돌 위에서 미끄러져 3미터 벼랑 아래 깊은 물웅덩이 쪽으로 떨어졌다. 물웅덩이에 아무것도 없었다면 물에 빠져 볼품없어진 것 말고는 다른 문제는 없었을 것이다. 하지만 최근에 쓰러진 듯한 나무 줄기가 뭉우리돌 밑바닥에 벼랑을 가로질러 놓여 있었다. 대니얼의 왼쪽 다리가 이 줄기 뒤로 미끄러지면서 거기에 끼어 뒤틀렸고 정강이뼈와 종아리뼈가 툭하고 소리가 나더니 무릎 바로 아래가 세 군데 부러지는 복합 골절 사고를 당했다. (비록 본인은 시간이 많이 흘러서도 그렇게 생각하지 않았지만) 그 정도로 끝난 것이 다행이었다.

뼈가 앞쪽으로 부러져 아래쪽 다리 앞으로 약간 삐져나왔다. 운이 나빠서 뼈가 뒤쪽으로 부러져 동맥과 정맥이 많이 얽혀 있는 부위를 가로질렀다면 출혈 과다로 금방 죽었을지도 모른다. 다행히도 출혈은 거의 없었다.

사고 현장에서 팀은 대니얼의 다리를 똑바로 펴는 끔찍한 작업을 했는데 두 다리를 함께 가죽끈으로 묶어서 성한 다리가 부목 구실을 하게 했다. 대니얼이 충격으로 정신이 혼미한 동안 들것에 그를 붙들어 맸다. 그러고 나서 우리는 지금 어떻게 하면 대니얼에게 시급하게 필요한 전문의의 치료를 받게 할 수 있을지 고민했다. 우선 하류에 있는 가장 가까운 원주민 공동 주거지이면서 도로가 시작되는 지점인 바탕두리(Batang Duri)로 그를 옮기는 수밖에 없었다. 그러나 사고 현장에서 현지 연구 센터에 있는 평평한 다리까지 그를 옮기는 정상적인 방법은 산등성이를 하나 넘고 가파른 강둑으로 반쯤 걸쳐진 좁다란 진흙길을 따라가는 것이었다. 이반족이 통나무를 베어 여러 개의 발판을 이어 만든 다리 덕분에 가기가 훨씬 수월했다. 그러나 무거운 짐을 들고 가거나 한 사람 넘게 나란히 갈 수는 없었다. 그래서 우선 숭아이이칸의 아래쪽으로 벨라롱강이 합류하는 지점까지 그를 옮기기로 했다. 거기서 그를 원주민들이 타는 보트에 태울 작정이었다. 이제 그를 보트에 싣고 가는 것은 연구 센터 조리사의 책임이었다. 약 200미터밖에 안 되는 뱃길이었지만 가는 도중에 작은 폭포들도 있고 급류 지역과 깊은 웅덩이들도 있었다.

때마침 나머지 탐사 대원들이 센터에 근무하는 이반족 출신 직원 여섯 명과 함께 현장에 도착했다. 팀은 그들을 두 줄로 나란히 세웠다. 어떤 이들은 폭포 옆에 있는 뭉우리돌 위에 불안하게 앉았고, 어떤 이들은 수직에 가까운 바위 위, 바닥도 보이지 않는 급물살 속에 버티고 서 있었다. 원주민 출신 직원들은 그런 곳에서도 잘 버텨냈다. 다른 사람들은 폭포 아래 물웅덩이에서 허리, 가슴, 목까지 물이 차오르는 곳에 서 있었다. 우리는 그렇게 나란히 줄을 서서 대니얼이 묶여 있는 들것을 손에서 손으로 서둘러 옮겼다. 나는 경험이 부족한 사람들이 그렇게 집단적으로 위기에 잘 대처하는 모습을 이전에 본 적이 없고 이후로도 그렇다. 키가 1미터 40센티미터쯤 되는 가냘픈 인도 여학생 로히니가 특별히 기억에 남는다. 그녀는 자기 몫을 감당하기 위해서 입까지 물이 차오르는 곳에서 두 팔을 뻗었다 내렸다 버둥거리기를 반복했다. 또 이동하는 중에 대니얼의 손을 잡고 안심시키며 끊임없이 맥박을 재서 팀에게 보고하던 어맨다도 기억난다. "52." 맥박을 다시 재느라 잠시 주춤하더니, "50.", "……", "47.", "……", "45." 이것이 가장 낮은 맥박 수치였다. 팀은 그 순간 우리가 과연 잘해낼 수 있을까 걱정이 많았다고 나중에 내게 고백했다. 그러나 어느덧 시간은 흘러 마침내 강이 시야에 들어왔다. 그러자 약간 부자연스럽고 과장된 농담들이 오가기 시작했다. "48.", "50.", "……", "54.", "……" 위기의 순간이 어느 정도 지나갔다.

숭아이강이 벨라롱강과 합류하는 지점에 도착하자 우리 모두는 그 어느 때보다도 아주 신중하게 움직여야 했다. 들것을 기다란 보트에 세로로 맞춰 넣기 위해 회전시키는 동안 두 개의 뭉우리돌 사이를 곡예 하듯이 이동했다. 이반족이 타는 이 보트는 보르네오섬 내륙의 빠르고 얕은 강물을 오르락내리락 하며 가도록 설계되어 있다. (어쨌든 요즈음에는) 널빤지로 만든 이 배는 뱃머리와 배 뒷부분이 네모반듯하다. 길이는 8미터쯤 되고 두 사람이 나란히 앉기에 충분한 너비다. 묘한 친근함이 느껴지는 배다. 선체 바깥에 강력한 엔진이 장착되어 있는 배 뒷부분에서 운전을 하는데, 보트를 운전하는 사람은 대개 숙련된 기술이 필요하다. 보트 운전을 보조하는 사람은 장대를 들고 뱃전에 서서 암초들을 피해 가거나 얕은 곳에서 강바닥을 밀어내며, 앞에 확인되지 않은 장애물이 나타나면 뒤에서 배를 운전하는 사람에게 소리를 질러 조심하게 하는 역할을 한다. 대니얼이 누워 있는 들것은 세로로 보트의 너비에 꼭 맞게 들어갔다. 나와 팀, 캠벨이 올라탄 보트는 강 아래쪽으로 빠르게 이동하기 시작했다.

이제 대니얼은 들것 끝에 부러진 다리의 발꿈치를 걸고 잡아당기면 부러진 부위의 통증을 덜 수 있다는 것을 알았다. 그는 나중에 처음부터 끝까지 정말 너무도 훌륭했던 구조 과정 중에서 자기 생각에 보트를 타고 간 것이 가장 편안했다고 지적했다. 그러나 여기서 "가장 편안했다."는 말은 그저 상대적 의미로 그랬다고 이해해야 할 것이다. 바탕두리에는 현지 센터에서 무선으로 미리 연락을 받고 온 구급차 한 대가 구급 대원 두 명과 함께 우리를 기다리고 있었다. 나는 그제야 안도의 한숨을 내쉬면서 최악의 상황이 끝났다고 생각했다. 들것이 구급차에 실리고 팀과 캠벨은 상류로 되돌아갔다. 구급 대원들은 공기주입식 부목이라는 것으로 대니얼의 부러진 다리를 감쌌다. 대니얼은 매우 아파했다. 나중에 밝혀진 일이지만 그들 가운데 누구도 전에 부목을 써 본 적이 없었고 따라서 사용법도 알지 못했다. 나는 그 공기 주입식 부목에 두 개의 구멍이 있다는 것을 눈치챘다. 하나는 공기를 주입하는 구멍이고, 반대편에 있는 다른 하나는 빨리 여닫기 위한 구멍인데 그 안에는 팽창된 공기가 빠져나가지 못하도록 마개가 달려 있어야 한다. 그런데 거기에 마개가 없었다. 게다가 구급차는 그 지역 사람들을 위해 제작된 것이라 6피트(약 1미터 80센티미터)나 되는 몸집 큰 오스트레일리아 사람에게는 작았다. 따라서 구급차 뒷문을 닫지 못한 채, 대니얼은 부러진 긴 다리를 덜컹거리며 고통 속에서 병원으로 이동할 수밖에 없었다.

우리는 그렇게 11킬로미터를 달려서 템부롱주의 주도인 방가르 지방 병원에 도착했다. 이반족이 집단으로 거주하는 지역에서 끝나는 지방 도로의 건설이나 유지 관리는 지역 개발 사업의 우선순위에서 모두 뒷전으로 밀려나 있다. 그런데다 우리가 달리는 도로는 특히나 다른 지방 도로보다도 더 상태가 안 좋았다. 도로 곳곳이 움푹 파이고 울퉁불퉁하고 돌들이 정면으로 튀었다. 마침내 병원에 도착했을 때 대니얼은 실제로 악을 쓰며 고통을 호소했다. 거기서 상황은 차차 좋아졌다. 페티딘 진통제 주사를 한 대 맞고 (대니얼이 간절히 바랐던 모르핀 주사는 다음 병원에 갈 때까지 맞지 못했다.) 식염수를 체내에 한 방울씩 똑똑 떨어뜨렸다. 적어도 2003년까지만 해도 방가르의 이 작은 병원은 기본적으로 출산과 육아, 일상에서 긁히거나 멍든 작은 상처까지 농촌 지역의 진료를 모두 책임지고 있었다. 병원에서는 대니얼의 부러진 다리에 상처 난 부위를 간단히 소독하고 엑스선 사진을 찍었다. 그러나 그 이상의 치료는 그들의 능력을 넘어서는 문제였다. 그래서 환자(와 나)를 수도 반다르세리바가완에 있는 중앙 병원으로 후송할 헬리콥터를 요청했다.

요청한 지 40분 만에 군용 헬기 한 대가 매우 유능한 구르카족 승무원을 태우고 나타났다. (무슨 이유인지는 모르지만 금요일 오후에 함께 타고 있었던 것으로 보이는 젊은 여성과 아이 한 명을 동반했다.) 그 헬리콥터는 월남전에서 용맹을 떨쳤던 낡은 이로쿼이 헬기였지만 맡은 바 임무는 충실히 완수했다. 이런 종류의 일에 익숙해 보이는 의무병 두 명이 새로운 형태의 들것에 대니얼을 실어 날라 헬리콥터의 중앙에 내려놓았다. 그리고 나를 별도의 문이 달린 찬장 같은 곳에 가뒀다. 왜 그랬는지 전혀 알 수 없었다. 헬리콥터는 이륙한 지 10분 만에 반다르 국제공항에 내렸다. 보르네오섬에서 말레이시아 영토에 속하는 돌출 지역 상공을 날면서 내려다 본, 브루나이 이슬람 왕국을 둘로 가르며 어지럽게 흘러가는 림방강의 경이로운 모습이 지금도 기억에 남는다. 반다르에서는 최근에 나온 유선형의 날씬하고 차체가 긴 구급차가 우리를 기다리고 있었다. 구급차를 타고 도착한 중앙 병원도 마찬가지로 시설이 잘 갖춰진 현대식 병원이었다. 나는 그를 거기에 안심하고 맡긴 뒤, 다시 현실로 돌아가 현장에 있는 탐사 학생들을 만나러 발길을 재촉했다.

다음에서 말할 두 가지 사건이 일어나지 않았다면 이 이야기는 정말 기억하기도 싫은 추억이 되었을 것이다. 첫 번째 사건은 이렇다. 나는 대니얼을 병원에 맡기고 떠나면서 곧바로 브루나이 주재 오스트레일리아 고등 판무관인 올래스터 콕스에게 연락해 오스트레일리아 국민이 매우 불운한 사고를 당했다고 알렸다. 오늘날 외교관들은 온갖 비난을 받는다. 내가 전 세계를 돌며 만난 외교관들은 각양각색이었다. 그러나 이번 경우는 아주 훌륭했다. 올래스터는 즉시 휴대폰으로 전화를 해서 외국에 여행 중인 자국민 구조 절차를 수행했다. 관련 외교부처 직원들은 대니얼의 부모에게 전화를 걸어 그들을 안심시키고 마침내 치료를 위해 대니얼을 오스트레일리아로 후송하는 계획을 마련했다. 그들이 아니었다면 우리의 현지 탐사 일정은 모두 엉망이 되고 나는 탐사 현지로 돌아가지 못 했을 것이다. 올래스터의 아름답고 친절한 동료인 수실라는 대니얼이 병원에서 후송을 기다리는 동안 초콜릿 과자와 토스트, 그 밖에 기력을 회복시키는 음식을 준비해서 찾아갔다.

두 번째 사건은 탐사 일정 마지막 날 밤에 현지 탐사 기지에서 일어났다. 나는 이 기지에 자원한 사람들로 꾸린 탐사단을 여러 차례에 걸쳐 데리고 왔다. 나 자신도 거기서 직접 현지 연구를 수행했다. 이번 탐사단은 내가 쿠알라벨라롱으로 데리고 온 그리피스 대학생 집단 가운데는 두 번째였다. 그들은 앞서 그곳에 온 여러 단체, 주로 어스와치(Earthwatch)라는 비영리 단체의 자원자들에 뒤이어 왔다. 나는 그들을 쿠알라벨라롱 현지 연구 센터로 데리고 왔다. 그 기지에 근무하는 이반족 직원들은 어떤 경우에서도 큰 도움을 주는 유능한 요원들이었지만 말수가 적었다.

나는 그들이 우리를 자기네 숲에서 아마추어로 생각한다는 느낌을 받았다. 그들은 우리를 방문객으로 환영했을 뿐이었다. 특히 우리가 거기에 있다는 것 자체가 일종의 특권이었다. 그들이 보기에 우리는 그저 나약한 아마추어일 뿐, 전문가가 아니었다.

사고가 일어난 뒤 열흘이 지나는 동안 그들은 평소처럼 아무 일도 없던 것처럼 묵묵히 일했다. 그러나 마지막 날 오후에 그들 가운데 한 명이 내게 슬그머니 다가와 "쿠니가 오늘밤 당신들에게 바비큐를 대접하고 싶답니다."라고 했다. 그래서 나는 그에게 바비큐 재료인 닭고기를 살 돈으로 20달러를 건네주고는 다른 사람들에게는 알리지 말라고 당부했다. 우리는 모두 6시쯤 숲에 있는 작은 집에서 식당이 있는 곳으로 무리를 지어 내려갔다. 아니나 다를까 식탁이 강을 굽어보며 베란다 위에 길게 배치되어 있었고, 벌겋게 달아오른 장작불 위에서는 닭 날개 구이가 지글거리고 있었다. 식탁 위에는 직접 주조한 진 한 병과 캔 토닉 한 더미, 얼음 그릇, 레몬, 그리고 무엇보다 이곳에서 쌀로 빚은 유명한 청주인 투악(tuak)이 한 항아리 얹혀 있었다. 우리가 도착했을 때, 지역 원주민들을 실어 나르는 보트들이 커다란 휴대용 스테레오라디오와 가라오케 장비, 뮤직 비디오를 싣고 나타났다. 얼마 안 있어 본격적인 파티가 시작되었다. 거기서는 이제 '우리'와 '그들'이라는 구별이 없었다. 대니얼도 상상력이 풍부한 학생들이 마분지를 통째로 잘라서 몸통을 만들고 나무를 다듬어서 (다행히도 비현실적인 모양의) 다리까지 완벽하게 붙여 준 모습으로 파티에 참여했다. 우리는 10시까지 먹고 마시고 춤을 췄다. 그러고 나서 모두 신명이 나 강가에 앉았다. 쿠니와 그녀의 친구 수라야는 이반족의 전통 춤인 코뿔새 춤을 가르쳐 주었다. 진과 토닉, 그리고 투악 덕분에 흥이 고조되어 우아하게 곡선을 그리며 춤을 췄다. 그러고 나서 어김없이 모두 두 줄로 서서 빙글빙글 돌아가며 추는 콩가 춤이 뒤를 이

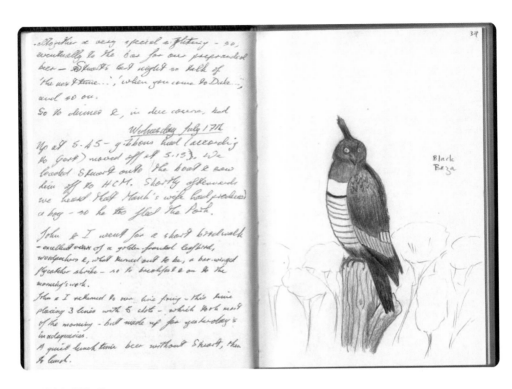

었다.

그들은 왜 우리를 이렇게 대했을까? 나는 그들이 우리가 단순히 힘든 탐사 여행을 잘 마무리한 것에 대해 위로하는 차원으로 그렇게 한 것이 아니라, 자신들의 숲에서 정말로 중요한 일이 일어났으며, 우리들이 그것을 아주 적절하고 신중하게 잘 처리한 것을 인정한 것이라고 확신한다. 내게 그 사건은 그들이 우리를 어느 정도 '이반족에 동화된 것'으로 생각했을지도 모른다고 느꼈던 유일한 순간이었다. 어쨌든 나는 그들이 그렇게 생각했기를 바란다.

브루나이 2003년 (12~18쪽), 2003년 1월 17일 금요일

관찰한 것을 잠시 일지에 쓰고, 학생들이 묻는 말에 몇 마디 하는데 점심을 알리는 호각 소리가 들렸다. 기지로 돌아가려고 아래로 내려가기 시작했을 때, 캠——이 쏜살같이 달려왔다. "빨리 가요, 대——이 다리가 부러졌어요!" 그렇게 내 일생에서 가장 힘들고, 손에 땀을 쥐고, 두근두근했던 다섯 시간이 뒤이어 일어났다. 글로 다 설명하기 어려울지도 모른다!

처음에 테리와 몇몇 친구들이 나를 따라 나섰다. 하지만 지금 어떻게 해야 할지 알고 원활하게 상황을 이끄는 절대적인 권위가 있는 사람은 바로 팀 K.라는 사실이 금방 명백해졌다. 그는 붕대와 구급상자, 밧줄, 들 것을 챙기기 시작했고 모두에게 20분 동안 그대로 있다가 그 뒤에 우리를 따라오라고 지시했다.

그 사이에 나는 판자를 깔아 만든 산책로를 가로질러 벼랑 아래로 이어진 가파른 나무 층계를 따라 '선녀탕'으로 걸어갔다. 그리고 대——이 있는 폭포 바로 위까지 거슬러 올라갔다. 그곳에는 바위가 많고 유속이 빠른 가파른 여울이 두 군데 있는데 그 아래로 매듭을 맨 밧줄들이 늘어뜨려져 있었다. 우리가 도착했을 때, 대——은 왼쪽 다리 정강이를 든 채로 허벅지를 꽉 붙잡고 있었다. 그는 이끼 긴 바위 아래로 2미터 정도 미끄러지다 바위와 통나무 사이에 다리가 걸렸다. 몸이 앞으로 쏠리면서 뼈가 세 군데 부러졌다. 정강이뼈 두 군데, 종아리 뼈 한 군데였다. 나중에 알고 보니 무릎에도 약간 상처가 났다. 그는 매우 아파하며 고통을 호소했다.

팀은 우리가 할 일이 무엇인지 알려 주었다. (최근에 퀸즐랜드주 긴급 구조대를 은퇴한) 리플리가 팀을 아주 훌륭하게 보조했다. 사람들에게 꾸밈없이 확실하게 명령을 내리는 아들을 보는 것이 좀 신기했다. 이런 일이 놀랍지는 않지만 지금까지는 딴 세상 이야기로만 전해 들어 알고 있었다. 그러나 이번 구조 작업은 우리 문제였고 지금 여기서 해야 할 일이었다. 우리는 대——의 두 다리를 곧게 펴서 함께 묶었다. 다치지 않은 다리가 자연스럽게 부목 구실을 했다. 그러고 나서 그를 KBFSC(쿠알라벨라롱 현지 연구 센터)에서 가져온 베개와 함께 들것에 옮겼다. 그러고는 담요와 밧줄로 그를 들것에 묶었다. 그동안 테리와 나는 두 군데 여울 아래로 밧줄을 몇 가닥 더 매듭지어 늘어뜨렸다. 우리는 대——에게 파나데인포르테(Panadeine forte)라는 강력 진통제를 딱 두 알만 주었다. 그것보다 더 센 진통제는 없다.

그때 마침 나머지 사람들이 도착했다. 톰, 팀, 캐머런, 린느, 어맨다, 로빈, 애니, 에이미, 니콜라, 에린, 웬디, 캐런, 젠, 데이비드, 멀린다, 샐리, 리사, (킴벌리는 내내 잠만 잤다.) 그리고 연구 센터의 수집토, 살레, 이나, 수라야, 람라를 비롯한 원주민 직원들이 함께 왔다. 우리는 팀의 지시에 따라 두 줄로 정렬했다. 쐐기벌레가 기어가는 형태로 대형을 유지하며 앞으로 나아갔다. 이동하기 아주 힘든 지형을 따라 200미터 아래로 들것을 옮겼다. 물살이 센 여울 지형과 같이 특히 힘든 곳은 이반족 직원들처럼 굳센 다리를 가진 사람이 아니면 안 되었다. 환자의 맥박도 규칙적으로 쟀는데, 한때 45까지 낮아졌다가 보트에 그를 태웠을 때 55까지 높아졌다. 우리가 만나서 들것을 기다란 보트에 누일 때까지 2시간 정도 걸렸다. 대——에게는 고통의 시간이었겠지만 나머지 사람들은 모두 자기 역할을 아주 완벽하게 조화를 이루며 아름답게 해냈다. 마지막으로 바위를 헤치고 나가는 지형은 특히 안 좋았는데, 물이 가슴까지 차오르는 곳이라 사람들이 거의 흠뻑 젖다시피 했다.

마른 옷가지 몇 벌과 (멜과 샐리가 즉석에서 만든) 서류를 챙겨서 보트에 오른 나와 팀과 캠——은 대——을 보트에 태우고 하류 지역으로 향했다.

대——의 맥박은 좋아졌고 이후 그 상태를 유지했다. 바탕두리에서는 현지의 작은 구급차와 별 소용이 없는 구급 대원들이 우리를 기다리고 있었다. 바탕두리에서 방가르까지 18킬로미터의 길은 대——의 말에 따르면, 최악의 상황이었다. 가는 내내 도로가 울퉁불퉁하여 뼈와 뼈가 부딪치는 바람에 환자의 상태를 살피기 위해서 구급차가 두 번이나 멈추었다. 구급 대원들은 공기 주입용 부목을 사용할 줄 몰랐고 간호사는 무능했으며 구급차는 기본적으로 구조 목적으로는 너무 작았다. 기다란 보트를 타고부터 방가르 병원까지 약 60분이 걸렸다.

방가르에서 상황이 호전되는 것을 보고서, 팀과 캠——은 KBFSC로 떠났고 나는 대——과 함께 남았다. 훌륭한 의사와 선임 간호사가 (확실히는 모르지만) 페티딘 주사를 한 대 놓고 상처를 소독하기 시작했다. 그들은 그 친구에게 약간 통증이 있을 텐데 쿡쿡 쑤시고 찌르는 아픔이 있을 거라고 했다. 그는 때때로 영어와 말레이어로 욕설을 내뱉었다. 그들은 엑스선 사진을 찍고(따라서 부러진 부위의 상태를 확인할 수 있었다.) 그를 안정시키면서 식염수를 체내에 한 방울씩 똑똑 떨어뜨렸다. 그러고는 헬리콥터 후송을 요청했다. 잠시 후 (아마 45분 정도) 낡은 군용 이로쿼이 헬리콥터가 시야에 들어왔다. 지금까지 본 것 중에 가장 좋은 구급차에 실려 와서 헬리콥터에 옮겨 타고 반다르까지 오는 데 20분이 걸렸다. 헬리콥터에는 훨씬 더 숙련된 구급 대원 두 명과 승무원 세 명, 그리고 그냥 함께 타고 온 여성과 아이 한 명이 있었다. 우리는 반다르 공항에 착륙했다. 또 다른 구급차가 대기하고 있었고 거기서 곧바로 종합 병원 응급실로 갔다. 여기서 마침내 대——은 다섯 시간 전부터 끊임없이 부르짖던 모르핀을 맞을 수 있었다! 마침 정형외과 의사는 극장에 가고 없었지만 매우 유능해 보이는 남녀 의사들이 신뢰감을 듬뿍 주었다. 그들은 오늘밤 그를 깨끗이 씻겨서 소독할 것이며 다리를 수술할지 여부는 내일 결정할 것이라고 했다. 이제 환자는 확실히 쾌활해진 것 같았고 다시 시끄럽게 조잘거리기 시작했다.

그래서 나도 병원을 떠났다.

유물인가, 폐물인가?

나는 이 사례를 통해서 일지가 기억을 금방 되살리고 인생의 아름다운 (또는 그다지 아름답지 않은) 순간들을 포착한다는 점을 보여 주었다. 일지에 쓴 내용을 책에 싣기 위해서는 저자가 필요에 따라 일지가 아닌 책, 각종 문서, 인터넷 등 다양한 출처에서 뽑아낸 훨씬 더 상세한 사건 자료가 필요하다. 그러나 결국 책에 실릴 수 있도록 사건의 핵심 내용을 기억 속에서 되살려 추려 낼 수 있게 하는 것은 일지에 적힌 것들이다.

그렇다면 좀 더 넓은 구도에서 볼 때 일지가 지닌 가치는 무엇일까? 어쩌면 일지를 쓰는 사람마다 생각이 다를지도 모른다. 내 경우, 일지는 적어도 내가 살아온 동안에서는 (그 이후에 어떻게 될지는 나도 모른다.) 철저하게 개인적인 이야기다. 다른 사람의 눈을 의식해서 일부러 만들어 낸 이야기가 아닌 내 자신의 삶의 단편들이 일지 속 여기저기에 고스란히 녹아 있다는 말이다. 그러면서도 그러한 먼 여행의 이야기 가운데 일부를 대중에게 알리기 위해 글을 써야 할 때가 있다면, 생생하게 기억을 확장시켜 주는 것이 바로 여기에 있다. 일지는 내 머릿속에 있는 사건들, 심지어 아주 상세한 내용까지 문득 떠오르게 하며 무미건조하고 매우 간결한 내용의 사건들도 더 폭넓은 호소력을 가질 수 있는 어떤 것들로 확장시킬 수 있는 방법이다.

끝으로, 일지는 하나의 유물이다. 최근에 아내와 내가 즐기는 놀이 가운데 하나가 우리 각자의 족보를 찾아보고 재구성하는 것이다. 어떤 경우에는 7대 또는 8대까지 거슬러 올라가서 수백 명이 넘는 직계 또는 방계 친척들의 이름을 아는 데까지 찾아보기도 한다. 우리는 그들이 언제 태어났고, 언제 결혼했고, 언제 죽었는지도 안다. 때로는 그들이 어디에 살았고, 직업이 무엇이었는지 알 때도 있다. 그러나 우리는 그 사람들을 알지 못한다. 나는 그들이 인생을 어떻게 생각했는지, 휴가를 어디서 보냈는지(휴가는 있었을까?), 무슨 얘기를 나눴는지, 무슨 책을 읽었는지(글을 읽을 줄은 알았을까?), 그들의 희망과 포부는 무엇이었는지 정말 알고 싶다. 그들이 일지를 써서 남기기만 했다면!

언젠가 우리 손주들이 우리가 손수 쓴 이야기들, 때로는 삐뚤삐뚤 그린 그림과 새 목록들을 볼 것이고(지금은 너무 어려서 읽을 수 없다.) 옛날 사람들이 무엇 때문에 그렇게 했는지 생각할 것이다. 제발 그러길 바란다!

5장

세월이
흘러도 가치를
잃지 않는 노트

고생물학자의 타임캡슐

"찰스 다윈의 관찰 노트는
세월이 아무리 흘러도
그 가치를 잃지 않습니다."

애나 케이 베렌스마이어 Anna Kay Behrensmeyer

아프리카, 아시아, 북아메리카 지역을 돌며 인류의 진화, 척추동물의 화석 생성, 고생태학, 기후 변화가 진화에 미치는 영향과 같은 다양한 문제를 조사하고 있다. 화석생성론에서 선구적인 연구를 이끈 그는 케냐 암보셀리 국립 공원에서 현대 화석생성론에 관한 연구를 35년 간 계속하고 있으며, 파키스탄 시왈리크 산맥의 지층에서 얻은 원시생태학적 데이터를 분석하는 등 여러 가지 생태학 프로젝트를 진행하고 있다. 또한 미국 국립 자연사 박물관에서, 화석과 새롭게 발견된 뼈가 어떻게 생성되었는지를 볼 수 있는 컬렉션을 만들어 가고 있다. 2002년 〈디스커버 매거진(Discover Magazine)〉에서 가장 중요한 여성 과학자 50인 중 한 사람으로 뽑힌 바 있다. 현재 스미소니언 연구소 미국 국립 자연사 박물관, 순(純)고생물학부에서 척추동물 화석을 책임진 큐레이터로 있다.

나는 고생물학자다. 지난 시간의 유물이 담긴 타임캡슐을 찾아서 수많은 시간을 햇볕에 그을리며 험난한 산천을 이곳저곳 헤집고 다닌다. 대개는 실체가 무엇인지 잘 식별도 안 되는 파편들을 발견하지만 때로는 숨도 못 쉴 정도로 놀랄 만한 해골이나 동물뼈, 물고기 비늘 같은 화석이 대량으로 묻힌 골층(骨層)을 발견할 때도 있다. 그것들은 현재와 과거를 이어 주는 비밀의 창문을 활짝 열어서 수백만 년 전에 생명체가 어떻게 살았는지를 보여 준다. 화석 표본과 암석을 통해서 얻는 지식은, 그것들을 발굴하기 위해 주도면밀하게 계획을 짜고 발굴 과정에 많은 수고를 아끼지 않을 충분한 근거를 제공한다. 이렇게 얻은 새로운 지식 가운데 일부는 과학지에 논문으로 실리기도 하는데, 내게는 기분 좋은 일이며 다른 사람들에게는 새로운 정보를 접할 기회인 동시에 신선한 자극이 될 수 있다. 그러나 이렇게 활자화되는 내용은 뜨거운 햇살 아래 기나긴 탐사와 발굴의 나날들 속에서 일어나는 작업의 일부분일 뿐이다. 일상의 관찰과 통찰, 데이터 등 발굴 현장에서 끊임없이 쏟아져 나오는 정보는 내가 이 일을 하는 동안 언제나 하나의 과제였다. 이러한 데이터와 생각을 어떻게 글과 지도, 이미지로 담아서 나뿐 아니라 후배 과학자들에게도 모두 가치 있는 것으로 만들 수 있을까?

이 과제를 해결하는 중요한 첫 번째 단계는 현장의 작업 내용을 기록으로 남겨서 내 자신의 타임캡슐을 창조하고 있음을 스스로 깨닫는 것이다. 나는 고생물학을 연구하면서 시간을 가로지르는 정보의 전달에 무엇보다도 큰 고마움을 느낀다. 정보의 매개물은 멸종된 동식물의 화석일 수도 있고, 생각을 전달하거나 설명하기 위해 쓴 글귀일 수도 있다. 그러나 그러한 타임캡슐이 세월에 상관없이 얼마나 잘 보관되었는지는 고마움과는 전혀 다른 문제다. 현장 발굴 작업은 막대한 연구 시간에 비하면 아주 짧은 것이다. 그러나 내가 관찰한 것은 지난 생명의 기록들을 거슬러 올라가는 길을 제공한다. 나는 타임머신을 타고 거대한 역사의 흐름 가운데 아주 작은 결과물들과 만나고 그것들을 이해하려고 애쓴다. 현장 발굴 기록을 훌륭하게 작성한 일지를 보면 몇 년이 지난 뒤에도, 심지어 수십 년이 흐른 뒤에도 중요한 발견을 한 날짜와 시간이 언제인지 알 수 있으며, 특히 결실이 풍성했던 (또는 반대로 낙담했던) 현지 조사 당시의 여러 가지 환경이나 조건에 대해서도 이해할 수 있다. 반면에 어설프게 작성된 관찰 노트로는 당시에 관찰한 내용을 거의 다시 떠올릴 수 없으며 오래된 과거의 날들을 복원할 수도 없다.

어떤 관찰 노트가 언제까지 지속적으로 영향을 미치는가 하는 "반감기"는 관찰 내용과 생각이 실제로 기록되는 방식과 범위, 목표, 기본 정보 등 탐사 프로젝트의 질에 달려 있다. 찰스 다윈의 관찰 노트는 세월이 아무리 흘러도 그 가치를 잃지 않는다. 세상을 바꾼 그의 경이로운 관찰과, 사고의 정수(精髓)를 수백 년을 뛰어넘어 아주 깔끔하고 꼼꼼하게, 그리고 효과적으로 전달하기 때문이다. 옛날 다른 탐험가들이 기록한 일지가 아직까지도 베스트셀러인 것은 과학적 가치가 있는 방대한 양의 정보와 함께 그들이 발견한 것들과 그것에 대한 경이감을 잘 전달하기 때문이다. 이러한 초기 기록물의 바탕에는 관찰과 기록이라는 뿌리 깊은 전통이 있었다. 그러나 최근 들어 그 전통은 현지를 찾아다니며 연구하는 과학자들 사이에서 새롭게 바뀌었다. 그들은 말과 이미지, 데이터를 신속하게 포착할 수 있는 디지털 시대의 수많은 도구를 쓰면서 옛날처럼 관찰 노트를 손으로 작성하는 것을 시대에 뒤떨어진 방법이라고 생각한다. 물론 수백만 년 동안 인간에게 말을 걸어오는 대상을 늘 만나는 나 같은 사람들은 오랜 세월을 견뎌 낸 것들에 대해서 어떤 편견이 있을 수 있다. 하지만 옛날처럼 종이로 된 관찰 노트에 기록과 정보를 담아 두는 것이 필요하다고 주장할 만한 근거는 많다.

오늘날 컴퓨터 속의 가상 세계가 점점 더 영역을 넓혀 가고 있다고 해도, 다윈 이래로 훌륭한 현장 발굴 작업의 원칙은 변한 것이 별로 없다. 구글어스가 지구상 어느 곳이라도 우리를 데리고 갈 수 있다고 해도, 실제로 현장에 가서 시간을 거슬러 우뚝 솟은 바윗덩어리 위를 걷는 것을 대체할 수는 없다. 컴퓨터, GPS, 인터넷 같은 기술은 정보를 풍부하게 만들고 방대한 양의 정보를 기록하기 쉽게 할 수 있기 때문에 어디서든 확실하고 자세하게 기록할 수 있는 대체 수단으로 알맞다. 그러나 분산된 디지털 정보는 잘 정리된 관찰 노트처럼 정보가 응집되지 않으면 시간이 흐르면서 사라질 수 있다.

내가 현장 발굴 작업에 그렇게 열중하는 까닭은 생각지 않았던 놀라운 (컴퓨터 속에서가 아니라 현실에서) 발견을 할지도 모른다는 희망을 늘 안고 있기 때문이다. 그것이 바로 오늘도 바람이 휘몰아치는 구릉에 올라, 이해하기 어려운 지질학적 문제를 풀거나 화석 형태로 묻힌 새로운 보물을 찾아내려고 애쓰는 이유이기도 하다. 사람들은 대개 어떤 것을 발견하면 디지털카메라로 사진을 한 번 찍고 GPS로 위치를 파악하기만 하면 그것으로 기록은 다 끝난 것이고 나머지 못 다 푼 수수께끼들은 나중에 연구실로 돌아가서 다 해결할 것이라고 쉽게 생각할 수 있다. 그러나 내가 경험한 바로는 현장에서 조사하고, 문제를 풀고, 탐사하고, 관찰하고 생각한 것들을 기록하는 시간은 그 어떤 것으로도 대신할 수 없는 귀중한 시간이다. 비록 하루 종일 탐사하느라 애썼지만 아무런 성과가 없는 날에도 그렇다. 현장에서의 작업은 아름다운 자연 환경을 음미하고 현재와 과거의 세계 속에서 새로운 영감을 얻을 수 있는 시간이다. 또한 자연계에 함께 나가 있으면 동료 집단과 현지 작업을 하면서 어려움과 즐거움을 공유하며 평생 동안 이어질 우정을 쌓게 된다. 관찰 노트는 이러한 생각과 경험, 사람, 그리고 그 속에서 얻게 되는 과학적 데이터와 직접적으로 관련을 맺고 있다. 또한 관찰 노트는 그 내용이 충실하다면 오늘날 우리가 연구한 것을 이해하기 쉽게, 그리고 지구를 과학적으로 이해하는 데 기여하는 방식으로 후세 과학자들에게 전달될 것이다.

내가 이 목표를 이루는 가장 효과적인 방식은 현장에서 눈과 귀를 활짝 열고, 새로 발견한 것을 바로 기록할 수 있도록 펜과 노트를 들고 있는 것이다. 나는 이 일을 하면서 노트에 정보를 기록하는 동시에 표준화된 데이터 시트나 컴퓨터 파일, 사진으로 만든 기록을 통합할 수 있게 관찰 노트 규약을 끊임없이 개발해 왔다.

내가 처음부터 이런 방식을 채택했다면, 현장에서는 명확했는데 집에 돌아와서는 금방 희미해지는 세부 내용을 연결시키기 위해 정보를 찾던 많은 시간을 절약할 수 있었을 것이다. 내게 일찍이 그런 방식을 일깨워 준 훌륭한 역할 모델들이 있었지만, 오늘에 이르기까지 내가 기록 관리에 대해서 배운 많은 것은 수십 년에 걸쳐 수없이 시행착오를 거듭한 결과다. 이러한 방식은 오늘날 극도로 중요해졌는데, 어떤 과학자나 연구 기관이든지 자신의 연구 과제로부터 가능한 한 많은 것

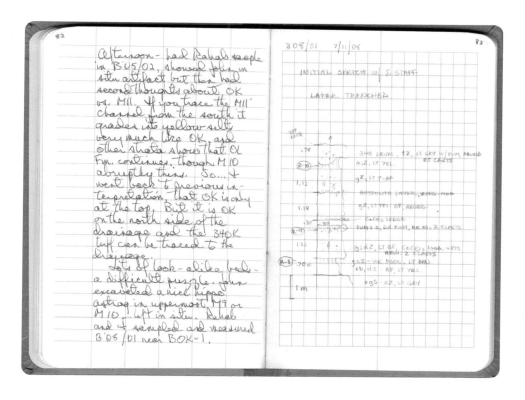

을 얻고자 하고, 관찰 노트를 기록하고 보존하기 위한 신중한 계획은 최초의 목표와 최종 결과를 이어 주는 핵심적인 고리가 되어 연구 내용을 장·단기적으로 강화시키는 역할을 하기 때문이다. 현장 발굴 작업을 위한 기금 마련에 애쓰는 연구자들이 기금을 받기 위한 제안서를 작성할 때, 대개 연구 범위와 목표에는 심혈을 기울이지만 현장에서의 데이터 수집이나 장기간 데이터 적정성을 안정화하기 위해 어떻게 할지에 대해서는 별로 주의를 기울이지 않는다. 오늘날 연구 보조금을 받는 데 성공한 제안서들을 보면, 대부분 연구 과제도 흥미롭고 연구 방법론도 합당한 것은 물론 정보의 기록과 저장 계획도 치밀하다. 대

케냐 국립 박물관의 라합 키난주이와 함께 케냐 올로르게세일리에에서 식물암 (식물 세포가 무기질로 바뀌어 굳어진 것―옮긴이) 표본을 채취하면서 기록한 관찰 노트. 내구성 좋은 오렌지색 표지로 제본된 노트에 작성했다. 오른쪽은 표본이 채취된 지층을 그림으로 설명한 것이다.

다수 기금을 제공하는 기관은 쉽게 접근할 수 있는 웹사이트에 영구적으로 정보를 저장하는 데이터베이스를 구축할 것을 요구한다. 문서 자체를 스캔한 이미지들을 포함해서 관찰 노트를 얼마나 잘 정리하고 기록하느냐에 따라 이러한 데이터베이스의 가치가 달라질 수 있다.

전반적으로 나는 관찰 노트를 작성하는 데 그 모든 시간을 기꺼이 바쳤으며, 몇 년 동안 내가 작성한 기록에 대해 만족한다. 나는 여전히 조사 내용을 쓰고 그 기록을 날마다 참조한다. 만일 이 일을 시작하던 때로 거슬러 올라가 이러한 작업 과정에 대해 스스로에게 충고할 수 있다면, 다섯 가지 기본 원칙을 지키라고 강조할 것이다.

관찰 노트를 작성할 때 나중에 그것을 읽을 자신과 동료들을 생각하라

현장에서 기록하는 것은 물론이고 실험실에서 기록하는 것도 후세 사람들을 생각하면서 써야 한다. 현장에서 일어난 일을 모두 기록으로 남기는 것은 관찰 기록으로서 무엇보다 중요하다. 그것은 세상이 작동하는 방식에 대한 새로운 통찰력을 주기도 하고 당신의 생각과 지식을 고양시키는 기회를 제공할 수도 있기 때문이다. 당신이 현장에서 지금 경험하고 있는 일들이 앞으로 얼마나 중요한 사건이 될지는 결코 상상할 수 없다. 또한 그것들이 장차 어떤 사람에게 큰 관심의 대상이 될 거라고 (특히 당신의 입장에서) 감히 생각하지 못할 것이다.

내가 관찰 노트에 잘 기록하는 것이 얼마나 중요한 문제인지 처음으로 맞부딪친 곳은 인디애나 대학교의 지질학 연구팀이 몬태나주 남서부에서 작업하고 있던 한 발굴 현장 캠프였다. 처음에는 학생으로서, 그리고 다음 해에는 조교로서 그곳의 발굴 작업에 참여하면서 복잡한 지질학 정보를 어떻게 기록해야 하는지 배울 수 있었다. 항공 사진에서 지층 지도를 어떻게 작성하고 구조적 불연속성이 무엇인지를 배웠다. 우리는 일련번호를 매긴 '위치'를 세밀하게 관찰해야 했다. 날마다 온종일 넓은 지역을 배회하며 항공 사진을 활용하는 방식을 익혔고, 지층을 확인하기 위해 지면 위로 불거져 나온 바위들을 망치로 깨면서 발밑에 있는 땅의 역사를 하나하나 이어 맞추는 작업을 했다. 우리의 작업 숙련도는 관찰 노트를 얼마나 철저하고 정확하게 작성하고 읽기 쉽게 잘 구성했는지를 보면 금방 알 수 있었다. 나는 아직도 그

케냐 올로르게세일리에에 있는 고고학 발굴 현장. 깊게 파인 구덩이에 들어가 지층을 살펴보고 있다. 카메라와 오렌지색 관찰 노트를 주목하라.

때의 노트와 도해, 그리고 메모가 붙은 항공 사진들을 가지고 있다. 그 것들은 내가 새로운 진로를 모색하면서 몬태나주의 지질학적 역사의 조각들을 꿰맞추고 있었던 시절을 금방 떠올리게 한다.

초기에 인디애나 대학교의 발굴 현장에서 배운 가장 중요한 교훈 가운데 하나는, 앞으로 50년이 지나서도 당신이 수집한 사실 정보를 누군가가 아마도 당신이 지금 추구하는 것과는 다른 목적으로 이해하고 활용할 수 있다는 것을 알고 기록해야 한다는 것이다. 오늘날 현장 발굴 작업에서는 GPS, 디지털 위성 사진, 현장 작업을 위한 휴대용 컴퓨터와 같은 첨단 장비를 쓰지만, 날마다 하는 작업을 하나로 종합해서

기록하는 도구로 관찰 노트만큼 좋은 것은 아직 없다. 관찰 노트를 당신이 수집하는 모든 정보를 하나로 묶는 필수 도구로 생각하라. 관찰 노트는 (비가 오나 햇볕이 내리쬐나) 어떤 순간에도 기록할 수 있으며, 전지가 닳아 없어질까 고심하지 않아도 되고, 떨어뜨려도 망가지지 않는다.

나는 언제나 GPS 좌표를 노트에 기록하는데, 디지털 파일이 갑자기 사라지거나 파손되는 경우를 대비한 조치다. 이는 관찰 노트가 왜 필요한지를 보여 주는 예다. 나는 노트를 보며 지난날 중요한 정보를 기록했거나 뜻밖의 유물을 발견했던 장소로 쉽게 찾아갈 수 있다. 또한 미래에 누구라도 내 기록에 관심이 있다면 그것을 참조해서 당시에 내가 무슨 일을 했는지, 그리고 관찰 노트라는 도구만을 이용해서 어떻게 정확하게 그 장소를 발견했는지를 알게 될 것이다.

현장에서 관찰한 사실뿐 아니라 초기에 당신이 생각했던 과학적 해석과 개인적 느낌도 기록에 남기는 것이 좋다. 그러나 나중에 다른 사람들이 그 기록을 읽을 때 혼동을 일으키지 않도록 하기 위해서 사실과 해석은 확실하게 분리해서 기록해야 한다는 것을 잊지 마라. 또한 날마다 현장에서 일어난 일을 기억하고 당신의 기록에 대한 관심을 높이기 위해 그때그때 생각하고 겪은 일들을 기록하는 것도 좋다. 문자로 다른 사람들과 소통하기 위해서는 객관성이 매우 중요하다는 것을 기억해야 한다. 물자 지원의 어려움이나 좋지 않았던 경험, 다른 사람의 약점이나 실패에 대해서 지나치게 주관적이거나 개인적인 주장을 내세우면 안 된다. 적절하지 않은 말이나 험담, 실제 작업과는 직접 관련이 없는 일이 여기저기 산재된 기록은 나중에 누군가가 보았을 때 신뢰성이 떨어질 수 있다. 발굴 작업을 하다 보면 동료들과의 협력 문제, 날씨 사정 등 예상치 못했던 난관에 부딪칠 수 있다. 물자 지원의

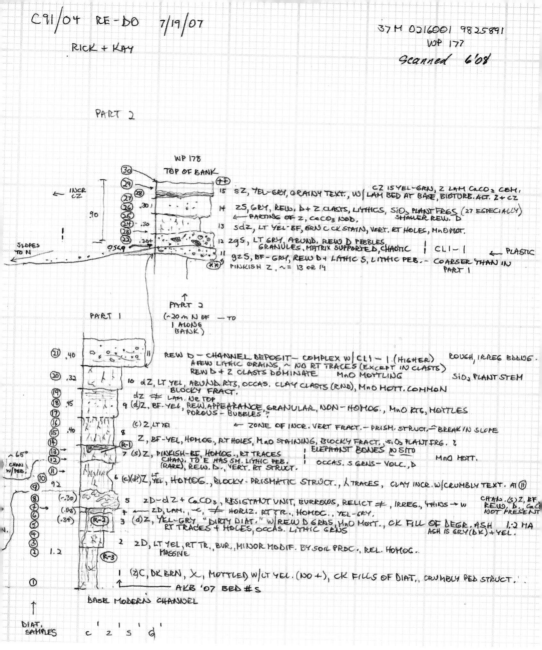

C91/04 RE-DO 7/19/07
RICK + KAY

37M 0216001 9825891
WP 177
Scanned 6'08

PART 2

WP 178
TOP OF BANK

← INCR CZ

.90

SLOPES TO N

PART 2
(~20 m N OF —TO | ALONG BANK)

PART 1

15 SZ, YEL-GRY, GRAINY TEXT, W/ LAM BED AT BASE, BIOTURB. ALT. Z+CZ
CZ IS YEL-GRN, Z LAM CaCO₃ CEM.

14 ZS, GRY, REW D + Z CLASTS, LITHICS, SiO₂ PLANT FRGS (27 ESPECIALLY)
← PARTING OF Z, CaCO₃ NOD.   SHALLER REW. D

13 SdZ, LT YEL-BF, GRN C CK STAIN, VERT. RT HOLES, MnO MOTT.

12 ZgS, ABUND. REW D PEBBLES
GRANULES, MATRIX SUPPORTED, CHAOTIC   CLI – 1   ← PLASTIC

11 gZS, BF-GRY, REW D+ LITHIC S, LITHIC PEB. – COARSER THAN IN
PINKISH Z, ~= 13 OR 14   PART 1

11 REW D – CHANNEL DEPOSIT– COMPLEX W/ CLI – 1 (HIGHER) ROUGH, IRREG BDDING
A FEW LITHIC GRAINS, ~ NO RT TRACES (EXCEPT IN CLASTS)
REW D + Z CLASTS DOMINATE   MnO MOTTLING   SiO₂ PLANT STEM

10 dZ, LT YEL, ABUND. RTS, OCCAS. CLAY CLASTS (RND), MnO MOTT. COMMON
BLOCKY FRACT.
dZ – LAM. NE TOP

9 (d)Z, BF-YEL, REW. APPEARANCE, GRANULAR, NON – HOMOG., MnO RTS, MOTTLES
POROUS – BUBBLES '?

8 (c)Z, LT YEL   ← ZONE OF INCR. VERT FRACT. – PRISM. STRUCT. ← BREAK IN SLOPE

Z, BF-YEL, HOMOG, RT HOLES, MnO STAINING, BLOCKY FRACT., SiO₂ PLANT FRG. Z

7 (s)Z, PINKISH-BF, HOMOG., RT TRACES | ELEPHANT BONES IN SITU
CHAN. TO E HAS SM. LITHIC PEB. | OCCAS. S GRNS– VOLC. D   MnO MOTT.
(RARE), REW. D., VERT. RT STRUCT.

6 (c)(d)Z, YEL, HOMOG., BLOCKY-PRISMATIC STRUCT., λ TRACES, CLAY INCR. W/ CRUMBLY TEXT. AT ⑪

5 2D–dZ + CaCO₃, RESISTANT UNIT, BURROWS, RELICT ≠, IRREG. ≠, THINS → W   CHAN. (S)Z, BF
REW. D., CaC
4 — 2D, LAM., ~, ≠ HORIZ. RT TR., HOMOG., YEL-GRY.   NOT PRESENT

3 (d)Z, YEL-GRY "DIRTY DIAT." W/ REW D GRNS, MnO MOTT., CK FILL OF DEGR. ASH   1:2 MA
RT TRACES + HOLES, OCCAS. LITHIC GRNS   ASH IS GRY (DK) + YEL.

2 2D, LT YEL, RT TR., BUR., MINOR MODIF. BY SOIL PROC., REL. HOMOG.
MASSIVE

1 (g)C, DK BRN, X, MOTTLED W/ LT YEL. (NO +), CK FILLS OF DIAT., CRUMBLY PED STRUCT.
↑ — AKB '07 BED #S

BASE MODERN CHANNEL

~65° CHAN W/ PEB.

N.

.40
.32
.45
.40

.92
(-.30)
(.08)
(.34)
1.2

R-1
R-2
R-3

DIAT. SAMPLES   c   z   s   d

케냐 올로르게세일리에 현장에서 상세하게 기록한 '미세 지층 구조' 도해. 이는 홍적세 퇴적물의 인공 유물과 화석 지층에 대한 아주 중요한
기본 정보를 제공한다. 동그라미를 친 일련번호는 각 지층을 설명한다. 'R'이 붙은 동그라미 친 번호들은 라합 키난주이가 식물암 화석 표본을
채취한 위치를 가리킨다. 이와 같은 기록을 관찰 노트뿐 아니라 컴퓨터의 클립보드에 여러 쪽으로 나누어 저장하고 있다.

147

Surface Fossil Survey

Date: 7/14/'03   Person: RB, KB, CH, TH, RM

Transect # TB-B4012   Block # 1   Place: 204 - SOUTH END

Time: Start: 10:15   Finish 11:55   Light: SUN
GPS: Start WP 197   Finish WP 202   Length: ~110 m

Notes (Lithology, slope conditions, color, etc.) BELOW ALLIA T, CZ, Z, S W/
CaCO₃, COBBLES ON SLOPES - STEEP TOPOGR.

BETW. TUFFS ER03-321, 322

Scrap Tally: ||||‖ ‖ |||| FISH || ENAM 1

Bone #	Taxon	Part	>5cm?	Color	In situ?	Matrix	Cluster?	
1	FISH	VERT 3 CM	<	WT, OR	—	—	—	
2	PRIM? MAM 3	W/O ARTIC DST HUM SHFT	>	LT YEL, OR	—	—	~6 FRGS	ET03-86 WP 198 ET03-87
3	MONKEY? MAM 1	THK W/O ARTIC LT HUM SHFT.	>	WT	—	CaCO₃	~2	
4	"	VERT PT	<	LT O	—	—	—	
5	MAM 1	LB SHFT FRG	<	Y GRY, WT	~	—	—	
6	MAM 3-4	RIB SECT	>	LT O, GRY, WT	~	GRIT LAYER RD SS	>30	ET03-88 WP 199
7	MONKEY	PRX RT FEM	>	LT O - GRY LT Y	(~)	ASSOC. W/ CaCO₃+S	1	
8	TORT.	SH PTS	>	LT + DK GRY, LT O	—	DK CaCO₃	5	
9	MAM 4	LB SHFT FRG	>	LT OR, BF	~	—	—	SLOPE W/ SUN HAND 7/19/03
10	MAM 2-3	RAD SHFT FRG	<	LT O/Y	~	—	—	
11	BOV 3	DST LT HUM FRG	>	LT O - BRN	—	DK CaCO₃	—	
12	CATF	SPINE BASE	<	DK B-GRY + BRN	—	—	—	
13	MAM 4 (BONE HARD)	JUV. TROCH. EPIPH	>	LT O - BF	—	—	—	ET03-89 WP 200 ET03-90 WP 201 ET03-91
14	TURT?	INDT. - MY. BONE	<	GRY-BRN TAN	—	—	—	
15	BOV 2	LT ASTRG	<	WT, BF	(~)	—	—	
16	PRIM.	CALC (LT)	<	LT GRY - BRN	—	—	—	
17	MAM 4	TROCH	>	LT PINK + BF	—	—	—	S+Z BELOW ALLIA
18	MAM 2	PT ILIUM	>	LT PINK - BF WT	—	S	—	
19	PRIM? CARA?	HUM FRG - DST	<	GRY, LT O	—	—	—	ET03-92 WP 201 ET03-93
20	BOV 2	NC PROB. W/15	<	LT BF, O	—	—	—	
21	MAM 2-3	SESEMOID	<	LT BF/O	—	—	—	

화석 뼈를 기재한 표준화된 현장 데이터 수집표. 특정한 지층을 따라 표면으로 솟아오른 바윗덩이가 이어지는 곳을 절개해 그곳에서 발견한 화석 뼈를 모두 기재했다. 나는 이것들을 공식적으로 '뼛길(bonewalks)'이라고 부른다. 이 가운데 일부 화석들(표의 맨 왼쪽에 기재된 것들은 채집했지만 대부분은 채집하지 못했다. 이런 형태의 정보는 화석 유물군을 이루는 동물 종류에 대해 균형 잡힌 기록을 제공한다. 이것은 가장 보존이 잘 된 식별 가능한 표본들에 초점을 맞추는 전통적인 화석 채집 방식에 대응하는 중요한 기록 방식이다.

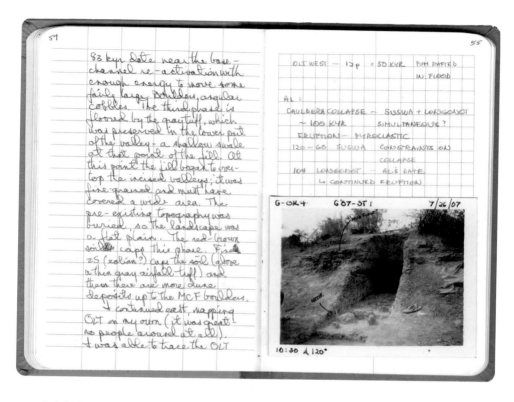

어려움에 대해서는 언급할 필요가 있으나 개인의 일상적인 경험에 매몰되어서는 안 된다. 장기적으로 중요한 것은 현장 발굴 작업에서 발생되는 문제를 신중하고 객관적으로 기록하는 것이다.

어떤 관찰 노트는 현장의 기록에다 개인적인 느낌을 더해서 색깔을 입힌다. 나는 "정말 좋은 날"이라거나 "길고도 지루한 비 오는 날"이라거나 "운이 나쁘다. 타이어 두 개가 펑크가 났다."와 같은 말을 관찰 노트에 자주 언급했다. 이런 글귀는 기억을 흔들어서 수집물이나 발굴 현장에 대한 중요한 상세 내용을 다시 떠올리는 데 도움을 준다. 한편 나는 예전에 캠프에 있는 모든 사람이 이용했던 현장 업무 일지 작성

케냐 올로르게세일리에 현장에서 발굴 작업을 하면서 일어난 일과 생각난 것을 자세히 기록했다. 끝부분에 한적하게 혼자 있는 것의 즐거움을 슬쩍 표현했다.

과 관련해서 한 가지 교훈을 얻은 적이 있다. 나중에 그것은 발굴에 참여하는 사람들이 날마다 무엇을 조사하고 발견했는지 하루하루의 진행 상황을 알려 주는 집단 기록으로 남았다. 원하는 사람은 누구든 업무 일지에 자기 활동을 기재할 수 있었고 캠프 책임자는 기재 사항에 대해 최종적으로 책임을 지고 객관성을 부여했다. 업무 일지에 재미나긴 하지만 다소 장난치는 식의 내용은 삭제하고, 그날의 기록을 마감했다. 이 사례는 집단이 작성한 기록보다 개인이 남긴 기록이 더 좋다는 교훈을 준다. 관찰 노트를 작성할 때는 당장 또는 앞으로 그것을 읽을 사람을 생각해서 언제나 높은 수준의 전문가 의식을 반영해야 한다. 현장에서는 언제나 하루를 끝내기 전에 자신이 기록한 것이 몇 년 뒤에도 이해될 수 있을지 없을지 자문해 보고, 그런 식의 기록 방법이 습관이 될 때까지 끊임없이 내용을 수정하는 것이 좋다.

명확하고 일관된 관찰 노트의 구성과 처리 방식을 정하라

당신이 현장 탐사에 이제 막 첫발을 내딛었고 연구 과제의 책임자가 아니라면, 관찰 노트를 작성하는 것이 그다지 중요한 일이 아닌 것처럼 보일 수도 있다. 내가 처음 고생물학 현장 탐사를 나간 것은 와이오밍주 중부에 있는 윈드강 유역이었다. 그때는 내가 대학원에 갓 입학한 시점이었다. 대원들이 탐사하고 땅을 파는 동안 탐사대 책임자는 관찰 노트를 작성했다. 우리가 탐사한 황무지는 약 6000만 년 전 홍적세(洪積世, '플라이스토세Pleistocene世'라고도 한다.)에 해당하는 땅이었다. 침식하고 있는 지층에는 포유류 시대 초기에 살았던 기이한 동물들의 화석이 있었다. 나는 이미 이전에 지질학 현장 조사 캠프 말고도 야외 탐사를 많이 다녀왔다. 그러나 강바닥을 드러낸 미루나무들이 줄지어 서 있는 강기슭에서 여러 사람들과 몇 주 동안 함께 텐트 생활을 하는 것은 그동안 맛보지 못한 색다른 경험이었다. 우리는 날마다 밖에 나가 화석을 찾고 지도를 그리고 지질학적 정보를 기록했다. 또한 개미들이 이빨 화석과 작은 조약돌을 날라다 쌓아 올려 만든 개밋둑을 파헤치기도 했다. 이 작은 곤충은 작은 화석 조각들을 자신들의 개밋둑 외벽을 단단하게 보호하는 "갑옷"으로 사용했다. 따라서 우리들은 화석 조각들을 비교적 쉽게 찾아낼 수 있었다. 하지만 그 대가로 개밋둑을 팔 때 개미에게 물리는 약간의 고통을 감수해야 했다. 화석 퇴적물에는 나를 평생의 화두가 된 화석생성론(taphonomy)에 몰두하게 만든 수수께끼가 들어 있었다. 화석생성론은 유기체의 잔해들이 어떻게 화석이 되는가를 연구하는 학문이다. 우리가 탐사한 고대의 퇴적물에는 서로 완전히 다른 환경에서 살았던 동물과 식물 화석들이 함께 묻혀 있었다. 우리는 나무가 퇴적해 생성된 목탄 화석과 지표면에서 살던 포유류의 뼈 화석, 상어 이빨 화석을 함께 발굴했다. 어떻게 이 모든 잔해가 같은 장소에 섞여서 묻히게 되었을까? 이를 밝혀내려고 몇 년 동안 흥미진진하게 조사했지만, 그때까지만 해도 나는 관찰 노트를 작성해야 할 필요성을 실감하지 못했다. 지금도 자주 그때부터 생각을 바꿨다면 좋았을 텐데 하는 생각을 한다. 내가 관찰 노트의 필요성을 절실히 느끼기까지는 또 한 번의 혹독한 시행착오를 겪어야 했다.

와이오밍을 떠난 지 석 달 뒤, 나는 케냐 북부로 갔다. 거기서 동료 한 명, 케냐인 조수 두 명과 함께 투르카나 호수 인근의 외따로 떨어진 뜨겁고 건조한 지역으로 탐사 여행을 갔다. 이 탐사 여행은 매우 위험한 모험이었다. 우리는 5주 동안 마을로부터 멀리 떨어진 벌판에서 지냈다. 우리가 사용할 물은 모두 트레일러 한 대로 운반해야 했다. 나는 거기서 하루에 물 한 컵으로 설거지를 모두 마치는 법을 배웠다. 마시고 요리할 때 필요한 물을 생각해서 할 수 있는 한 최대로 물을 아껴야

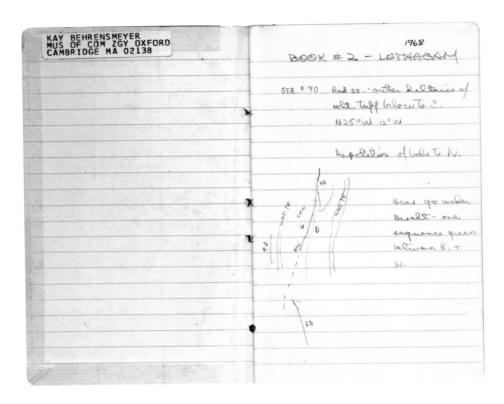

초기(1968년) 케냐의 로타 감힐에서 사용한 관찰 노트 제2권의 첫 쪽. 그 지역 학교에서 쓰는 노트를 구입해서 썼다. 스케치한 그림은 지질학적 관계를 평면도로 보여 준다. 단층의 한쪽 면은 'U(위)'로 표시하고 반대쪽 경사면은 'D(아래)'로 표시했다. 스케치 그림에 축척의 근사치를 써넣었다면 더 좋았을 것이다. 관찰 노트를 작성하면서 배운 교훈 가운데 하나다.

했기 때문이다. 식수를 다시 공급받기 위해서 트레일러를 인근 마을로 끌고 가려면 강바닥이 드러난 뜨거운 모래사장에 처박혀 있는 바퀴를 하루 종일 파내야 했다. 케냐인 조수들이 캠프의 허드렛일을 모두 도맡아 한 덕분에 요리, 물자 조달, 차 정비와 같은 일은 신경 쓰지 않아도 되었다. 나와 동료 과학자 두 사람은 현장 조사에만 집중할 수 있었다. 그 지역의 지질을 연구하는 것은 내 책임이었다. 그 장소는 화석이 풍부해서 중신세(中新世, '마이오세Miocene世'라고도 한다.)에서 선신세(鮮新世, '플라이오세Plaiocene世'라고도 한다.) 사이에 살았던 멸종된 돼지, 영양, 육식 동물, 하마, 악어와 같은 잘 보존된 척추동물 화석을 대량으로 채집할 수 있었다. 나는 지층 지도를 그리고 이 진기한 화석들의 지질학적 연대를 계산했다. 당시에 그 장소(로타감힐)는 동아프리카 지역에서 700만 년 전에서 400만 년 전 사이의 화석이 발견된 유일한 곳으로 알려져 있었다. 그곳은 고인류학자들에게 큰 관심거리였다. 거기서 발견된 난해한 턱뼈 조각과 이빨이 어쩌면 오늘날 인류의 기원으로 이어진 고대 유인원의 화석일 수도 있기 때문이었다.

로타감에서 작성한 기록에는 지금도 매우 유용하게 쓰일 정보가 많다. 그러나 기록이 일관되지 않고 많은 부분이 상상력으로 채워진 것들이다. 그때 좀 더 내구성 좋은 노트를 골라서 명확하고 일관된 구성으로 날마다 정보를 기록했으면 좋았을 걸 하는 아쉬움이 늘 남는다. 당시에 내가 사용한 노트는 나이로비에서 구입한 것으로 초등학생용 노트였다. 야외에서 사용하거나 장기간 보관할 수 있도록 만들어진 것이 아니기 때문에 지금은 낱장이 다 뜯어지고 너덜너덜하다. 요즘에는 반드시 표지가 밝고 허리에 매는 작은 지갑에 들어가기 딱 알맞은 크기의 노트를 고르는데, 찾기 쉽고 휴대가 간편하기 때문이다. 또 스케치를 할 때는 언제나 연필을 쓰지만, 일지를 쓸 때는 쉽게 지워지지 않도록 검정 볼펜을 사용한다. 또 내용을 수정할 때는 기존 것에 살짝 줄을 긋고 새로 고치는 것을 기입한다. 이것은 나중에 고치기 전의 것이 맞는 것으로 밝혀졌을 때를 대비하기 위한 것이다!

관찰 노트의 첫 쪽과 표지에 프로젝트명, 장소(대륙. 나라), 연도와 함께 연구자 이름과 연락처를 기재하면 자신에게도 좋고 나중에 그것을 읽는 다른 사람들에게도 도움이 될 것이다. 나는 관찰 노트의 첫 쪽에 대개 현장 조사의 총괄 목적과 조사에 참여한 연구자, 방문자, 지역 담당자들의 명단, 인근의 경계표와 마을들을 기재한다. 또 현장에서의 활동 일정과 회의 목표를 달력에다 간단히 표시하는 것도 좋다. 속기를 위해서 어떤 기호나 부호를 사용할 때는 언제나 그것의 의미가 명확한지 확인한다. 몇 년이 지나 그러한 기호나 부호가 무슨 뜻인지 이해하지 못한다면, 다른 사람들이 그것의 숨은 뜻을 찾아낼 수 없다.

나는 아무 일도 일어나지 않은 날에도 관찰 노트에 기록을 남긴다. 기록이 없는 날이 있으면 나중에 누군가가 그것을 읽다가 내가 뭔가 중요한 것을 생략하지는 않았을까, 혹은 '평소처럼 활동하는' 중에 기록하는 것을 까먹은 것은 아닐까 의아하게 생각할 수도 있기 때문이다. 나는 습관처럼 하루의 일과를 평가하고 그것을 기록한다. 뭔가 일정이 지체되면 연구 목표를 재고하고, 그동안의 경과와 앞으로 며칠 몇 주 동안의 계획을 기록한다. 날마다 기재하는 것들로는 날짜, 장소, 주요 활동이나 사건, 날씨, 작업에 참여한 사람들 명단이 있다. 다른 사람들의 기록, 내가 따로 작성한 데이터시트, 사진, 무엇보다 중요한 수집한 표본들을 특정한 시점과 연결시켜 주는 것이 바로 몇 년 몇 월 며칠이라는 날짜 정보다. 나는 날짜 기재를 까먹은 적이 한 번도 없다. 어떤 내용을 따로 스캔하거나 복사할 때도 각 쪽마다 날짜를 써넣는다.

나는 날마다 활동한 것을(어디를 가서 누구와 무엇을 함께 했는지) 빼놓지 않고 기록하지만, 표본 수집 방식이나 원칙을 기록할 때는 특별히 주의한다. 처음에는 모든 사람이 그것을 다 잘 알고 있는 것처럼 생각한다. 그래서 때로는 누구도 원칙을 관찰 노트에 굳이 기재하려고 하지 않는다. 그러나 몇 년 뒤, 우리가 그날 돼지의 이빨과 턱뼈만 채집하기로 했는지, 아니면 발견된 모든 뼈 화석(심지어 물고기와 거북이 파편까지)을 채집하고 있었는지를 기억하는 사람들은 거의 없을 것이다. 그 결과, 우리는 표본 채집 과정에서 한쪽으로 치우친 점이 있었는지 없었는지를 확인하지 못한다. 채집된 표본들 가운데 (자이언트피그giant pig 같은) 특정 표본이 다른 동물 종의 표본보다 상대적으로 많을 때, 이런 정보가 없으면 사실 관계를 확인할 수 없다. 이러한 표본 채집의 편향성 문제는 여러 세대에 걸쳐 고생물학자들을 괴롭혔다. 물론 고생물학자들은 대개 '좋은 표본'을 구하려고 하거나 프로젝트에 가장 이익이 되는 종(유인원 같은 종. 이것은 나중에 연구 기금을 마련할 때 유리하다!)에 집중하기 마련이다. 그거야 문제될 것이 없다. 그러나 표본 채집의 원칙에 대한 기록이 없다면, 후세의 과학자들은 채집된 표본들의 특정한 형태가 지나치게 많거나 적은 경우, 그것을 어떻게 처리해야 할지 갈피를 못 잡을 것이다. 케냐에서는 몇 년 동안 돼지이빨 화석이 집중

LOWER JURASSIC
KAYENTA FM.
UPPER TRIASSIC
CHINLE FM.
2007 — 2009 —

A. K. BEHRENSMEYER
DEPT. OF PALEOBIOLOGY
P.O. BOX 37012
NHB, MRC 121
SMITHSONIAN INSTITUTION
WASHINGTON, DC 20013-7012

NOTE: WP = GPS WAYPOINT
NAD 27 CONUS DATUM

최근에 작성한 관찰 노트의 표제지. 차례와 GPS 데이터 같은 중요한 정보가 기재되어 있다. 나중에 돌려받을 필요가 있을 때를 대비해서 반송 주소까지 정확하게 써넣었다.

적인 채집 대상이 된 적이 있었는데, 돼지이빨 화석의 형태가 시간이 흐르면서 계속해서 바뀌는 까닭에 그것으로 화석이 매장된 시기를 가늠할 수 있기 때문이었다. 케냐 국립 박물관에 소장된 화석 목록을 살펴보면, 1970년대에 돼지의 화석 표본이 다른 포유류의 화석 표본보다 월등히 많다는 것을 알 수 있다. 이는 당시에 잘 보존된 돼지이빨 화석을 모두 채집하라는 지시가 있었기 때문인데, 이 사실을 기억하는 누

군가가 주변에 없다면 그 이유를 아무도 알 수 없었을 것이다. 이런 내용을 알고 있는 사람도 언젠가는 사라지거나 기억을 못 할 수 있기 때문에, 그런 '명백한' 또는 '설정된' 원칙들을 문자 기록으로 남기는 일은 현장 발굴 연구자들이 시간이 흘러도 유용한 데이터를 만들고 표본을 채집하는 데 도움을 줄 수 있는 최선의 방법 가운데 하나다.

관찰 노트의 쪽마다 일련번호를 매기면 앞서 기록한 것을 전후로 참조하기 쉽다. 한 해가 끝나기 전에 쓰고 있던 노트를 다 썼다면, 따로 새 것을 장만하지 말고 추가로 페이지를 마련해서 기존의 노트에 풀로 붙이는 것이 좋다. 새 관찰 노트에 이어서 기록을 작성하다 해가 바뀌면, 한 해의 기록이 두 권으로 나뉠 수 있기 때문이다. 그러나 두 권을 써야만 할 경우에는 관찰 노트 1권의 마지막 쪽에다 2권이 있다는 것을 반드시 표시하도록 한다.

GPS를 사용한다면 검색된 지역의 지리적 기준점(자기가 지금 있는 위치에 따라 매우 다르다.)을 반드시 기재해야 한다. 이것이 없으면 나중에 GPS 데이터에 대한 신뢰가 크게 떨어질 수 있다. 기준점이 서로 다르면 위치 좌표와 거리가 수백 미터 이상 차이가 날 수 있기 때문이다. 나는 또한 나침반의 자기 편각(磁氣偏角, 자침의 N극이 가리키는 방향과 지리적 북극의 방향 사이의 각) 등 발굴 조사에 투입된 각종 장비의 설정과 형태도 기재한다.

여러 권의 관찰 노트, 채집된 암석과 화석, 수많은 현장 사진에서 서로 연관된 정보의 조각들을 찾아내 꿰어 맞추려고 애쓰다 보면, 처음부터 관찰 노트를 일관되게 작성했다면 훨씬 더 강력하게 연계된 정보를 만들어 냈을 텐데 하는 아쉬움이 남는다. 그러나 긍정적으로 생각해 보면, 오늘날 컴퓨터 기술을 이용해서 관찰 노트에 기재된 정보를 목록화하고 그것을 다중관계형 스프레드시트 형태로 구성하면 노트만으로 할 때보다 전후로 훨씬 더 참조하기 편리하도록 정보를 연결시킬 수 있으니 그리 크게 아쉬울 것은 없다.

현장 기록을 잃어버리지 않도록 하라

힘들게 얻은 중요한 데이터가 담긴 관찰 노트를 복사본도 없이 잃어 버리는 것보다 더 황당한 경우는 없다. 내가 직접 그런 일을 당한 적은 없지만 많은 연구자들이 그런 경우를 당했다. 어떤 경우에는 중요한 정보를 모두 잃고 프로젝트가 중단되면서 학위도 받지 못하는 비극적 상황이 초래되기도 한다.

자기 관찰 노트를 잃어버리지 않도록 조치하는 것과 별도로, 자기가 맡은 막중한 책임을 생각할 때 정보 손실을 피할 수 있는 여러 가지 다른 방법이 있다. 케냐의 로타감 프로젝트에서 처음으로 작성한 내 관찰 노트는 전에 몬태나 현지 캠프에서 배운 절차를 따라서 지질학적 목표에 매우 철저하게 집중했다. 그러나 그때 그 일 말고도 할 일이 많았으며, 특히 화석 채집과 관련해서 더욱 그랬다는 것을 나중에 깨달았다. 내가 채집한 화석 표본들의 목록을 작성하는 일을 다른 동료가 했는데, 날마다 목록에 입력하는 일을 그가 다했다. 나중에 그 목록을 잃어버린 사건이 발생했을 때, 다른 연구자들이 내게 도움을 요청했다. 내가 화석에 대한 정보, 특히 표본에 붙인 번호와 표본을 발견한 장소를 연결시킬 수 있는 정보를 더 많이 가지고 있었다면, 그 핵심 정보를 다시 구축할 수 있었을 것이다. 목록은 지금까지도 찾지 못했다. 따라서 그때 탐사에서 채집한 중요한 표본들에 대해서 아직도 풀지 못한 문제가 많이 남아 있다. 나는 이 경험을 통해 관찰 노트를 작성하면서 따로 복사본을 여러 개 만드는 것이 그것에 들인 노력 이상으로 가치가 있다는 것을 깨달았다. 좀 지나치게 정보가 중복되는 것처럼 보

애리조나주 중부의 아름다운 카엔타 지층을 탐사하러 가서 찍은 사진. 나는 그곳에서 약 2억 년 전에 살았던 북아메리카의 초기 포유동물의 고생태학을 복원하기 위해 화석이 풍부하게 묻혀 있던 장소의 지질을 상세히 기록했다. 사진 가운데 왼쪽에 검게 보이는 작은 사람은 이 지역이 얼마나 방대한 규모인지를 잘 보여 준다.

이는 것이 중복된 정보가 없어서 문제가 발생하는 것보다 낫다.

나는 현지에서 작업을 마치고 떠나기 전에 내가 작업한 것과 다른 사람들이 작업한 것을 서로 비교해서 복사하고 스캔하거나 내 관찰 노트를 사진 촬영해서 주최 박물관이나 신망 있는 동료에게 사본을 한 부 남긴다. 관찰 노트 원본은 언제나 내 가방에 넣고 다닌다. 만일 연구실에서 현장으로 노트를 가지고 갈 경우에는 사본 한 부를 집에 보관한다.

카메라를 휴대하고 사진을 활용하라

비록 잠시였지만 폴라로이드 카메라가 세상에서 사라져 가는 것을 보는 일은 슬펐다. 그것은 지난 수년 동안 현장에서 발굴 조사를 벌일 때 아주 중요한 역할을 수행했다. 화석이 발견된 현장을 설명하기 위해 글로 아무리 많은 설명을 해도, 현장에서 직접 찍고 설명을 달아 관찰 노트에 붙인 사진 한 장보다 더 효과적일 수는 없다.

파키스탄에서 고생물학 연구를 위해 탐사를 한 적이 있었는데, 거기서 우리 팀은 화석을 발굴하기 위해서 거대한 침식 지형을 조사하고, 높이 솟은 히말라야산맥 옆으로 갈라져 내린 퇴적층들을 상세히 기록했다. 기본적으로 내가 지층을 탐사한 장소뿐 아니라 수많은 화석 발견 현장을 가려낼 수 있어야 했다. 내 관찰 노트는 우리가 작업했던 곳을 보여 주는 폴라로이드 사진들로 가득 채워져 있다. 우리는 관찰 노트에 기재하는 것 말고도 '현장 카드(locality card)'라는 것을 사용했는데, 거기에는 화석이 발견된 개별 현장에 대한 내용을 기록했다. 카드마다 화석이 발견된 현장을 보여 주는, 퇴색되지 않는 흑백 사진이 한 장 붙어 있고 거기에 약간의 설명(사진을 찍은 방향, 날짜, 시간, 현장 번호)이 기재되어 있다. 우리는 탐사를 끝내고 나서 현장 카드를 가득 담은 커다란 상자 하나를 파키스탄에 남기고 복사본은 본부 기관에 보관했다. 지형도나 항공 사진 위에 위치를 표시한 현장 카드는 그 현장에 전혀 가본 적이 없는 사람들도 화석이 어디에서 채집되었는지 알 수 있게 한다. 우리가 지금까지 발굴한 현장이 1,600군데가 넘기 때문에 무엇보다도 체계적인 기록과 관리가 필요하다. 오늘날 첨단의 GPS 기술을 이용하는 경우에도 화석이 채집된 곳을 보여 주는 사진은 중요한 구실을 한다. 사진 이미지는 GPS 기록에 문제가 생겼을 때 보완 자료로 쓸 수 있다.

우리는 폴라로이드 카메라가 고장 나거나 분실되었을 때를 대비해서 소형 프린터와 디지털카메라(물론 현장의 거친 환경에서도 작동할 수 있어야 하지만)를 가지고 가 현장에서 바로 사진을 인쇄할 수 있도록 한다. 터치스크린이 달린 노트북 컴퓨터 또한 현장에서의 기록 문제를 해결하는 데 도움을 줄 수 있다. 그러나 그런 장비는 구식 카메라보다 주위 환경에 민감하고 관리가 까다롭다. 또한 컴퓨터 화면은 햇빛이 밝게 비치는 곳에서는 읽기가 쉽지 않으며, 언제 전지가 닳을지 몰라 항상

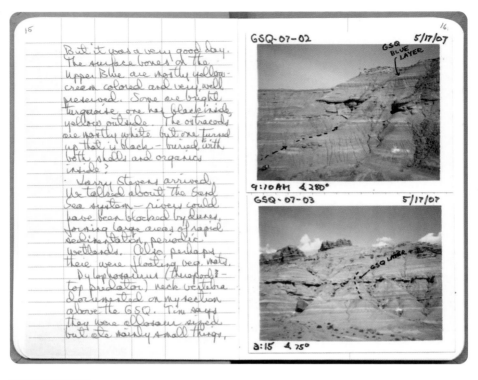

노심초사하기 마련이다.

이렇게 카메라를 이용해서 매장된 모습 그대로의 화석과 현장 위치, 특이한 지질학적 특성을 찍은 사진들, 그리고 기타 다양한 시각 정보를 관찰 노트에 담을 수 있다. 이것들은 나중에 사람들이 거기서 채집된 화석 표본이나 다른 물체들의 배치가 그곳의 지층, 발굴 지점에 쳐놓은 격자망(excavation grid), 식생형(vegetation type, 일정 지역에 나타나는 식물의 사회적 구조—옮긴이)과 공간적으로 어떤 관계가 있는지를 이해하는데 도움을 줄 것이다. 이미지는 또한 식물과 동물, 그들의 서식지를 더욱 잘 설명할 수 있는 중요한 도구다. 나는 그런 이미지를 관찰 노트에 테이프나 풀로 붙여 놓는다. 현장에서 찍은 사진 정보를 가지고 나중에 공식 석상에서 발표할 것을 대비해서 처음부터 고해상도의 디지털 이미지를 확보하는 것도 좋은 생각이다.

앞으로 발굴 현장에서 일하는 연구자들은 즉석에서 사진을 인쇄하기 위해 프린터와 디지털카메라, 종이, 전지를 필수품으로 들고 다녀야 할 것이다. 그러나 이것들은 모두 열이나 흙먼지, 햇빛과 빗물 때문에 망가지기 쉬우므로 특별한 관리가 필요하다. 따라서 많은 사람들은 인쇄는 캠프에 와서 하려고 할 것이고, 인쇄한 사진을 들고 현장으로 다시 돌아갈 게 아니라면 거기서 출력한 사진에 설명을 붙이는 일은 기억력에 의존할 수밖에 없을 것이다. 하지만 나는 아직도 자기 자신뿐 아니라 해당 현장이나 사물을 본 적이 없는 사람들을 위해서 기록을 정확하고 오랫동안 보존할 수 있는 가장 좋은 방법으로 현장에서 '바로' 설명을 써넣은 사진보다 나은 것이 없다고 생각한다. 나는 또한 디지털 인쇄물을 보관하는 일도 쉽지 않다고 생각하기 때문에 폴라로 이드 카메라가 새로운 모습으로 다시 등장하기를 기다린다.

스케치와 도해를 설명 자료로 써라

사진이 훌륭한 자료인 것은 틀림없지만, 보고 있는 것을 직접 그리는 것은 공간의 형태와 그 속에서의 관계를 이해하는 더욱 강력한 방법이다. 흐름도, 먹이 그물, 일정표와 같이 머릿속으로 생각한 것을 그림으로 표시하는 것은 전공 분야에 상관없이 연구 과제를 개념화하기 위한 매우 유익한 방법이다. 화석 발굴 기록 가운데 많은 부분이 화석 표본과 관련이 있는 암석 지층에 대한 것이다. 따라서 화석이 발견된 지층과, 가능하면 지층의 측면 형태를 보여 주는 '단면'도까지 그리는 일은 여기서 무엇보다 필요한 작업이다.

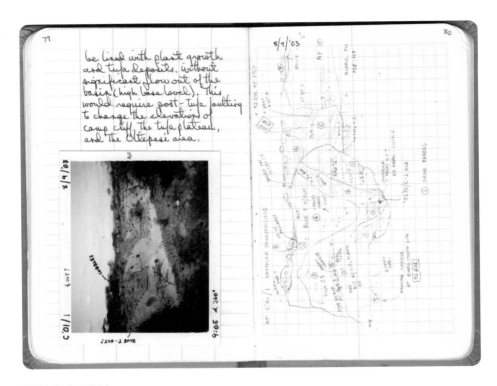

2003년 케냐 올로르게세일리에에서 작성한 관찰 노트. 오른쪽에 스케치한 그림은 홍적세 때 화산 폭발로 용암이 흘러내려 화석이 매장된 곳의 복잡한 지질 관계를 그린 것이다. 왼쪽에 폴라로이드 사진은 같은 지역을 찍은 것이다. 주의 깊게 관찰하고 그려야만 지층이 지표면 위로 올라온 부분을 상세하게 볼 수 있다.

생물학이나 생태학에서, 스케치는 표본으로 선정된 장소, 서식지의 식물 구성, 덫과 같은 표본 추출 도구의 위치 등과 관련된 지리적 특징을 보여 주는 데 매우 중요한 구실을 할 수 있다. 그림을 잘 못 그리는 사람의 스케치라고 해도 그 그림은 문자보다 훨씬 더 많은 정보를 제공한다. 다만 그림에 소질이 별로 없더라도 자(미터자가 더 좋다.)는 꼭 있어야 한다. 또 측량을 잘 못한다고 하더라도 북쪽과 위아래, 이미 아는 장소의 방향을 꼭 표시해서 50년 뒤에 스케치한 그림을 보고 다른 사람이 실제 현장의 크기를 가늠하고 이해할 수 있도록 해야 한다. 또한 스케치한 그림에 이름표를 붙여서 나중에 그것이 무엇을 의미하는지 기억할 수 있게 하는 것도 중요하다. 현장에서 그린 스케치는 좀 더 이해하기 쉬운 지도나 이미지로 재현하기 위해서 나중에 다시 그릴 수 있으며, 사진이나 구글어스와 비교하면서 사용할 수 있다.

결론

인생을 살면서 자기가 생각하고 느낀 것을 때로는 일지나 일기에 쓰라는 소리를 들어 보지 않은 사람은 아마 우리 가운데 아무도 없을 것이다. 관찰 노트는 바로 그러한 일지들 가운데 특별한 것으로 엄격한 과학적 기준을 따라 작성된, 과학자 개인의 고유한 경험과 지식을 전달하는 수단이다. 요즘 들어 세어 보지는 않았지만 지금의 나를 만든 것은 4대륙의 많은 나라와 발굴 현장에서 작성한, 최소 50권이 넘는 관찰 노트라고 생각한다. 나는 암석 지층을 파헤치는 것처럼, 지금도 새로운 정보가 필요하면 관찰 노트들을 한 장 한 장 넘기면서 면밀히 살펴본다. 내가 은퇴하면 그 노트들은 스미소니언 박물관에 영구히 보관될 거라고 한다. 기분 좋은 일이다. 나는 컴퓨터에 저장된 파일을 쉽게 접근할 수 있는 정보라고 생각하지 않는다. 컴퓨터 파일을 통해서는 그 위대했던 탐사와 발굴의 시대를 떠올릴 수 없다. 정말로 당시에 거기에서 있었던 일들, 함께 일했던 동료들, 가슴 설렌 흥분과 예리한 통찰력을 지금도 생생하게 느끼고 싶다면 손으로 쓴 이 특별한 일지들을 한 장 한 장 넘겨 봐야 한다.

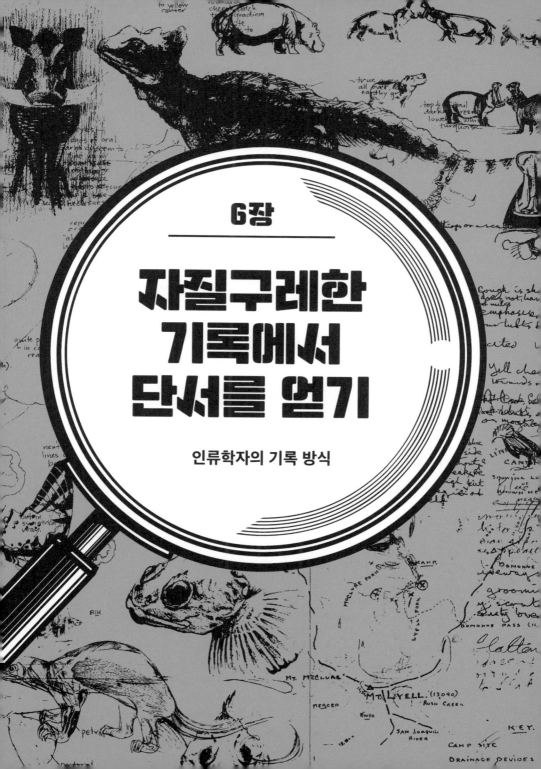

6장

자질구레한 기록에서 단서를 얻기

인류학자의 기록 방식

"당시에는 별로 주목하지 않았던 자질구레한 기록이
새로운 연구 방향을 제시하는 소재가 될 것이라고는
꿈에도 생각하지 못했다."

캐런 크레이머 Karen L. Kramer

인간의 사회성과 행동의 진화에 관심을 갖고 있다. 멕시코, 베네수엘라, 마다가스카르에서 전통적인 수렵·채취와 농업
사회를 연구한다. 궁극적으로는 인간과 가까운 종과 비교했을 때 인간은 왜 인구 성장에 탁월한 능력을 가졌는가 하는
문제의 답을 찾는 것이 목표다. 그의 연구는 다른 연구의 기초로 삼을 수 있는 1차 문헌으로서 많은 기여를 했다. 최근
에는 유카탄 반도의 한 고립된 마을에서 아동 노동과 출생률 사이에 어떤 상호 관계가 있는지를 조사한 내용을 《마야
의 아이들(*Maya Children*)》이라는 책으로 출간했다. 그 밖에 마다가스카르 고원에서 연구 활동을 하고 있는 보전
생물학자들, 영장류학자들과 협력하고 있다. 현재 유타 대학교 인류학부 부교수로 있다.

인간은 복잡한 존재다. 나는 다양한 전통 사회에 살고 있는 사람들을 연구하는 인류학자로서, 우리가 생물체로 어떻게 진화했고 사회가 어떻게 구성되었으며 그 사회가 어떻게 움직이는지와 관련해서 인간 경험의 다양한 측면을 이해하고자 애쓴다. 나는 멕시코, 남아메리카, 마다가스카르의 외따로 떨어진 전통 사회에서 나와는 매우 다른 생활 양식을 가진 사람들과 함께 살며 서서히 관계를 맺어 나갔다. 지금은 그들과 매우 가까워졌다. 그들은 내 연구 대상이기도 하다. 내가 현지에서 기록한 내용은 지도와 데이터시트, 노트, 일지에 다 들어 있다. 그것들은 이러한 경험을 다양한 각도에서 접근하고, 인간의 행동을 질적으로나 양적으로 모두 분석하려고 한다. 민족지 연구는 연구 대상과 이야기를 나눌 수 있고 그들에게 질문을 던질 수도 있다는 점에서 인간이 아닌 다른 종에 관한 동물행동학적 연구와는 전혀 다르다. 이것은 엄청나게 중요한 의미가 있다. 그러나 인간이 하는 행동 가운데 많은 것이 말로 표현되지 않는다. 그래서 우리는 관찰도 하고 계산도 하고 측정도 한다. 나는 여러 해 동안, 연구 대상인 집단에 대해서 관찰한 것과 알아낸 사실, 그에 관한 생각을 기록하는 관찰 노트에 다각적으로 접근하는 방법을 개발해 왔다. 내가 연구 과제를 고민하고 있을 때, 관찰 노트에 있는 기록을 보면 전혀 생각지도 못했던 문제들이 떠올랐다. 그러나 내 경험이나 변화 과정을 설명하기 전에, 내 접근 방식이 인류학 연구가 기본적으로 극복해야 할 난관들을 통과하면서 어떻게 다듬어졌는지 간략하게 설명하고자 한다.

인류학의 기록 방식

인류학 분야는 신세계와 구세계에서 소규모 사회를 이루며 사냥과 채취, 원예, 목축으로 살아가던 사람들에 대한 연구를 바탕으로 생겨났다. 수백 년 전 탐험가, 자연사학자, 지도 제작자는 무력과 종교를 앞세운 식민지 정복의 뒤를 좇아 전 세계 곳곳을 돌아다니기 시작하면서, 전통 사회의 부족민과 거주지 주변의 지질, 식물, 동물을 만나고 그에 대해 기록을 남겼다. 오늘날 민족지와 관련된 현지 조사 기록은 지난 수백 년에 비해 훨씬 더 엄밀하고 정확해졌다. 이것은 생물학 연구의 발전과 함께 생긴 현상이다. 초기의 민족지 관련 설명은 일화가 많았는데, 대부분 탐험가와 자연사학자가 전해 준 이야기였다. 미사여구를 늘어놓는 이국 문화에 대한 매력적인 이야기들은 대개 읽는 사람을 공포에 질리게 하거나 즐겁게 하기 위해 일부러 꾸민 것들이 많았다. 19세기 후반에 인류학이 하나의 학문으로 분류되면서, 연구 내용은 더욱 철저한 조사와 검증을 바탕으로 상세하게 기술되기 시작했고 저마다 서로 다른 사회가 가진 고유한 역사와 문화에 대해 집중 조명하는 쪽으로 바뀌었다. 진화론적 사고는 자연 환경과 적응 변이(어떤 특별한 환경 조건에 적응하도록 변화된 형질—옮긴이)의 관계에 초점을 맞추기 시작했다. 인간의 생물적·문화적 변화와 환경 사이의 연관성은 20세기 중반까지 대개 연구자 개인의 체험에 근거한 주관적인 서술의 형태로 남아 있었다. 그러나 전 세계 서로 다른 지역에서 일하던 인류학자들이 민족지 자료를 서로 비교 연구하기 시작하면서, 유의미한 비교 문화 연구를 위해서는 좀 더 정확한 현지 조사 방법이 필요하다는 사실을 인식했다. 1960년대 초, 생물학에서도 특히 영장류학에서 사용되던 관찰 방법은 민족지 관련 정보를 수집하는 데 매우 큰 영향을 끼쳤다.

관찰 방식이 더욱 체계적으로 발전하는 가운데, 인류학자들이 전통적으로 연구했던 인구 집단들이 새로운 문화의 생활 양식에 빠르게 순응하면서 급속히 자취를 감추기 시작했다. 이들 전통 집단들은 임금 노동을 통해서 현금 중심의 경제로 통합되었고, 정착 생활과 함께 식량 생산, 시장 경제, 수공업, 예방 접종, 보건, 산아 제한의 문제를 겪게 되었다. 많은 인류학자들은 새로운 관심과 연구 과제를 설정하고 도시를 기반으로 하는 이들 인구 집단을 대상으로 연구하기 시작했다. 그러나 진화인류학자들은 아직도 여전히 전통 사회를 통해서 오늘날처럼 잘 먹고 적게 낳고 오래 사는 인구 집단에서는 볼 수 없는, 인간의 생물학적 변이와 행동 변화에 대한 중요한 통찰력을 얻는다.

인류학자와 생물학자는 다분히 분석적인 현지 조사 방식을 채택하고 그들의 연구 환경과 지원이 만만치 않다는 점에서 닮은 점이 많다. 그러나 각자의 문서 조사나 관찰 노트 작성 방식에 영향을 주는 차이점도 있다. 인간을 대상으로 조사할 때는 조사자와 대상자가 서로 말로 대화할 수 있기 때문에 인류학자들은 관찰 방식뿐 아니라 인터뷰 방식을 이용해서 데이터를 수집할 수 있다. 인터뷰는 조사 대상과 지난 사건들에 대해서 말로 소통하고 대화할 수 있다는 데 많은 장점이 있는 반면, 편견과 사실의 은폐라는 장애 요소 때문에 정확하고 엄밀한 기록 작성을 방해한다는 단점도 있다.

양적 데이터와 질적 데이터의 수집 방식

오늘날 인류학자들은 다양한 방식으로 데이터를 수집하고 관찰 노트를 기록하는데, 대개 양적인 것과 질적인 것으로 크게 나눌 수 있다. 질적인 관찰 방식은 상세한 설명, 개인의 느낌, 배경 정보, 호기심을 불러일으키는 일화를 통해서 연구 방향을 제시하고 우리가 연구하는 사람들에게 생명을 불어넣는다. 반면에 양적인 데이터 수집 방식은 동일한 변수들을 일관되게 반복해서 관찰하는 방법이다. 이렇게 해서 수집된 양적 관찰 데이터는 데이터의 차이뿐 아니라 그 차이가 얼마나 큰지도 보여 주며, 비교 분석의 기반을 제공한다. 이러한 양적 방식이 인간 문화를 설명하기에는 너무 피상적이지 않은가 하는 회의론이 주기적으로 나타나기도 하지만, 서로 다른 문화를 비교하는 보고서를 쓰려면 가장 기본적인 수준에서 먼저 서로 다른 종류의 사과를 비교하고, 그런 다음에 그것들이 서로 다른 종류의 오렌지와 어떤 관련이 있는지를 설명할 수 있어야 한다.

나의 현지 조사 방법론은 인간의 생활사와 인구통계학에 대한 관심을 반영한다. 내가 연구하는 것은 근본적으로 상대적이고 양적인 문제이기 때문에 양적인 데이터 수집은 내게 매우 중요한 과제다. 그러나 너무 데이터 수집에만 몰두하면 처음에 내가 알고자 했던 생활사의 주인공인 바로 그 사람들을 시야에서 놓치기 쉽다. 양적 방식이든 질적 방식이든 어느 하나만으로는 이야기 전체를 말할 수 없다. 그보다도 특정한 연구 과제에 알맞은 정보를 찾아내는 기록 방식을 개발하는 것이 더 중요하다. 나는 이 두 가지 관점의 균형을 맞추기 위해서 손으로 그린 약도와 데이터시트, 여러 형태의 일지를 포함해 형식에 관계없이 다양한 방식으로 관찰 노트를 작성한다.

마을 공동체의 일원으로 인정 받기

내가 현재 연구 중인 전통 사회는 세 곳으로, 멕시코의 농민 집단인 마야족, 베네수엘라의 야노스에서 수렵·채취 생활을 하는 푸메족, 마다가스카르의 고지에서 식물을 재배하며 사는 타날라족이 그들이다. 그들의 인구통계학적 변화에 영향을 끼치는 행동과 생물학적 요소가 무엇인지 집중 연구하고 있다. 내 첫 번째 인류학 연구 프로젝트였던 마야족 현지 조사는 시간 분배와 인구통계학적 분석에 관한 데이터를 수집하는 것이 목적이었다. 나는 그들의 생활사를 특징짓는 공동 육아와 높은 생존아 출생률에 주목했다. 이 문제를 다루기 위해서는 마야족 엄마들의 출산 내력과 엄마와 아이들이 어떻게 시간을 보내는지를 알아내야 했다. 그러나 당시에 내가 그곳에서 진행한 현지 조사의 첫 단계는 연구 과제와는 무관한 일이었다.

느닷없이 들이닥친 이방인에게 마을 사람들이 아이들의 출생과 사망에 대해서 쉽게 대답해 줄 리도 없고, 그렇다고 마을 사람들이 어떻게 사는지 기록하기 위해서 하루 종일 그들 뒤를 그림자처럼 졸졸 따라다닐 수도 없는 노릇이었다. 마야족은 매우 친절해서 우리가 잘만 하면 알고자 하는 것을 쉽게 얻을 수도 있겠지만, 우리가 너무 경직되어 있다면 여기서 머무는 1년 동안 매우 불편하게 지낼지도 모를 일이었다. 사람들이 어떻게 시간을 보내는지를 정확하게 포착하기 위해서는 체계적인 데이터 수집뿐 아니라 편안하고 일상적인 태도로 그들이 살아가는 일상생활에 자연스럽게 다가가는 것이 필요하다. 영장류를 연구하는 사람들이 연구 대상이 되는 동물과 함께 생활하는 것처럼, 인류학자들도 가장 먼저 그들의 연구 대상이 되는 공동체와 관계를 맺고 그들에게 신뢰를 얻어야 한다.

내가 마야족 사람들의 인정을 받기 시작한 것은 마을의 지도를 그리면서였다. 다른 모든 곳의 사람들처럼, 마야족 사람들도 자기들이 사는 세계를 새가 하늘에서 내려다보듯이 볼 수 있다는 것에 크게 호기

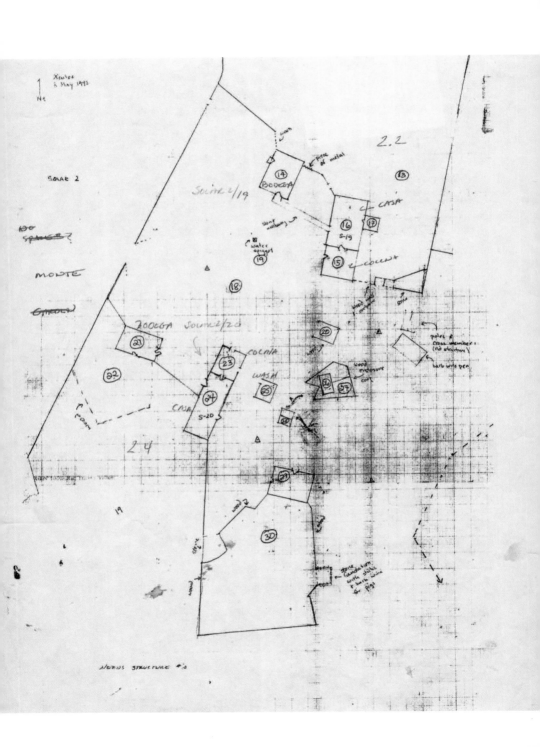

심을 느꼈다. 집들을 상세하게 그려 넣은 지도를 완성하는 데 여러 달이 걸렸지만, 덕분에 나와 동료는 마을 이곳저곳을 돌아다니며 마을 사람들과 인사를 나누는 사이가 될 수 있었다. 농촌 마을의 공간 구조는 그 사회의 사회 구조와 친척 관계를 그대로 반영한다. 마을의 지도를 그리는 과정에서 누가 한 집에 살고 있고, 누구 집에 누가 사는지, 어떤 집들이 서로 공동으로 밭을 일구는지 알 수 있었다. 이를 통해 마을 사람들의 친척 관계, 식량 배분, 결혼과 상속 같은 지역 풍습에 대해서도 알 수 있었다. 마을 사람들의 관심을 받게 되면서 도움받기가 쉬워졌다. 그들은 우리의 존재에 대해 익숙해졌고, 더 이상 우리가 그들의 일상생활에 불쑥 끼어들었다고 생각하지 않았다.

우리는 비가 내리는 시기에 지도를 그리기 시작했다. 유카탄은 우기에 매우 후덥지근하고 습하다. 마을 사람들은 우리가 한낮의 땡볕 아래서 땀투성이가 되어 흙길을 힘겹게 걸으며 지도를 그리는 데 여념이 없는 모습을 지켜보았다. 그런 더운 시간에 장비를 들고 일에 몰두하는 모습은 언제가 일하기 좋은 선선한 때인지를 아는 마을 사람들에게 큰 웃음거리였다. 나는 우리가 그들을 연구하고 있을 뿐 아니라 그들도 우리를 유심히 지켜보고 있는 환경 속에서 그들과 스스럼없이 지내기 위해서는 그들에게 우리의 약점을 드러내서 웃음거리가 되는 과정을 꼭 치러야 한다는 것을 미리 알고 있었다. 자기를 희생해 웃음거리가 되는 것은 마을 사람들과 더 친해지고 공동체의 일원이 되기 위한 아주 훌륭한 방법이다.

멕시코 유카탄에 있는 한 마야족 마을의 지도. 지도를 제작하면서 마을의 공간 구성과 거기 사는 사람들 사이의 관계를 이해할 수 있고, 마을 사람들과 친해질 수 있다.

마을 사람들이 무슨 일을 하는지 묻고 지켜보기

동물을 연구할 때 대개는 연구 대상이 되는 동물들이 다양한 신체 활동과 번식 행위에 시간과 에너지를 어떻게 분배하는지 주목한다. 시간은 체계적으로 반복해서 측정할 수 있기 때문에 특정한 연령 집단이나 성별, 개체군, 종을 망라해서 사용량의 차이를 비교할 수 있는 유용한 측정 단위다. 인류학자들은 시간 배분을 추정하기 위해서 관찰 방식과 인터뷰 방식을 모두 사용한다. 두 방식은 저마다 장단점이 있다.

나는 마야족을 연구하면서 초기에 집집을 방문해 인터뷰를 진행했다. 그것은 지도를 제작할 때처럼 주민들의 이름과 나이를 파악하고 마을의 인구를 조사하고 사람들이 시간을 어떻게 쓰는지 알아내기 위한 수단이었다. 그것을 통해서 행동 관찰에 들어가기 전에 시간을 배분할 방법을 재정비할 수 있었다. 내가 물은 질문 가운데 하나가 "당신은 밭에서 얼마나 오랫동안 일하나요?"였다. 인터뷰를 시작한 지 몇 주가 지났지만 여성들의 대답은 한결같았다. "밭에 안 나가요." 그러나 아침마다 나는 마을 아낙네들이 동네 어귀에 있는 밭으로 나가는 것을 보았다. 나중에 나는 시간 배분 연구를 통해서 여성들이 하루 중 상당히 많은 시간을 밭에서 보낸다는 것을 알았다. 만일 여성들에게 시간을 어떻게 보내는지 묻기만 하고 실제로 관찰하지 않았다면, 마을 여성들의 노동에 대해서 완전히 다른 연구 결과가 나왔을 것이다.

인터뷰와 회상 데이터는 면담에 참여한 사람이 지난날의 활동을 정확하게 기억하고 있느냐에 따라, 그리고 답변을 하는 사람이 질문자의 의도를 잘 이해하고 대답한 것이냐에 따라 자료의 신뢰성이 결정된다. 질문자와 답변자의 언어, 문화 규범, 개인 간 인식의 차이를 인지하지 못하면 문제가 복잡해질 수 있다. 어느 늦은 오후, 현지 조사를 마칠 시간 즈음에 이런 일이 있었다. 주민들의 행동을 관찰하며 기록하고 있는데, 한 엄마가 한 손으로는 아기에게 젖을 물리고 다른 한 손으로는 불을 피우면서 나를 바라보고는 "오늘 일은 끝났으니 이제 집으로 돌아가도 돼요."라고 했다. 그녀는 아이 셋을 씻길 목욕물을 데우느라 참을성 있게 화덕에 부채질을 하고 있었는데, 그녀에게는 아직도 식구들이 먹을 저녁을 차리기 위해서 콩과 토르티야를 조리하고 여섯 아이를 재우는 일이 남아 있었다. 하지만 그녀의 관점으로는 하루 일과가 끝난 것이다. 직장에 다니는 미국 엄마가 그런 상황이었다면 전혀 그렇게 말하지 않았을 것이다. 나는 좀 더 있다 가겠다고 했다. 그러면서 그녀에게 아이들을 씻기고 밥 먹이는 것을 일이라고 생각하지 않느냐고 물었다. 그러자 그녀는 그게 무슨 말이냐는 듯이 어이없는 표정으로 나를 바라보았다. 서로 인식의 차이가 있었다.

일이라고 하는 것은 문화에 따라, 개인에 따라 생각이 다를 수 있다. 인터뷰를 하든 설문지를 통해서든, 답변자의 기억력에 의존하는 방식은 기억이 잘못될 수도 있고 설문지에 답한 내용들이 개인마다 다를 수 있기 때문에 그런 방식을 전적으로 신뢰하기에는 문제가 있을 수 있다. 예를 들어 아이들에게 지난주에 학교에서 얼마나 오랫동안 있었는지 묻는다면, 어떤 아이들은 등교 시간을 포함시킬 수도 있고, 어떤 아이들은 숙제한 시간을 포함시킬 수도 있고, 또 어떤 아이들은 점심 시간이나 휴식 시간을 포함시킬 수도 있다. 아이들이 모두 똑같은 방식으로 질문에 대답할 것 같은가?

사람들이 실제로 하는 것과 그렇게 한다고 생각하는 것 사이에 차이가 나는 문제를 극복하는 한 가지 방법은 직접 그들의 행동을 관찰하는 것이다. 처음에 영장류의 행동을 기록하는 것에서 발전한 행동 관찰 방식은 인터뷰나 기억을 통해서 그들을 재구성하는 것이 아니라 그들의 동료로서 함께하며 그들이 하는 행동을 기록하는 것이다. 정밀 일정한 시간 간격(대개 10~15분)으로 마야족 마을 사람들이 어떤 일을 하고 있는지를 기록한 '정밀 표본' 데이터 기록표.

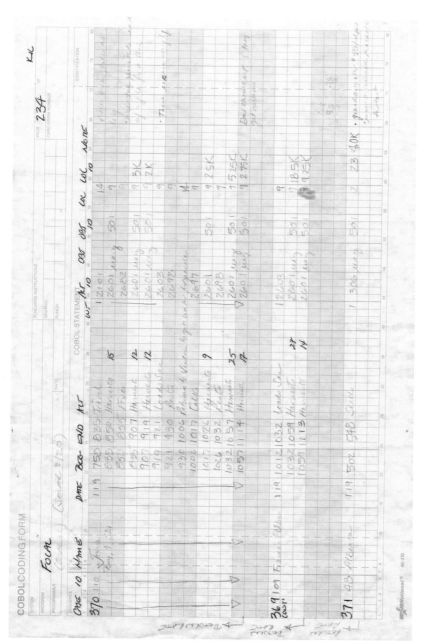

마야족 마을의 특정인물 일정 기간 동안 지속적으로 관찰한 '중심인물 관찰' 데이터 기록표.

표본법(scan sampling)과 중심인물 관찰법(focal follow)은 연구 대상의 행동을 관찰할 때 일반적으로 사용하는 관찰 방식이다. 정밀 표본법은 무작위로 선정된 대상자들을 일정한 시간 간격, 대개 10분에서 15분 간격으로 관찰해서 그들의 행동을 즉석에서 기록하는 방식이다. 그렇게 관찰과 기록을 반복하면 그들이 어떤 행동을 얼마나 오랫동안 하는지 정확하게 측정할 수 있다. 즉 밭일과 집안일, 육아, 휴양, 사교 생활 같은 데 어느 정도씩 시간을 할애하는지 알 수 있다.

중심인물 관찰법은 특정 관찰 대상을 한 명 정해서 일정 시간 동안 지속적으로 행동을 관찰해 기록하는 방식으로, 정밀 표본법의 기록 내용을 보완한다. 다시 말해서 몇 시간 동안 관찰 대상자의 행동 변화를 처음부터 끝까지 계속해서 관찰·기록한다. 이를 통해 대상자가 어떤 행동을 얼마나 자주 반복하고 지속하는지, 다른 사람들과 어떤 행동을 공유하고 협력하는지, 식량은 얼마나 소비하는지 등 다양한 정보를 얻을 수 있다.

행동 관찰 방식은 사람들이 시간을 어떻게 쓰는지를 인터뷰나 기억에 의존하는 방식보다 더 정확하게 반영하지만, 조사자의 편견과 인식 수준을 벗어날 수 없다는 한계가 있다. 예를 들어 대부분 전통 사회에서는 아이들이 자기보다 어린 동생들을 보살피는 일을 한다. 그러나 대개 아이들이 자기 동생들을 보살피는 것이란 친구들과 놀면서 곁눈질로 슬쩍슬쩍 보는 정도다. 이것을 보고 노는 것이라고 해야 할까, 동생을 돌보는 것이라고 해야 할까? 이러한 행동을 어떻게 분류하느냐에 따라서 특정 사회의 아이들을 어느 정도까지 중요한 육아 주체로 규정할 수 있는지가 결정된다. 나는 마야족을 연구하면서 이 문제를 절실하게 깨달았다. 마야족의 엄마들은 평균적으로 일곱에서 여덟 명의 아이들을 기른다. 따라서 아이들이 자기보다 어린 동생들을 돌보는 것은 흔한 일이다. 당시에는 아이들 사이에서 공통적으로 볼 수 있는 이런 놀이 행동과 관련된 데이터를 어떤 식으로 분류해야 할지 예상치 못한 상태였기 때문에 코드 체계에 적절하게 반영하지 못했다.

나는 행동 코드를 여러 단계의 정보 분류 체계로 구성했다. 여기서의 예처럼, 한 아이가 밖에서 친구들과 두 살짜리 자기 여동생을 돌본다면, 그 행동 코드는 675로 분류되었다. 600은 비경제활동을 뜻하고, 70은 노는 것, 5는 아이를 돌보면서 노는 것을 의미한다. 모든 행동은 이런 식으로 코드화되었다. 중첩된 분류 체계는 앞으로의 조사에 필요한 세부 정보의 저장과, 분석을 위해 여러 가지 행동을 하나로 합치거나 한 가지 행동을 여러 가지로 해체하는 유연한 정보 처리를 보장한다. 이러한 중첩 정보 방식은 결국 여러 종류의 코드 분류 체계를 만들어 낸다.

행동 관찰은 복합적인 개체들에 대한 정확한 정보 표본을 광범위하게 수집하기 위한 아주 이상적인 방법이다. 그러나 조사자의 관점에서 보면 인터뷰 방식보다 훨씬 더 많은 시간이 걸린다는 것이 단점이다. 행동 관찰은 편견을 완전히 제거하지는 못하지만 조사자들이 절대로 간과해서는 안 되는 수많은 관찰 대상자들에 관한 조작이나 오류를 걸러내 최소화 할 수 있다는 장점은 있다. 이를테면 가구 방문 인터뷰는 마야족이 남녀 간의 분업을 어떻게 생각하는지에 대해서 흥미로운 사실을 보여 주었다. 마야족의 문화 규범에 따르면, 마야족 여성들은 자신들을 밖에서 노동하는 사람으로 생각하지 않는다. 이것은 내가 만일 인터뷰 조사만 했다거나 행동 관찰 조사만 했다면 전혀 알아낼 수 없었던 사실이었다.

관찰 노트와 컴퓨터

오늘날에는 현지 조사를 하는 연구자들이 현지에서 기록할 때 사용할 수 있는 새로운 도구와 기술들이 다양하다. 현지에는 대개 전기가 들어오지 않지만, 가볍고 휴대하기 쉽고 값싼 태양 전지판을 이용해 온갖 충전식 장비를 다 사용할 수 있다. 연구자마다 자기가 좋아하는 관찰 노트 기록 방식이 있다. 나는 여러 가지 이유로 종이에 연필로 기록하는 것을 좋아하는데, 일관성을 유지하면서 동시에 융통성을 발휘할 수 있다는 것이 가장 큰 이유다.

전산 프로그램을 작성할 때 쓰는 코딩 용지는 모든 변수를 체계적으로 기록할 수 있어 좋다. 하지만 종이는 잘못 기록한 것을 쉽게 고칠 수 있고 각종 관찰이나 들은 이야기도 메모로 간단하게 적어 둘 수 있다는 장점이 있다. 조사 현지에서 태양 전지로 충전하는 컴퓨터와 휴대용 데이터 기록 장치를 쓴다한들 간단하게 데이터를 수정하거나 틀린 것을 고칠 때는 컴퓨터 화면에서 성가시게 데이터베이스를 불러내고 정보 메뉴를 올렸다 내렸다 하느라 많은 시간을 허비하기 마련이다. 컴퓨터 장비를 조작하느라 정신이 산만해지면 결국 당장의 상황에 집중하지 못하게 되고 관찰 대상자들의 행동이 보여 주는 미세한 사회적 상호 작용이나 단서들을 놓치는 결과를 초래한다. 또한 우리가 보기에 그러한 장비들은 흔한 것이지만 그것을 처음 보는 원주민에게는 신기한 호기심의 대상이 된다. 따라서 디지털 장비는 관찰 대상자들의 정상적인 활동의 흐름을 방해한다. 신기한 장비를 구경하려는 주민들이 끊임없이 몰려들어 데이터 기록 과정이 불필요하게 주목을 받는다. 반면에 연필로 종이에 쓰는 것은 사람들이 별로 신경 쓰지 않는다.

그러나 날마다 일과를 끝내기 전에 기록 내용을 컴퓨터 데이터베이스에 코드 형태로 입력하는 일은 무엇보다 중요하다. 그 작업은 기록한 것 가운데 문제되는 것들과 코드의 불일치를 사전에 잡아내고, 그날그날의 오류들을 곧바로 점검한다. 몇 달이 지나서 오류가 발견되면 당시의 상황을 기억하기 어렵고 데이터를 쉽게 잃어버릴 수 있기 때문에 문제를 해결하기가 훨씬 더 어려워진다. 기록 내용을 복사하러 시내로 가는 일이 거의 없는 상황에서, 컴퓨터로 백업 데이터를 만들어 놓는 일은 한결 마음을 편안하게 한다.

서술 형태의 관찰 노트

나는 날마다 체계적으로 데이터를 수집하는 것 외에 세 가지 형태의 일지를 썼다. 하나는 특정한 사건이 일어났을 때, 또 하나는 사용한 관찰 방법에 대해서 설명할 때, 나머지 하나는 하루의 생활을 되돌아보며 쓰는 경우였다. 당시에는 그것의 유용성을 예상하지 못했지만, 나중에 보니 장기적으로 그것은 수집한 데이터와 함께 여러 가지 주장을 뒷받침하는 데 없어서는 안 될 중요한 서술 자료가 되었다.

우선, 나는 노트 한 권에 마을에서 일어난 사건들을 꼼꼼히 기록했다. 농사를 언제 어떻게 짓고, 종교 축일이 언제고, 정치 행사를 언제 열었고, 학교가 언제 방학하고 개학하는지, 가스 동력 장치를 이용한 우물이 언제 고장이 났는지, 상인들이 마을에 찾아온 때가 언제인지, 의료진이 방문한 때는 언제인지를 빼놓지 않고 기록했다. 당시에 나는 그 사건들을 단순히 내 기분에 따라 기록하는 것을 즐겼을 뿐이었다. 하지만 그것들은 나중에 주민들의 시간 분배에 결정적 영향을 미치는 특별한 환경 조건임이 확인되었다.

또 다른 노트에는 어떤 행동을 코드로 만든 이유와 시기, 특정한 표본을 만들고 관찰 방법론을 정한 이유를 설명하면서 코드 체계 전반에 관해서 정의했다. 당시에는 이러한 상세한 정의가 절대로 바뀌지 않을 것처럼 보일 수도 있다. 그러나 그때는 하잘 것 없어 보였던 행동 코드가 편견을 바로잡고, 데이터 수집의 일관성 부족을 입증하고, 적절하게 데이터를 수정하는 열쇠가 되었다.

세 번째 일지는 나 자신에 관한 것이었다. 내가 마야족 마을에서 날마다 겪은 일상생활을 기록하는 일은 내가 얼마나 특별한 경험을 했는지 평가할 수 있는 소중한 기회였고, 때때로 우리의 문화 기준과는 전혀 다른 환경 아래에서 평상심을 유지할 수 있는 매우 유용한 방법이

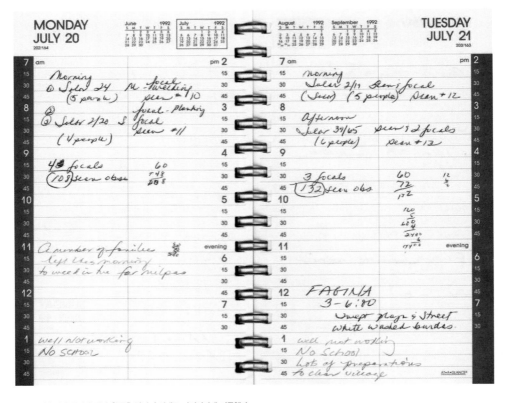

마야족 마을에서 일어난 일과 활동을 날짜 순서대로 다이어리에 기록했다.

었다. 사람들은 내게 그렇게 멀리 떨어진 곳에 살면서 무엇을 가장 그리워했는지 여러 차례 물었다. 하지만 영화 보기, 샤워하기, 침대에서 잠자기 등 그들이 예상했던 대답을 한 적은 거의 없었다. 나는 야외 생활의 단순함과 소박함을 즐겼기 때문이다. 그러나 다른 것은 몰라도 우리말로 대화를 나눌 수 있는 누군가가 있었으면 하는 바람은 어쩔 수가 없었다. 저녁 때 쓰는 일기는 그러한 공허감을 채우는 데 도움이 되었다.

초기에 쓴 일기 내용 중 하나를 소개한다.

오늘 필요한 물품을 사러 마을에 갔다가 책 한 권을 발견했다. 1500년대 랜다 주교가 쓴 최초의 마야족 민족지였다. 거기에는 그들이 초기에 접촉하던 시기에 있었던 마야족 국가들의 경계를 보여 주는 지도가 한 장 있다. 엑스쿨록(내가 연구한 마을)을 둘러싼 제후국에는 마을 사람들 가운데 카눌팻이라는 성씨를 가진 사람들이 유난히 많았다. 나는 흥분해서 비탈리아노에게 그 지도를 보여 주었다. 그의 가족은 나를 매우 많이 도와주는 사람들이다. "이 지도 좀 봐요. 1579년에 만든 거예요. 여기에 당신 성씨가 나와요. 여기가 바로 엑스쿨록이죠." 그도 마찬가지로 흥분했지만 내가 보여 준 지도 때문이 아니라, 주지사가 내일 마을을 방문하기로 되어 있었기 때문이었다. 그는 조상 대대로 수백 년 전부터 이곳에서 살았기 때문에 우리처럼 지리적으로 역사가 짧은 나라가 과거에서 연결 고리를 찾았을 때 보이는 반응과 달랐다는 생각이 뒤늦게 떠오른다.

다음 날 일기에는 이렇게 썼다.

마을에 한 바탕 큰 소동이 벌어졌다. 빗자루를 든 여성들이 대열을 이루

6/20

Many of the little boys have wrist rockets, which they use to kill insects, birds, lizards (the latter I've heard them tell, but have not seen)

I saw an incredible slice of reproductive history today. A woman (matron?) said she was 76 & had a 13 yr. old son. This I doubt, curiie V. said she also has a 50 yr. old child. 11 children over a 40 yr. period what a life. She is also a sister of those bearing the sons who die in pre-adolescence She has had 3 sons, 1 brother, who died. Her youngest is 13 & my guess doesn't have long to live. He has a horrible deep cough. V. says "their muscles go soft". This kids can't walk. Still this woman doesn't look 76, 65 at best. She agile & very ambulatory. At 76 she's one of the oldest & we've interviewed. She doesn't seem it. When I get the age of the oldest child from ego I'll check again. Can a ♀ 63 get pregnant? V. says there's a woman 70+ in Bolencken w/ a baby? I thought only the bible had such stories....

Three days in Tinú was too long.
They get unused to us & I get unused
to them. Seems surreal that first
morning when you're barely awake walking
outside.

Spent a long morning in the fields,
observing two different women weeding.
Saw for the first time the gourds
that many use as canteens (Chuu)
I couldn't think of the Spanish
word.

Walked past a field, which had
fertilizer under the 3 weeks old plants.
It's supposed to make the corn grow faster.
Two types of corn of being grown this year
1. Hibride de blanco
2. Hibride de amarillo
de blanco bears fruit sooner

I pointed out some insect to me,
looks like a small fat grasshopper, that
is considered a major plague ~ every
5-6 yrs. It's been 5 yrs since
the last time. Insecticides can
diminish their effect.

Again the tractor is supposed to
Show up tomorrow.

Thinking about return rates some
more. It seems like there's little point
in getting several samples from one
person for each of these tasks. 1. Because

마야족 마을의 활동과 개인적 관찰 내용이 서술 형태로 어떻게 기록되는지를 보여 준다.

185

어서 말 그대로 마을 끝에서 끝까지 깨끗이 청소를 한다. 밭에서 아침 시간을 보내고 돌아와 보니, 마을길을 따라 늘어선 돌담이 하얗게 회칠이 되어 있었고 마을은 정중하게 손님을 맞을 채비를 하고 있다. 주지사의 측근들이 도착하고. 마을 사람들이 광장에 모인다. 한쪽에는 남성들이 섰고 다른 한쪽에는 신발을 신고, 가장 아끼는 '우이필'이라는 민속 의상을 입고 그 위에 '레보소'라는 스카프를 걸친 여성들이 늘어서 있다. 주지사는 내년이면 마을에 전기가 들어올 것이고 현재 고장 난 급수 펌프를 대신해서 새것으로 교체하겠다고 장황하게 말을 늘어놓는다.

두 가지 약속이 모두 이루어지지 않았지만 그의 연설은 내가 간과했던 것을 일깨워 주었다. 나는 최근 그 마을에서 살기 시작했는데, 급수 펌프가 고장 난 것에 미처 주의를 기울이지 못했다. 주지사가 다녀간 이후로 날마다 가스로 움직이는 펌프가 작동하는지 안 하는지를 줄곧 주목했다. 이제 그 일은 마을에서 일어나는 일들 가운데 날마다 기록하는 항목이 되었다. 그때 내가 주목하던 문제는 마을의 높은 출생률과 아이들의 시간 배분에 대한 것이었다. 그러나 나중에 나는 에너지 소비량과 그것이 출산에 미치는 영향에 대해서 관심을 갖게 되었다. 펌프가 설치되자 여성들은 더 이상 50미터 깊이의 우물에서 두레박으로 직접 물을 길어 올리지 않아도 되었다. 펌프 기술은 여성들의 시간과 에너지를 근본적으로 절약할 수 있는 기반을 제공했다. 나중에 밝혀진 사실이지만 우물에서 물을 긷는 행위는 여성들에게 매우 고된 일이었다. 마침내 나는 마야족 여성의 하루 에너지 소비량을 재구성하는 시간 분배 데이터를 얻을 수 있었다. 그러나 만일 우물 펌프가 작동하고 안 하는 시기를 주의 깊게 관찰하지 않았다면, 마을 여성들의 출산과 우물물을 긷는 데 들어가는 에너지 소비량 사이의 관계를 알아내지 못했을 것이다. 당시에는 별로 주목하지 않았던 이런 세부 기록이 나중에 새로운 연구 방향을 제시하는 실마리가 될 것이라고는 꿈에도 생각하지 못했다.

새로운 연구

여러 해가 지난 뒤, 나는 남아메리카 대륙에서 수렵·채취를 하며 살아가는 푸메족에 대한 연구를 시작했다. 마야족과는 매우 다른 생활을 하고 있는 사람들의 인구통계학적 데이터를 수집해서 마야족과 비교하기 위해서였다. 마야족을 연구하면서 깨달은 탐사 방식들 가운데 많은 것이 푸메족 연구에서도 유효했다. 그러나 극복해야 할 새로운 난관들도 많았다.

마야족을 조사할 때처럼 사람들의 나이를 정확하게 아는 것은 인구와 가계도를 파악하고 푸메족의 출생률과 사망률을 구하는 데 필수적이었다. 중요한 기록을 보관하고 시간의 흐름을 달력으로 표시하는 사회에서는 이런 자료를 얻는 것이 비교적 수월하다. 그러나 대부분의 소규모 사회에서는 출생과 사망에 대한 기록이 없다. 따라서 연구 대상자들의 나이를 알려면 기억에 의존하는 인터뷰 방식이 필요하다. 중요한 기록을 보관하지도 않고 달력도 없으며 우리가 쓰는 것 같은 이름도 없는 푸메족을 조사하는 것은 훨씬 큰 어려움이 따른다. 그러나 우리는 여러 가지 방법을 사용해서 대다수 사람들의 정확한 나이를 확인할 수 있었다.

우리 남편은 1990년대부터 푸메족을 연구했다. 남편이 20년 전에 그곳에 캠프를 처음으로 세웠을 때, 마을의 원로들은 맨 먼저 그를 어떻게 자신들의 친척 관계에 편입시킬지 신중하게 논의했다. 마침내 남편은 마을의 주술사를 자신의 형으로 삼아 마을의 구성원이 될 수 있었다. 이렇게 마을 내에서 관계가 설정되자 다른 집단 사람들과도 자연스럽게 친척 관계를 맺게 되었다. 몇 년 전부터 나도 이 마을에 살게 되면서, 나는 주술사 동생의 아내로 마을 사람들과 관계를 맺었다. 이런 문화에서는 그런 인연이 곧바로 맺어졌다. 일상의 일들이 친척 관계의 결속 없이는 일어날 수 없기 때문이다. 누가 누구와 식량을 나누는지, 주거지는 어떻게 마련하는지, 사냥과 낚시를 누구와 함께 가는지, 의식이 진행되는 동안 누구 옆에 앉는지 등 모든 일이 친척 관계에 따라 진행된다. 친척 관계로 맺어진다는 것은 공동체 구성원들 사이에 서로 사회적·경제적 책임을 진다는 것을 의미하며, 친척 관계는 서로를 부르는 방법을 정해 준다. 푸메족은 서로를 부를 때 이름을 쓰지 않고 친척 관계 명칭을 사용한다. 이것은 소규모 사회에서 흔히 볼 수 있는 현상이다. 친척이 수백 명이 넘어서 사람들을 구분하기가 어려울 때만 대개 이름을 사용한다. 우리는 친척 관계에 있는 다른 마을 사람들을 부를 때, 자기보다 손위나 손아래 형제자매들을 부르는 특별한 호칭이 있다는 사실을 알았다. 우리는 이 호칭들을 통해서 누가 먼저 태어났는지, 아이를 몇이나 낳았는지, 나이 차이는 상대적으로 얼마나 나는지를 알 수 있었다.

인류학자들은 자신들이 연구하는 지역 공동체에 사는데, 대개는 아주 외딴 곳이다. 그곳에 사는 사람들은 자기 지역에 대해 잘 알고 대부분 거친 자연 환경 속에서 생존할 줄 아는 사람들이다. 그러나 우리 인류학자들은 먹을 것, 물, 장작, 거처할 곳 등 스스로 살아남는 법에 대해 무지하다. 우리는 현지인들이 자기들 세계에서 잘 살고 있기 때문에 우리가 관찰하는 행동들이 어떻게 나오는지 우리에게 쉽게 설명해 줄 것이라고 생각한다. 그러나 그들이 보기에는 우리가 하는 질문이 어린애나 물을 아주 기본적인 것들이기 때문에 견디기 힘들 수 있다.

따라서 우리가 설명을 요구하면 그들은 마치 답변이 길고 복잡해서 내키지 않지만 아이들이 물으니까 어쩔 수 없이 대답해야 하는 어른들처럼 반응한다.

예를 들면 푸메족은 매와 같은 맹금이 둥지에 있는 것을 보면 화살을 쏘아 맞히고 나무를 타고 올라가서 둥지 안에 있는 알을 바닥으로 내던진다. 그들은 새알이나 새를 먹을 것으로 생각하지 않는다. 당시 푸메족의 생존 방식을 연구하고 있던 남편은 푸메족이 즐겨 먹는 중요한 음식인 도마뱀, 아르마딜로(armadillo, 갑옷 모양의 많은 골판으로 덮여 있는 아르마딜로과 포유류—옮긴이), 토끼와 같은 작은 사냥감들을 노리는 맹금들을 없애기 위해서 그렇게 행동한다고 생각했다. 푸메족에게 "왜 그렇게 하죠?"라고 물으면 돌아오는 답변은 그저 "그게 바로 우리가 하는 일이니까요."였다. 그들은 어른이라면 당연히 그 이유를 안다고 생각한다. 그런 질문을 하는 사람은 어린애밖에 없기 때문에 어린애 수준에 맞게 대답한 것이다. 남편이 푸메족과 함께 살면서 그 대답을 얻기까지는 무려 2년이 걸렸다. 남편은 한 남성과 그의 아내와 함께 사냥과 근채류 채취로 길을 나섰다가 우연히 매의 둥지를 발견했다. 동행한 남성은 나무를 타고 올라가서 둥지 안의 알들을 모두 땅바닥에 내던졌다. 그러자 그의 아내가 나를 돌아보며 "매가 날아가서 사슴들에게 우리가 자기네를 사냥하러 나왔다고 알리면 사슴이 모두 도망가기 때문에 이렇게 하는 거예요."라고 했다. 이것은 매와 사슴의 행동을 정확하게 설명한다. 매는 푸메족이 주변에 나타나면 위험을 알리는 소리를 낸다. 사슴은 눈은 어둡지만 귀는 밝다. 사슴은 매가 위험을 알리는 경고음을 내면 도망간다. 푸메족이 동물들의 행동과 그것이 사냥 방식에 끼치는 영향에 대해 어떻게 이해하고 있는지를 뜻밖의 순간에 듣게 되었다.

기록의 중요성

당신이 수집한 데이터가 장차 어디에 쓰이고 앞으로 당신이 어떤 질문을 할지 모두 예상할 수는 없다. 다만 현지 조사를 나가는 사람들에게 하고 싶은 말은, 할 수 있다면 가능한 모든 방법을 동원해서 모든 것을 기록하라는 것이다. 관찰한 것을 기억했다가 나중에 다시 떠올리거나 다시 보면 될 거라고 쉽게 생각할 수 있지만, 예측을 불허하는 현지 조사의 특성을 고려할 때 그런 일은 잘 일어나지 않는다. 현지의 사회 조직이나 생활 양식은 자연계의 변화와 함께 빠르게 변한다. 이러한 변화 또한 관심의 대상이지만, 변화가 일어나기 전이나 현대화 이전에 있었던 많은 현상을 기록할 기회는 많지 않다. 어떤 주장을 할 수 있는 모든 논리가 완벽하다고 해도 당시의 기록이 없어서 어떤 핵심적인 관찰 내용이 빠진다면 애석한 일이 아닐 수 없다. 약간 덜 중요하지만 현지에서 겪은 일을 다양한 방식으로 기록할 이유가 또 하나 있다. 남들은 어딘지도 모를 외딴 곳에서 오락거리도 없고 같이 대화를 나눌 사람도 없이 살고 있다면, 이야기나 그림, 사진, 지도 제작 가운데 어느 것을 통해서든 자기 주변의 세계에 대해 가만히 생각에 잠기는 것도 큰 위안과 기분 전환이 된다. 이는 대개 훨씬 시간이 많이 흐른 뒤에 연구와의 관련성을 발견하는 경우가 많다.

반복적인 관찰이 과학의 기본이지만 그것만으로는 데이터들 사이의 불확실한 연관성을 상상할 수밖에 없다. 우리가 수집하는 과학적 데이터를 정확하게 해석하기 위해서는 대개 처음에 문제로 생각했던 것 바깥에 있는 상호 관련성에 대한 실마리에 주목해야 한다. 본래 이야기는 관계 중심이다. 수량화된 데이터와 함께 일상에서 만난 사건, 생각, 사색, 일화를 기록하는 것은 현지에 대한 호기심을 불러일으킨다. 어딘가에 반드시 당신이 몇 번이고 되풀이할 이야기, 아주 좋은 이야기가 있기 마련이다. 내가 인류학자가 되도록 이끌었던 마거릿 미드 (Margaret Mead)의 야한 이야기들, 끔찍한 사람 사냥꾼 이야기들, 대초원 인디언들에 대한 생생한 묘사, 사람들이 잘 안 다니는 외딴 곳에 대한 낭만적인 이야기가 바로 그런 것들이다. 그것들이 우리가 처음에 설정한 연구 과제와 중요한 연관성을 갖게 되는 것은 대개 우연히 우리가 설정한 영역 밖에서다. 우리가 관찰 노트를 어떻게 기록하느냐에 따라서 뜻밖의 성과를 이루느냐 못 이루느냐가 결정된다.

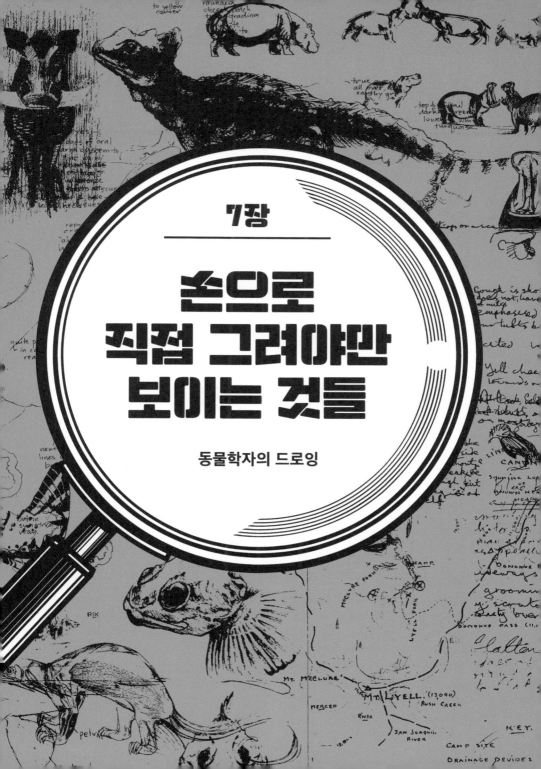

7장

손으로
직접 그려야만
보이는 것들

동물학자의 드로잉

"드로잉은 사진과는 다르게
관찰자의 해석이 들어간 것을 표현합니다."

조너선 킹던 Jonathan Kingdon
동물학자이자 예술가다. 평범하지 않은 예술적 기교를 가진 그는 조각과 페인팅부터 독창적인 과학 책 쓰기까지 다양
한 영역에서 활동하고 있다. 다윈을 라이벌로 삼을 만큼 자연을 관찰하는 능력이 뛰어나며, 과학과 예술을 연결하는
탁월한 작품을 만들어 낸다. 훌륭한 예술가이지만 동시에 유능한 장인이면서 앞서가는 과학자다. 특히 아프리카 포유
동물 그림과 과학 일러스트 분야에서 세계적인 권위자다. 최근에는 아프리카 긴꼬리원숭이의 시각적 의사소통에 관심
을 가지고 있다. 《동아프리카의 포유동물(*Mammals of Eastern Africa*)》, 《아프리카 포유동물 도감(*Field
Guide to African Mammals*)》, 《섬 아프리카(*Island Africa*)》, 《미천한 기원》 등 많은 책을 썼다. 현재 옥스퍼
드 대학교 동물학과 선임 연구원으로 있다.

현장에서 기록한 내용이 부실하다면 그것은 언제나 해석의 문제다. 기록 내용이 동물의 특정한 행동이든 식물이 열매를 맺는 모습이든 동이 트는 광경이든 간에 모든 것은 먼저 인간의 감각을 통해 인지된다. 그리고 인지한 것을 다른 사람에게 전달하기 위해서는 말이나 숫자, 스케치, 사진과 같은 다양한 소통 방식이나 수단으로 해석해야 한다. 이러한 방식들은 고도의 최신 기술을 이용한 것일 수도 있고, 과거로 거슬러 올라가 선사 시대에서 시작된 방식일 수도 있다. 그러나 개인적인 차원에서 보면, 우리는 모두 스승이나 동료, 이 책과 같은 매체를 통해서 데이터를 기록하는 기술과 방식을 배운다.

우리 대부분은 야외에서 자연을 체계적으로 관찰하는 법을 학교에서 처음 배운다. 그러나 내 경우는 그보다 훨씬 더 이른 나이에 '야외에서 기록하는 것'을 시작했다. 근처에 학교는 없었지만 어머니가 미술 선생님이셨기 때문에, 나는 읽기와 쓰기가 아니라 자연을 직접 그리는 것을 어머니에게서 맨 먼저 배웠다. 다섯 살 때쯤 어머니께서 내게 연필과 종이를 주시며, 앉아서 뜰에 서 있는 아카시아 나무 한 그루를 그리게 하시고는 당신도 스케치북에 그림을 그리는 데 몰두하시던 모습이 떠오른다.

잠시 후, 어머니는 내가 어떻게 그렸나 보기 위해 다가오셨다. "멋지구나! 하지만 줄기가 자라면서 어떻게 가늘어지는지는 못 봤네? 가지

코끼리들 때문에 손상을 입은 케냐 암보셀리 국립 공원의 아카시아 나무를 드로잉한 것.

들이 옆으로 길게 늘어진 것을 눈여겨 보렴. 저쪽에 가지들이 모두 가파르게 위로 뻗은 협죽도와는 모양이 다르지? 지금 그린 것을 지우지 말고 놔뒀다가 다음에 그린 그림과 비교해 보렴." 아주 한참 뒤에야 알게 된 것이지만, 그때 어머니께서 사물을 잘 보고 정확하게 기록해서 서로 비교해 보라고 하신 말씀은 과학을 공부하는 사람들이 반드시 갖춰야 할 기본 자세였다. 그러나 그때는 놀이 삼아 그냥 해 본 정도였다. 1940년대 빅토리아 호숫가의 일상생활 속에서 조금씩 즐기던 사소한 일에 불과했다. 이러한 경험 덕분에 뜻밖에도 학교 교과목에서 우선순위가 생겼다. 사물을 보고 그리는 공부가 먼저였고, 그 다음이 읽기와 쓰기, 나중에 정규 수업을 위한 수학 공부가 맨 뒤였다. 세상을

초기의 드로잉 네 점.

인식하고 소통하는 도구로서 내게 가장 중요한 것은 시각적 이미지였다. 문장을 구성하거나 읽고 쓸 줄 아는 능력은 그 다음 문제였다.

나는 영국의 한 기숙 학교에서 중등 교육 과정을 마친 뒤, 순수 미술을 공부하기 위해 존 러스킨(John Ruskin)이 옥스퍼드 대학교에 세운 드로잉 스쿨에 입학했다. 나는 거기에서 당대 최고의 드로잉 화가이자 예술혼에 불타는 퍼시 호턴(Percy Horton)과 로런스 토인비(Lawrence Toynbee)의 지도 아래 사물의 표현력을 세련되게 다듬었다. 모든 이미지는 작가가 속한 시간과 공간이라는 한계 속에서 작가의 선입견과 가치관을 반영할 수밖에 없다는 것을 깨달으면서 문화를 바라보는 관점도 넓혔다. 학교는 대학교 내의 애슈몰린 박물관 안에 있었는데, 계

단과 복도를 지나 한 편에 프린트 전시실(드로잉, 판화, 사진을 전시하는 곳
—옮긴이)이 있었다. 그곳은 레오나르도 다빈치(Leonardo da Vinci)나 피
사넬로(Pisanello) 같은 르네상스 시대의 거장들이 그린 위대한 드로잉
작품을 공부하고 따라 그리고 만져 보기까지 할 수 있었던 곳으로, 내
게 큰 영감을 준 보물 창고였다. 그 뒤에 다소 덜 엄격한 분위기의 런
던 왕립 예술 대학에 입학했고, 그곳에서는 빅토리아 앤드 앨버트 박
물관이나 자연사 박물관, 영국 박물관 등 런던의 여러 박물관에서 많
은 시간을 보냈다.

드로잉을 과학적인 관찰을 위한 수단으로 사용하려 마음먹은 것은
'진화의 지도책'이 될 거라고 생각하며 동아프리카의 포유류 목록을
작성하기 시작하면서부터였다. 나는 1960년경 당시 동아프리카 대학
교에서 학생들을 가르치는 젊은 강사였다. 그러나 대개는 올두바이 협
곡(인류의 발생지로 알려진 탄자니아에 있는 고원 지대로, 전기 구석기 문화의 유물
들이 출토되었다.—옮긴이)으로 소풍을 가고, 주말에는 산에 오르거나 동
아프리카의 호수와 해안가, 섬을 탐사하며 세렝게티 초원(당시에 '사냥
금지 구역'이었다.)에서 시간을 보냈다.

나는 동아프리카 전역을 탐사할 프로젝트를 계획했다. (동아프리카는
다른 사람들에게는 '현지'였지만 내게는 고국이었다.) 이 프로젝트를 통해 이미
풍부한 경험이 있는 포유류에 대한 연구를 한층 더 발전시키고 유기적
으로 통합할 수 있었다. 또한 화석을 발굴하는 일에도 푹 빠졌다. 지금
까지 자기 지적 만족 수준에 불과했던, 인간을 포함한 영장류의 진화
에 대한 담론들에서 벗어나 현지 조사 프로젝트에 내 역량을 쏟아 부
을 생각이었다.

우리 프로젝트의 대상 지역인 동아프리카는 당시 사회적으로 식민
지 지배와 제2차 세계 대전의 참혹함에서 막 벗어나기 시작한 곳이었

어린 혹멧돼지(wart-hog,
Phacochoerus africanus)와
덤불멧돼지(red river hog,
Potamochoerus porcus)를 정면에서
보고 비교하면서 스케치한 그림.

다. 아프리카 식민지는 서서히 독립 국가로 바뀌었고, 국립 공원이
새로 지정되면서 지난 식민지 시대에 소수의 부자 사냥꾼들끼리 사자
나 코끼리 같은 '대형 사냥감'을 잡으며 즐기던 곳이 대중 관광지로
변모했다. 관광객 말고도 원기왕성하고 호기심 많은 젊은 교사들과
평화 봉사단원들이 그곳에 나타나기 시작했다. 나는 동아프리카에서

자신의 진로를 찾기 시작한 외국인 과학자 1세대를 만났다. 풀브라이트 장학금을 받는 미국인 연구자들, 교토 대학교에서 영장류를 연구하는 일본인 학자들, 그리고 박사 과정에 있는 영국과 유럽의 젊은 과학자들이었다. 루이스 리키(Louis S. B. Leakey)를 포함해서 캄팔라와 나이로비에 거주하는 동료 과학자들과 열정 가득한 지역의 자연사학자를 여럿 알고 있다는 것은 내게 행운이었다. 그러나 이들 개척자들이 다양한 노력을 했음에도 세상에서 가장 다양한 포유류가 분포하는 지역을 일관되게 연구할 계획은 마련되지 않았고, 가장 기본이 되는 도감조차 쓸 만한 것이 없었다. 이 같은 사실은 답답한 일이 아닐 수 없었다.

　나를 행동하게 하고 무엇보다 강력한 동기를 부여한 것은 어릴 적부터 지금까지 동물들의 형태 또는 '외관'이 '의미하는 것'이 무엇인가에 대한 충족되지 않은 호기심이었다. 동물들은 왜 '그런 모습'을 하고 있는 것일까? 나는 그것이 마치 중동의 예언자들이 별이 빛나는 사막의 하늘 아래서 꾸며 낸 것 같은 무슨 신성한 계획이라고 생각지는 않았다. 하지만 내가 잘하는 드로잉을 통해서 동물들이 현재의 모습으로 어떻게 변해 왔는지 밝혀 보고 싶었다. 나는 포유동물의 사지가 어떻게 지금의 앞뒷발이나 발굽, 날개, 물갈퀴로 바뀌며 진화했는지에 관한 다윈의 설명을 읽었다. 그러나 동물의 다양한 생태적 특성 안에는 흥미로운 내용과 가능성이 아직도 많이 숨겨져 있다는 것도 알았다. 더 나아가 내 고향땅인 열대 지역에 서식하는 포유동물의 진화 기록은 바로 그러한 비밀을 밝혀 줄 수 있는 학문적으로 타당한 시나리오를 제공했다. 동아프리카 대학교에서 학생들을 가르치는 덕분에 좋은 환경에서 동물을 연구할 수 있었고 지역 출입 허가를 얻기도 매우 쉬웠다.

나는 동아프리카에서 영어와 스와힐리어를 함께 쓰는 4개국을 아프리카 대륙의 축소판으로 생각하고, 전형적인 다윈의 진화생물학 방식에 따라 서로 관련이 있는 종의 형태를 비교하는 연구를 진행했다. 동물행동학, 생태학, 해부학, 생물지리학을 다 동원했다. 내 책 서문에서 설명한 것처럼 "그것들을 통해 진화의 위대함과 장엄함을 더 잘 깨달을 수 있기" 때문이었다.[1] 나는 이어서 다음과 같이 지적했다.

[우리는] 종들 사이에 조금이라도 외양이 다르면 그들이 저마다 순응한 생활 양식 안에서 기능적으로도 차이가 있을 수 있다고 생각한다. 이러한 형태의 차이를 인식했을 때, 드로잉은 수학 공식이나 표처럼 내 생각을 적절하게 나타내는 도구라고 할 수 있다. (……) 형태를 비교하다 보면 여러 가지 문제가 생긴다. 드로잉은 그러한 문제들을 말 없이 제기한다. 연필은 복잡한 전체에서 우리의 눈과 마음이 포착할 수 있는 어떤 패턴을 제한적이지만 일관되게 추출해 낸다. 사물을 그리고 있는 연필은 눈으로 바로 확인도 안 되고 카메라 렌즈로도 보이지 않는, 문제가 되는 조직을 찾으려고 애쓰는 외과 의사의 절개용 메스와 같다.[2]

10년이 넘도록 현지 조사를 하면서 우간다 북부의 키트굼에서 탄자니아 남부의 네왈라까지, 그리고 아프리카 중부의 부품비라에서 케냐의 해안에 있는 키와유까지 동아프리카의 끝에서 끝까지 안 가 본 곳이 없었다. 10년 동안 연구에 몰두하면서 랜드 로버를 몰고 장장 15만 마일(약 24만 킬로미터)을 달렸다. 차 뒤에는 상자 네 개와 도르래를 이용해 무거운 물건을 들어 올리거나 내리는 기계인 권양기를 꼭 넣고 다녔다. 한 상자에는 침구, 또 다른 상자에는 식량과 조리 도구가 담겨 있었다. 그리고 나머지 상자에는 그림을 그리고 기록할 때 필요한 도구와 덫을 놓거나 해부할 때 쓰는 장비들을 넣었다. 차를 타고 가면서 일지에 탐사 내용을 기록하고, 발견한 동물들은 모두 목록에 기재했다. 사실 당시에 내 주된 관심 대상은 포유동물이었다. 그래서 수집된 표본을 전통적인 측정 방식으로 기록해 이름표를 붙여서 잘 보관했다.

　당시 나는 일부러 카메라를 가지고 다니지 않았는데, 카메라에 너무 의존하다 보면 집중해서 관찰하지 않을지도 모른다고 생각했기 때문이었다. 당시에는 이렇게 현지 조사 방식을 스스로 제한했지만, 나중에는 동물들의 걸음걸이나 때로는 순식간에 순차적으로 일어나는 동작을 분석하기 위해서 영상과 비디오, 사진을 쓸 수밖에 없었다. 그 뒤 몇 년 사이에 비디오와 카메라는 포유동물을 연구하는 데 가장 유용한 도구 가운데 하나가 되어, 1960년대에 이르러서는 포유류를 연구하는 생물학 분야에서 전혀 상상할 수 없었던 다양한 측면을 밝혀내는 중요한 구실을 했다. 사진이나 정지 영상에다 직접 투사지를 대고 단순히 윤곽을 그리는 것만으로도 매우 다양한 구조나 행동을 설명할 수 있다. 그러나 그러한 작업은 실내에서 해야 한다. 임시로 투사지 위에 베껴 그릴 때는 연필을 써도 되지만, 출판사에서는 펜으로 또렷하게 선을 그어 달라고 요구한다. 심 굵기가 0.05밀리미터에서 0.2밀리미터인 사인펜(종이에 번지지 않고 색이 바래지 않는 것이 좋다.)으로 90그램/제곱미터 무게의 부드러운 투사지에 그리는 것이 출판사에서 가장 바람직하게 생각하는 방법이다.

　그림을 그릴 때 사진 촬영이나 컴퓨터 화면을 이용하면 매우 유용한 작업을 풍성하게 할 수 있다. 하지만 우리가 눈으로 보는 것은 전통적인 (과학 교육보다는) 미술 교육과 관련된 측면에서 분석해 볼 필요가 있다. 나는 포유동물의 비주얼커뮤니케이션(visual communication, 문자가 아닌 그림이나 색깔, 신호, 상징 같은 시각적 요소를 이용해서 정보를 전달하는 것―옮긴이)이 어떻게 진화했는지를 연구하는 과정에서, 사물을 직접 보고 스케치하거나 드로잉 작업을 할 때 시각적 요소를 분석하는 기술이 얼마나 중요한지 알게 되었다. 비주얼커뮤니케이션에 관한 문헌은 이를테면 특정한 행동을 얼마나 자주 보이는지 정량적으로 분석하는 경우가 많은데, 이런 방식을 통해서 어떤 생물체가 살아가는 데 시각적 정보전달이 얼마나 중요한 역할을 하는지를 잘 알 수 있다. 그렇지만 시각적 현상들을 심층 분석해 들어가면 그중에 많은 것이 자연 선택을 통해서 '자기만의 독특한 방식으로' 진화해 왔다는 것을 알 수 있다. 나는 나중에 긴꼬리원숭이과(Cercopithecus科)에 속하는 긴꼬리원숭이(Allochrocebus), 버빗원숭이(Chlorocebus), 탈라포인원숭이(Miopithecus)가 왜 머리 흔드는 행동을 하는지를 설명하면서 이런 자명한 이치를 다시 언급할 것이다. 지금은 나도 관심의 영역을 더 넓히고 시간 낭비를 줄이기 위해서 디지털카메라를 들고 현장으로 나간다. 이제는 그런 것 때문에 내 관찰력이 흐려질 거라고 생각하지 않기 때문이다.

1950년대와 1960년대, 내가 기본으로 챙겨 다니던 그림 도구는 스케치북이나 고급 백지철, 주머니칼, B연필이었다. B연필은 심이 뾰족한 상태라면 연필을 바꾸지 않고도 그림의 명암과 묘사를 아주 세밀하게 잘 표현할 수 있다. 색깔을 칠해야 할 때를 대비해서 대개는 여러 가지 색상의 수채 연필도 챙기는데, 연필심 보호 뚜껑이 달려 있는 천으로 된 두루마리에 넣어서 가지고 다녔다. 수채 연필을 이용하면 빠르고 쉽게 색칠할 수 있어서 좋지만 그것을 쓸 수 없을 때는 드로잉으로 그린 그림 한구석에 색과 관련된 내용을 기재했다. 특히 우기에 포장도로가 없는 곳을 여행할 때는 코끼리가 만들어 놓은 진창을 만나거나, 갑자기 협곡에 물이 불어 홍수가 나거나, 모래밭이나 진흙탕, 깊은 물에 차가 빠지면 더 이상 탐사를 진행할 수 없다. 권양기는 그러한 곤경을 벗어날 수 있게 하는 가장 유용한 도구였다. 당시에 지방 정부에서 흔히 시행했던 '수렵 허용'이나 '농작물 보호' 기간을 틈타, 사냥한 큰 동물의 시체를 옮기거나 가죽을 벗길 때도 매우 쓸모가 있었다.

아프리카에서는 그 밖에도 넘어야 할 장애물이 많았다. 때로는 경계심 많은 원주민들이 매우 공격적으로 나올 때가 있었는데, 다행히 스와힐리어와 지방 풍습을 잘 알고 있었기 때문에 위기를 무사히 넘길 수 있었다. 새로운 곳에서 작업을 시작할 때는 그 전에 반드시 현지의 지방 당국에 알리고 인사를 했다. 현지의 아이들과 사냥꾼들은 언제나 호기심이 강해 작은 동물들을 사냥해 내게 가져와 보여 줄 때도 있었다. 그들은 내가 동물의 세부 기능이나 생물학적인 면을 특징까지 알려주자 놀라워했고, 나는 그들이 동물에 대해 알고 있는 지식이나 이야기에 놀랐다. 나는 차체가 단단하고 긴 랜드 로버 안에서 자는 것을 더 좋아했는데, 그 안에 있으면 군대개미나 전갈, 도둑이나 밤중에 텐트를 고정시킨 줄에 걸리는 큰 동물들을 피할 수 있었다. 어떤 지역에서는 이런 것들 때문에 야영을 하다가 위험에 빠질 수도 있다. 특히 모기, 꼬마꽃벌, 파리(체체파리, 청파리, 말파리, 집파리) 같은 곤충은 무리를 지어 날아다니며 그림을 그리는 동안 손과 얼굴을 물거나, 종이나 눈, 콧구멍, 입에 달라붙어 작업을 방해했다. 그럴 때면 레몬그라스(lemongrass) 같은 풀이나 각종 방충제가 도움이 되기는 했지만, 그 무척추동물들의 집요함(!)을 물리치기란 여간 힘든 일이 아니었다. 한번은 동물 시체가 하나 있다는 연락을 받고 나갔는데, 무더위에 오랫동안 방치되어 있던 터라 지독한 악취 때문에 파리와 독수리 떼가 몰려들었다. 동물 시체를 해부하는 것은 비위가 웬만큼 강한 사람도 쉽지 않은 일이다. 바로 이런 지독한 조건 속에서 절개된 코뿔소 머리를 그

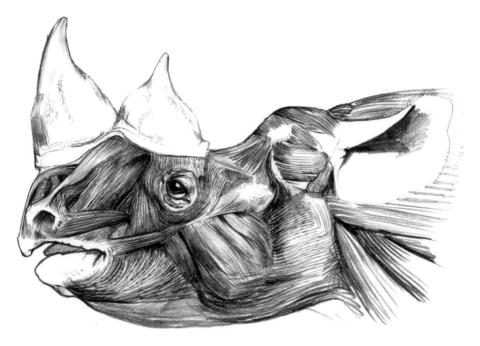

코뿔소(*Diceros*)의 머리
절개 드로잉.

렸다. 나를 보조하던 강인한 마사이족 사람도 그 특별한 해부를 하는
동안 결국 먹은 것을 토할 정도였다!

　내가 연필을 수술용 메스에 비유한 것은 확실히 해부에 대한 관심이
컸기 때문이다. 그러나 여기서 말한 해부에는 '감춰진 것을 밝힌다.'는
더 큰 상징적 의미가 담겨 있다. 이것은 내가 포유동물을 연구하게 된
주요한 동기였다. 연구 초기에 나는 태아 상태에 있는 사바나천산갑
(ground pangolin, 몸의 위쪽이 딱딱한 비늘로 덮여 있고 긴 혀로 곤충을 핥아먹는 작
은 동물—옮긴이)을 그린 적이 있었는데, 그 그림에 나타난 외피의 기하
학적 형상은 성체의 닳아 벗겨진 비늘 모양의 외피 형상보다 훨씬 또
렷하지 않았다. 가죽을 벗긴 나무천산갑(tree pangolin)을 그린 또 다른

사바나천산갑(ground
pangolin, *Smutsia
temminckii*)의 태아와
성체를 스케치한 그림.

나무천산갑(tree pangolin, *Phataginus tricuspis*)의 절개 드로잉.

그림에서는 외피의 비늘과 피부 속에 감춰진 세부 조직의 기능적 특징을 아주 잘 파악할 수 있었다. 연골로 구성된 흔적이 있는 귓바퀴와 부드러운 손가락 끝 같은 꼬리, 강력한 발톱, 발가락, 힘줄, 근육, 그리고 확대된 피하 근육(그 위에 옆구리 비늘이 붙어 있는데, 천산갑의 배를 보호하는 구실을 한다.)이 상세하게 드러났다.

하마의 움직임을 스케치한 그림과 해부도.

당시에 나는 또 다른 거대 종의 천산갑을 해부해서 비교했다. 나는 사람들이 거의 알지 못했던 이 천산갑 세 종을 여러 차례 그리면서 네 발 동물과 두 발 동물, 나무에 사는 동물이 골반 구조와 운동 능력 사이에 차이가 있다는 결론에 이르렀다. 나중에 나는 이 사실을 발표했는데, 그때까지 한 번도 언급되거나 논의된 적이 없는 내용이었다.

오늘날처럼 사진을 찍고 즉석에서 확인할 수 있는 디지털 시대에 느리고 원시적이고 부정확한, 손으로 직접 그림을 그리는 기술의 가치를 말하는 것이 어쩌면 시대에 뒤떨어진 고집불통의 모습으로 보일지도 모른다. 그러나 사진을 찍다 보면 관찰 대상의 윤곽선을 그리는 행위 그 자체가 바로 하나의 기술이라는 것을 알게 된다. 그러한 윤곽선은 사진에는 좀처럼, 아니 전혀 나타나지 않는다. 게다가 …… 그리고 또 뭐가? 오늘날 인간의 뇌에 대한 연구를 보면 인간의 뇌는 카메라처럼 중립적으로 이미지를 처리하지 '않는다'고 한다. 뇌는 사물의 윤곽을 찾고 적어도 부분적이나마 지난 경험들을 바탕으로 구조를 구성한다. 그러한 경험에는 아마도 자연물에 대한 이전의 지식이나 과거 '드로잉'과 같은 작품을 본 경험들이 포함될 것이다.

이제 막 발전하고 있는 시각 신경생물학은 시각 구성이 복잡하며 인지 발달에 필수적이라는 것을 확인해 준다. 이것은 사진이 보여 주는 객관성과는 거리가 먼 초벌 스케치도 실제로는 사진보다 더 정제되고, 때로는 훨씬 더 유용한 정보를 다른 사람들에게 전달할 수 있다는 것을 암시한다. 예컨대 하마를 빠르게 스케치한 그림 몇 개를 보면, 암컷과 수컷의 차이를 구분할 수도 있고, 물속을 들락거리며 물가에 사는 거대한 네 발 달린 동물의 특이한 구조도 알 수 있으며, 입을 벌렸을 때 아래턱의 사슴뿔처럼 생긴 이빨들이 어떻게 조화롭게 맞물리고 충돌할지에 대해서도 한 눈에 알아볼 수 있다.

카메라와 달리 사람의 뇌가 사물의 윤곽선을 능동적으로 찾는다는 것은 (시각 표현의 한 형태인) 사진보다도 '윤곽선 드로잉'이 뇌가 찾는 것에 더 가까운 모습을 표현해 낸다는 것을 강력하게 암시한다. 우리는 야외 관찰을 할 때 연구 과제와 관련된 데이터들을 선별한다. 그 과정에서 관찰 대상은 관찰자에게 처음에 전달되었던 모습과 다른 모습으로 해석되기 마련이다.

따라서 드로잉은 사진과 달리 관찰자의 해석을 거쳐 표현된다. 인간의 뇌가 어떻게 보는 것을 인식하는지에 대한 최근의 연구 결과와 드로잉이 정신 작용이라는 사실을 놓고 볼 때, 매우 복잡한 현실의 시각적 경험들 속에서 필요한 것을 끌어내는 드로잉의 효용을 더 이상 정당화할 필요도 없다. 사람마다 시각적 경험이 극도로 다양한 상황에서 사람들의 드로잉 기술 또한 다양할 수밖에 없다. 무엇이 중요하고 중요하지 않은지, 무엇이 직접적으로 주제와 관련이 있는지 없는지를 구분할 줄 아는 능력은 현지 조사의 중요한 부분이며 드로잉을 하는 사람이 반드시 갖춰야 할 필수 자질이다.

모든 드로잉이 그리는 사람의 문화와 심리적 속성을 담고 있다는 것은 지극히 당연한 사실이다. 레오나르도 다빈치와 카츠시카 호쿠사이(葛飾北齋), 파블로 피카소(Pablo Picasso)가 그린 드로잉 작품을 완벽하게 이해하기 위해서는 문화적 지식을 알아야 한다. 그러나 작품들을 전문적으로 해석해 주는 사람이 없다고 해도, 누구나 시각적으로는 그 그림을 이해할 수 있다. 이 거장들 가운데 누가 그리든 고양이 그림은 C, A, T라는 문자보다 훨씬 더 이해하기 쉽다. 그 세 글자는 영어를 모르는 사람들은 이해할 수 없기 때문이다. 마찬가지로 펠리스 카투스(Felis catus, 라틴어 학명으로 고양이를 뜻한다.)와 판테라 티그리스(Panthera tigris, 라틴어 학명으로 호랑이를 뜻한다.)가 무엇인지 모르는 상태에서 몸무게로 특징을 구분하려고 할 때, 아라비아 숫자나 도표, 막대그래프를 쓰면 훨씬 이해하기가 쉽다. 과학적 용어와 절차에도 특정한 문화적 규범이 깔려 있는 것이다!

사소한 이야기는 뒤로 하고, 드로잉 행위와 관련이 있는 고유한 정신 활동은 말 그대로 '마음에 그리는' 행위다. 드로잉 작품을 바라보는 것은 마음에 그리는 과정을 면밀히 되살피는 행위일 수 있다. 눈에 보이는 것을 기록하고 해석하기 위해서는 인지라는 다른 중간 매개 수단을 거쳐야 한다. 또한 '간결한 메모'는 어설프게 설명을 늘어놓는 것보다 훨씬 더 빠르다.

나 같은 경우는 특기를 발휘해, 고향인 아프리카를 탐사하며 확인한 각종 진화 과정을 드로잉으로 다양하게 표현하는 방식을 찾기 시작했다. 유럽에서 학교를 그만두고 동아프리카로 되돌아왔을 때, 나는 진화생물학이 우리 시대와 문화를 가장 흥미진진하게 있는 그대로 표현하고 지식 욕구를 자극하는 학문이라고 생각했다. 그래서 내가 특히 주목한 것은 다윈의 진화론 가운데 무엇보다 중요한 자연 선택의 관점에서 인간을 비롯한 포유동물들을 면밀하게 살피고 그리는 것을 가르치는 일이었다.

나는 관찰 동물의 겉모습을 판단하는 1차 선택 기관이 바로 관찰자의 눈이라는 것을 금방 깨달았다. 시각을 사용하는 동물들은 같은 종 사이에서 친구와 적, 또는 짝을 식별하기 위해 상대방의 겉모습을 보고 판단하거나, 선택하고 선택받거나, 신호를 주고받거나, 슬그머니 내뺀다. '아프리카살쾡이'라고도 하는 카라칼(caracal)은 머리와 가장자리에 검정 털이 붙은 귀를 살짝 움직여 여러 가지 신호로 눈에 띄지 않게 다른 카라칼에게 정보를 전달하는 동물의 아주 좋은 예다. 카라칼은 귀끝을 살짝 씰룩거리는 것만으로도, 항해하는 선박의 돛대에 달린 깃발로 신호를 보내는 것과 비슷한 방식으로 기분, 상태, 의도를 전달할 수 있다.

카라칼이 귀나 머리를 움직이거나 흔들어 신호를 보내는 행위는 매우 복잡하고 섬세하다. 따라서 연필을 쥐고 그들의 순간적인 움직임을 그림으로 포착해 내기는 매우 힘들다. 그럼에도 나는 그러한 행동을 열심히 글이나 숫자로 설명하는 것보다도 드로잉으로 카라칼의 시각적 신호를 연구하는 것이 더 적합하다고 생각한다. 앞으로 연구자들은 기술을 새롭게 이용해 더 많은 것을 분석해 낼 것이 틀림없다. 그러나 당시에 나는 동물의 흥미로운 행동을 관찰하고 사람들에게 알리기에 드로잉으로 충분하다고 생각했다. 최근 분자생물학자들은 카라칼이 북부의 스라소니와 가까운 종이 아니라는 사실을 새롭게 발견했다. 덕분에 카라칼의 귀 가장자리에 붙은 검정 털에 대한 관심이 한층 더 커졌는데, 스라소니도 그와 비슷한 털이 있지만 그것은 카라칼과 무관하게 독자적으로 진화한 결과로 밝혀졌다. 다른 고양잇과 동물과 영장류, 다람쥐, 영양들도 비슷한 움직임을 보이는데, 이는 동물들이 귀 끝을 씰룩거려 인간이 깃발을 올려 신호를 보내는 것과 기능적으로 유사하게 서로 의사소통한다는 것을 명확하게 보여 준다.

　미술가나 과학적 성향의 사람들만이 자연의 혼돈 속에서 중요한 사실이나 정보를 제공하는 '형식'을 끄집어내려고 애쓰는 유일한 동물은 아니다. 고양이든 독수리든 타이거피쉬(tiger-fish)든 시각을 이용하는 모든 포식 동물은 생존을 위해서 먹잇감 동물의 위장술이나 거짓 행동을 '꿰뚫어 볼' 줄 안다. 시각을 이용하는 포식 동물들은 대개 먹잇감 가운데 눈에 가장 잘 띄는 것을 먼저 선택하기 때문에, 먹잇감 동물이 포식 동물들에게 쉽게 발각되어 잡아먹히지 않고 번식을 지속하기 위해서는 위장술을 점점 더 발전시키며 진화할 수밖에 없었을 것이다. 포식 동물의 시각이 가장 먼저 예리하게 포착하는 것은 먹잇감 동물의 겉모습이었다. 몸 색깔을 감추는 것은 먹잇감 동물에게서 흔히 나타나는 행동이지만 포식 동물에게도 뚜렷하게 나타난다. 게다가 모든 먹잇감 동물은 주위 환경에 따라 쉽게 눈에 띌 수도 있고 몸을 감출 수도

카라칼이 귀와 머리를 움직여
신호를 보내는 모습을
드로잉한 것.

shortening of temple in alert

when at all
nervous flags head
from side to side
with ears tending
to flat & eyes closed
a bit

temple
ear back

by
differentiated hair
tions very numerous

체크무늬코끼리땃쥐
(Afrotherian checkered
sengi, *Rhynchocyon
cirnei reichardi*) 드로잉.

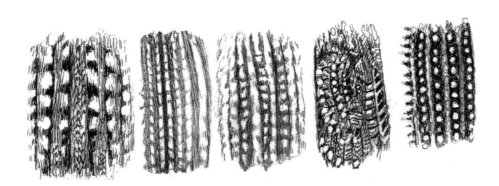

몸을 숨기기 위한 동물들의 무늬 형태: (왼쪽에서 오른쪽 순서로) 아프리카수류 체크무늬코끼리땃쥐,
아프리카풀밭쥐(African grass mouse, *Lemniscomys macculus*), 아메리카얼룩다람쥐(American ground squirrel,
Spermophilus tridecemlineatus), 아프리카쏙독새(African nightjar bird, *Caprimulgus pectoralis*),
채찍꼬리도마뱀(whiptail lizard, *Cnemidophorus sp.*).

있기 때문에 겉모습이 특정한 주위 환경과 어울리는 것들이 살아남는다. 우리는 그 산물을 위장이라 부른다. 그러나 그것은 실제 동물의 겉모습이 환경에 맞게 또 다른 매개물로 해석되어 나타난 것이다. 다시 말해 먹잇감 동물들은 포식 동물의 눈에 띄지 않기 위해서 자신의 몸 위에 주위 풍경의 어떤 특징을 "그려 넣는다." 동물의 털, 날개, 껍질이 바로 그런 축소판 풍경을 그려 넣는 매개물이다.

어떤 동물이 어떻게 위장해서 몸을 숨기는지는 그 동물의 윤곽을 어떻게 주위 환경과 분리해서 찾아내는지와 정반대의 이야기다. 세심한 관찰자들에게 동물의 위장술보다 매력적인 연구는 없을 것이다. 진화의 발현과 관련된 다른 현상들도 드로잉의 좋은 소재지만, 위장술은 다른 것들보다 드로잉으로 표현하기에 훨씬 더 좋다. 드로잉은 종이 표면에 연필로 음영을 넣어서 색조를 표현하기 때문에 서로 다른 색조의 털이 수북이 덮여 있는 동물 외피의 특징을 표현하기가 좋다. 위장술은 포식 동물과 먹잇감 동물 모두에게서 나타난다. 위장의 종류는 크게 두 가지로 나눌 수 있다. 하나는 (절지동물과 해양 생물에서 가장 공통적으로 나타나는) 매우 작은 규모의 위장으로, 동물이나 식물의 형태가 주변 환경과 정확하게 일치하는 방식으로 나타난다. 다른 하나는 좀 더 큰 규모의 위장으로, 추상적인 무늬 형태를 띤다. 몇 가지 한정된 색조가 균등한 비율로 배열된 무늬는 빛이 울퉁불퉁한 바닥에 떨어질 때 생기는 너울거림이나 식물이 자라는 복잡한 패턴을 흉내 낸 모습이다.

평균적인 형태가 일정하게 정해진 것은 아니다. 그래서 서로 다른 종류의 동물이 같은 유형의 무늬를 가진 것을 보면 흥미롭지 않을 수 없다. 대개 평균 세 가지 이상의 색조로, 일직선 형태의 짙은 '선' 위에 밝은 색의 '점'들이 박혀 있고 그 사이에 중간 색조의 털이 난 형태가 일반적인 모습이다. 이런 점에서 체크무늬코끼리땃쥐의 털 모양을 글로 정확하게 기록하기는 어려운 일이었다. 따라서 나는 '연필로 음영을 넣어서' 그리는 방법으로 체크무늬코끼리땃쥐와 또 다른 설치동물 두 마리, 새 한 마리의 털 무늬와 도마뱀 한 마리의 가죽 무늬를 세밀히 관찰했다. 양탄자 무늬 같은 털 무늬 그림은 얼굴 표정이나 움직이는 포유동물의 윤곽을 묘사하는 것과 완전히 다르다. 하지만 인간의 호기심과 세심한 눈만 있다면 손으로 표현할 수 없는 것은 아무것도 없다.

드로잉은 이미 오래전부터 해부와 도해의 보조 수단으로 쓰였다. 그러나 나는 드로잉의 영역을 더 넓혀서 포유동물 연구에 사용하고 싶었다. '말이 아닌 행동 방식에 대한 탐구'는 동물들이 먹고 교미하고 배설하고 다투고 동종끼리 신호를 통해 정보를 주고받는 행위를 모두 상세히 기록해야 했다. 나는 동물의 행동을 관찰하고 그리는 과정을 통해서 '다윈의 관점으로 그린 그림'이라고 할 정도로 '형태(shape)'를 충분히 이해해 드로잉으로 분명하게 표현할 수 있었다. 그러나 동물을 물질적이고 때로는 죽어 있는, 진화의 산물로서 나와 거리를 두어 과학적 탐구의 대상으로 수집하고 측정하고 해석하는 능력과, 포유동물도 나처럼 살아 움직이며 '순간'적인 삶들로 가득하다는 인식 사이에는 괴리가 있었다. 따라서 나는 순간들의 연속인 '행동'을 지속적으로 형태를 유지하는 '고정된 형체'에 결합시켜 표현하려고 부단히 노력했다. 드로잉은 내게 분리된 그 둘 사이를 이어 주는 가장 중요한 매개체였다.

형태가 행동을 제한하거나 지배한다고 생각한다면 그것은 진화의 실제를 거꾸로 생각하는 것이다. 그런 생각은 자연 선택의 속성이 기회주의적이라는 사실을 꿰뚫어 보지 못한다. 각양각색의 동물은 수명이 짧다는 한계를 극복하고 지속적으로 혈통을 이어갈 수 있는 모든 가능성을 모색한 결과 마침내 특정한 지역에서 살아남았다. 그 과정에서 오늘날 그들의 형태가 모습을 드러냈다. 이것은 다윈의 진화론이 보여 주는 가장 심오한 통찰 가운데 하나다. 진화하는 동안 개체의 세세한 행동들이 자연 선택을 통해 다름 아닌 지금의 형태를 추동하는 데 상당한 영향을 끼친 것으로 보인다. 그들이 속한 환경과 시대에 적합한 행동을 하는 개체만이 가장 잘 살아남을 수 있었을 것이다. 자연 선택에 따른 행동의 변화와 함께 행동의 효과를 더욱 강화할 수 있는 미세한 물리적·심리적 변화도 따라 일어났다. 물리적 변화는 서서히 부리, 귀, 사지, 심지어 몸 전체의 비율까지 동물의 형태를 새롭게 바꾸어 놓았다. 그 과정에서 종이 나타났다. 드로잉으로 그린 그림은 어떤 동물이 어떤 종에 속하는지를 구분 짓는, 동물의 상세한 구성 요소들을 파악하는 데 큰 도움을 주었다. 따라서 나는 드로잉을 책에다 일러스트로 넣었다. 그러나 그것 말고도 드로잉은 동물의 생태와 진화에 대해 더 많은 것을 발견하는 데 꼭 필요한 과정이었다.

앞서 나는 자연 선택의 역동성을 "가능성을 모색한다"는 말을 써 은유적으로 표현했다. 그러나 "모색"이라는 말은, 먹을 것과 거처할 곳을 찾아 땅속으로 들어간 포유동물의 진화 계통을 들여다보면 물질적이고 물리적으로 해석된다. 아프리카에서 가장 오래된 포유동물 가운데 하나인 아프리카수류(Afrotheres. 땅돼지, 코끼리, 바다코끼리, 나무타기바위너구리를 포함한다.)에는 황금두더지(golden mole)종이 많이 포함되어 있다. 황금두더지는 이름에서 느끼는 금속성 느낌의 털을 가지고 있지만, 힐끗 보거나 사진으로 보면 마치 살아 있는 똥 덩어리 같다.

황금두더지를 자세히 살펴보면 가죽으로 만든 삽 모양의 주둥이가 얼굴 맨 앞에 삐죽 나와 있고 발톱이 난 작은 발이 앞뒤로 달려 있다.

황금두더지(golden mole, *Chrysochloris stuhlmanni*) 드로잉.

앞뒷발은 배가 땅에 닿을 정도로 짧으며 마치 노를 젓는 것처럼 움직인다. 이와 같이 '형태가 뚜렷하지 않은' 동물을 그림으로 그리는 데는 많은 어려움이 따른다. 황금두더지는 차도르를 두른 것처럼 털이 온몸을 감싸고 있지만 그렇다고 코끼리나 땅돼지보다 진화가 덜 된 것은 아니다. 심화된 연구에 따르면 황금두더지는 살아남기 위한 방법을 "모색"하는 과정에서 몸이 점점 땅을 파는 행위에 적합한 형태로 진화했다. 황금두더지의 코도 흙을 파헤치기 좋게 쐐기 모양으로 바뀌었다. 우선 코로 바닥에 틈을 만든 다음, 구부러진 뾰족한 발톱이 달린 앞발가락으로 땅을 파헤친다. 단단한 두개골로 흙을 밀어올리고 발톱으로 파헤치면서 매우 강력하게 땅을 파 나간다. 나는 황금두더지의 행동을 그림으로 설명하기 위해 간략하게 해부도 두 점을 그렸다. 하지만 그것은 손바닥 위에 자그마한 황금두더지 시체를 올려놓고 빠르게 스케치한 그림이었다. 비록 생명이 끊어진 것을 그렸지만 그림에는 여전히 작은 두더지의 생기가 남아 있었고, 그림에서 먼 옛날부터 멸종되지 않고 그들의 혈통을 유지하게 해 준 자연 선택이라는 보이지 않는 신비한 힘이 느껴지는 것 같았다. 황금두더지가 왜 땅을 파며 탐색하는 행동을 하게 됐는지를 말로 설명하면 그저 '유선형'의 두개골과 몸체를 가졌기 때문이라고 매우 단순하게 설명할 수밖에 없다. 하지만 스케치한 그림을 보면 말로 설명하기 힘든 것들을 이해할 수 있다.

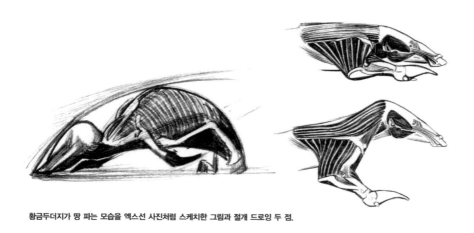

황금두더지가 땅 파는 모습을 엑스선 사진처럼 스케치한 그림과 절개 드로잉 두 점.

드로잉을 통해서 독특하고 놀라운 결과를 얻게 된 또 다른 사례는 1966년에 그린 영장류의 초상화에서 볼 수 있다. 오래전에 영장류의 주둥이 길이가 다르다는 것을 주목한 과학자들은 오늘날 널따란 땅에 사는 주둥이가 긴 개코원숭이가 숲속 나무에서 살던 주둥이가 짧은 조상들로부터 진화했다고 단정했다. 시간이 흐르면서 그것은 정설로 굳어졌고 '나무에서 내려온' 개코원숭이의 조상은 인간의 조상으로 진화한 영장류를 상징하게 되었다. 만일 이러한 정설을 뒤엎으려고 한다면 심리적인 부담을 이겨내야 했다. 학계에서 권위 있는 학자들이 이미 하나의 원리로 확정한 논리를 부인할 수밖에 없는 상황에 처하면 누구든 순간적으로 불안함을 느끼게 된다. 나도 마찬가지였다. 나는 주둥이가 짧고 주로 나무 위에 사는 망가베이(mangabey, 아프리카 삼림에 서식하는 꼬리가 가늘고 긴 체르코스버스*Cercocebus*속 원숭이—옮긴이)의 얼굴을 스케치하고 다른 영장류와 두개골을 비교하면서, 망가베이의 얼굴뼈가 특이하게 휘고 주름이 잡힌 모양으로 '끌어당겨'졌다는 사실을 발견했다. 그것은 망가베이의 주둥이가 옛날 조상들보다 뒤쪽으로 이동했다는 것으로밖에 설명할 수 없었다.

게다가 망가베이 같이 개코원숭이를 닮은 종류는 실상 개코원숭이의 '원조'와 닮은 것이 없었다. 그들이 진화해서 숲으로 '복귀'한 뒤의 시기에는 습성과 주거지가 원시 시대에 나무 위에 살던 조상들의 모습과는 완전히 달랐다. 나는 망가베이 수컷의 주둥이 크기와 길이가 두 차례에 걸쳐 '수축'되었다는 것을 두개골을 그리면서 알게 되었는데, 그것은 긴 주둥이와 관련된 수컷의 위계적 행동이 진화 과정에서 많이 퇴화했다는 생각을 뒷받침했다. 망가베이의 쭈그러든 두개골과 '휘어진' 뺨은 변화하는 환경에 적응하기 위해 달라진 행동이 나중에 어떻게 형태 변화로까지 이어지는지를 보여 주는 좋은 예라고 생각한다.

망가베이의 유래에 대해 아직도 믿지 못하는 사람들이 있지만, 내가 아는 한 그런 비판가들 가운데 어느 누구도 서로 관련이 있는 여러 영

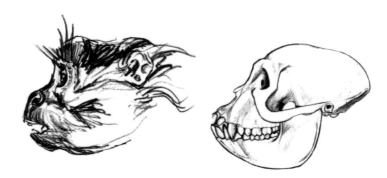

회색뺨망가베이(gray-cheeked mangabey, *Lophocebus albigena*)의 측면 스케치와 두개골 드로잉.

장류를 부분 부분 비교하는 것은 고사하고, 망가베이의 두개골과 얼굴도 차분히 그려 보려고 한 사람이 없었다는 것은 매우 심각한 문제가 아닐 수 없다! 나는 망가베이의 두개골 모양이 어떻게 바뀌었는지를 알아내기 위해 옛날 미술가들이 쓰던 방법을 사용했다. 윤곽 그림(여기서는 주둥이가 긴 원숭이의 두개골) 위에 격자망을 씌우고 그것의 교차점들을 또 다른 윤곽 그림(여기서는 망가베이 두개골) 위에 따라 그렸다. 그 결과, 교차점들을 이은 선은 망가베이의 휘어진 광대뼈의 윤곽선과 정확하게 일치했다. 그것은 고래와 박쥐에서 공통적으로 발견되는 것과 다르지 않은 두개골 구성 요소들이 개조된 모습이었다.

내가 이러한 격자망의 좌표를 이용하는 방식을 안 것은 1960년대에 우간다 마케레레 의과대학에서 유인원과 인간의 해부도를 그리기 위

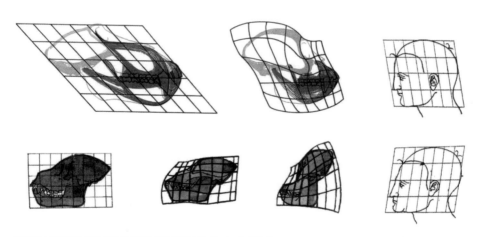

두개골에 그려진 직교 좌표. 윗줄 첫 번째와 중앙: 얼굴이 긴 아누비스개코원숭이(long-faced monkey, *Papio anubis*)와 회색뺨망가베이는 망가베이의 두개골이 진화 과정에서 수축되었을 것이라는 가설을 보여 준다.
아랫줄: 화석 원숭이. 앞에서부터 이집토피테쿠스(*Aegyptopithecus*, 3800만 년 전에 살았던 유인원—옮긴이),
아프로피테쿠스(*Afropithecus*, 1600만 년 전에서 1800만 년 전에 살았던 유인원—옮긴이),
시바피테쿠스(*Sivapithecus*, 1250만 년 전에서 850만 년 전에 살았던 유인원—옮긴이).
맨 오른쪽의 두 명의 인간 얼굴은 알브레히트 뒤러의 1514년 스케치북에 나오는 직교 좌표계를 이용해서 그린 것이다.

해 학생들을 데리고 갔을 때였다. 이 방식은 마케레레 대학교의 동료 학자들, 특히 타고난 훌륭한 미술가인 앨런 워커(Alan Walker, 지금은 펜실베이니아 주립 대학교 재직 중이다.)와 클리퍼드 졸리(Clifford Jolly, 지금은 뉴욕 대학교 재직 중이다.)가 유용하게 사용하고 있었다. 두 사람 모두 매우 광범위한 영역에 걸쳐 영향력이 대단했지만 진화 과정에 대해 전문적이고 집중적인 연구에서도 아주 영향력이 컸다. 앨런은 살아 있거나 화석으로 발견된 영장류의 세부 구조가 그들이 환경에 적응하면서 나타난 행동들의 미묘한 차이와 어떤 관계인지를 잘 찾아내는 뛰어난 능력이 있었다. 당시에 클리퍼드는 행동과 사회 조직을 형태학과 연결시키는 현지 연구를 수행했다. 우리는 마케레레 학생들에게 다르시 웬트워스 톰프슨(D'Arcy Wentworth Thompson)의 《성장과 형태에 관하여(On Growth&Form)》라는 책과 그가 한 형태를 다른 형태와 비교하기 위해 사용한 시각적 표현 기법인 직교 좌표('데카르트 좌표'라고도 하며 3차원 공간을 나타낸 좌표를 말한다.—옮긴이) 방식을 처음으로 소개했다(이 방식은 1514년 알브레히트 뒤러Albrecht Dürer의 스케치북에서 먼저 등장했다.). 내가 망가베이의 두개골을 그리기 위해 사용한 것이 바로 이 좌표 방식이었다.

앨런과 나는 또한 직립 자세와 엉덩이 근육의 상대적 크기 및 위치 사이의 상호 관계를 찾아냈다. 맵시 있게 불룩 솟은 엉덩이 근육은 두 발로 똑바로 섰을 때 몸을 균형 있게 잡아주는 중요한 구실을 한다. 나는 인간과 유인원의 시체를 해부해서 이러한 특징들을 그림으로 그렸다. 유인원의 엉덩이 근육은 매우 빈약한 반면에 고환은 매우 크게 발달한 모습을 볼 수 있다(암컷은 성적으로 흥분을 하면 외음부가 부풀어 오른다.).

이 모든 것은 많은 의문과 추측을 불러일으켰다. 그 가운데는 재미난 것도 있고 음란한 것도 있었는데, 모든 관찰 자료를 서로 비교하다

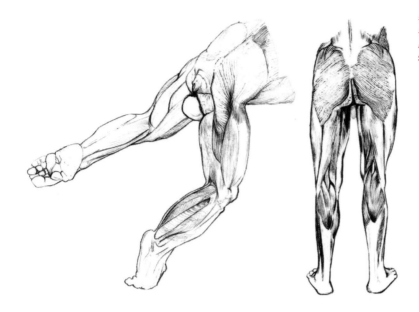

침팬지(*Pan troglodytes*, 왼쪽)와 인간(*Homo sapiens*, 오른쪽)의 다리와 엉덩이 근육.

보니 계속해서 머릿속을 맴도는 질문이 한 가지 생겼다. 오래 전에 제기되었지만 아직까지 밝혀지지 않은 것이었다. 도대체 어떤 종류의 행동과 생태 환경 때문에 네 발로 걷던 동물이 두 발로 걷게 되었을까?

내가 이 문제에 대해서 어떤 확신에 이르게 된 것은 우간다에서 수렵·채취 생활을 하는 유인원과 원숭이를 연구하면서, 탄자니아 동부에 있는 밀림에서 숲 바닥에 서식하는 미소 동물군(현미경을 사용하지 않으면 식별할 수 없는 생물로 원생동물, 선충류 등이 포함된다.—옮긴이)을 채집하고 있던 (주로 영국의) 현지 생태학 학생 조사단을 지켜보면서였다. 유인원에서 고대 인류가 갈라져 나오게 된 까닭은 손이 다양한 먹을거리를 채집하는 도구로 유용했기 때문이다. 최근에 내가 쓴 《미천한 기원(*Lowly Origin*)》에 고대 인류의 화석을 해부해서 다방면으로 재검토하고

(다시 직교 좌표계를 이용해서) 철저하게 비교해 그린 결과가 집약되어 있다. 뼈와 근육을 자세하게 그린 그림이 앞선 의문에 대한 답을 얻는 과정에서 아주 중요한 요소였다는 것이 다시 한번 입증되었다. 나는 클리프 졸리가 "쪼그려 앉아 음식을 먹는 것"이 진화 과정에서 어떤 구실을 했는지 연구한 것을 발전시켜 마침내 '앉은뱅이 보행(bum-shuffling, 엉덩이를 질질 끌며 걷는 것─옮긴이) 가설'이라는 매우 노골적인 이름을 붙여 다소 급진적인 이론을 제시했다.

우간다에서 영장류를 관찰하며 그림을 그리다가 원숭이들이 특정한 행동을 하거나 색깔을 이용해 서로 의사소통을 하는 것 같은 모습을 보고 분석하기 시작했다. 시각 신호가 어떻게 사용되고 발전하는지와 같은 어려운 문제와 씨름하면서 나는 예술과 과학 사이의 모호한 경계를 이리저리 헤매고 있었다. 인간은 시각 신호를 풍부하게 쓴다. 그리고 사람들은 그 신호들 가운데 일부를 '예술'이라고 부른다. 예술가들은 역사 이래로 인간의 표현력과 시각에 관한 많은 문제를 꽤 치밀하게 분석해 왔다.

연구의 시발점이 되었던 붉은꼬리원숭이(red-tailed monkey)는 어린 시절부터 내게 매우 친숙한 동물이었다. 표현력이 뛰어난 붉은 꼬리와 가면 같이 생긴 이발사 모양의 얼굴은 늘 흥미로웠다. 1967년에 그린 크로키에는 그들의 변화무쌍한 모습이 나타나 있다. 그러나 민첩하게 움직이는 동작들을 다 포착하지는 못했다. 특히 그들은 때때로 머리를 좌우로 빠르게 흔드는데, 나는 처음에 그들이 머리에 달라붙은 파리를 털어 내려고 그러는 줄 알았다!

나는 붉은꼬리원숭이의 세밀한 얼굴 표정을 눈에 익히기 위해서 우리에 갇힌 원숭이들의 정면과 측면 얼굴을 매우 자세하게 그렸다. 원숭이들은 활동량이 매우 많아 움직이는 상태에서 그림을 그리기 어려

왔기 때문에 그림의 모델이 되는 원숭이의 꼬리에 진정제를 주사해 잠
시 차분해진 상태에서 그림을 그렸다. 또한 우간다 서부 지역에서 황
열병을 연구하고 있던 동료가 보내 준 해부용 영장류 시체를 그리기도
했다. 나는 붉은꼬리원숭이와 다른 많은 종의 원숭이를 폭넓게 비교하
는 연구를 시작하면서 콩고 분지나 니제르강 삼각주 지역, 시에라리온
의 연안 내륙 지역 같은 오지에서 발견된 영장류들이 전시된 박물관을
자주 들락거려야 했다.

곧이어 붉은꼬리원숭이가 이소종(異所種, allopatric species, 지리적 격리
로 인해 종 분화가 일어난 두 가지 종이나 집단─옮긴이)에 속하며, 그에 해당
하는 종들이 아프리카의 적도 근방에 있는 밀림 여기저기에 분포한다
는 사실이 밝혀졌다(콧수염원숭이 종군種群, cephus monkey 또는 *Cercopithecus*
(*cephus*) 종군에 속한다.). 그들은 크기, 행동, 일반 체격, 색깔이 서로 비슷

붉은꼬리원숭이(red-
tailed monkey,
*Cercopithecus
ascanius shmidti*)를
스케치한 그림.

하지만, 얼굴 모양은 종마다 매우 다르다. 원숭이들 가운데 가장 화려한 '얼굴 모양'을 한 이 붉은꼬리원숭이는 다소 밋밋하고 획일적인 얼굴을 가진 다른 원숭이 집단과 달리 왜 이렇게 다양한 얼굴을 갖게 되었을까?

나는 진화와 관련된 다른 문제들을 연구할 때와 마찬가지로, 우선어떤 적절한 자연 선택 작용이 있었는지 확인하는 작업부터 해야 했

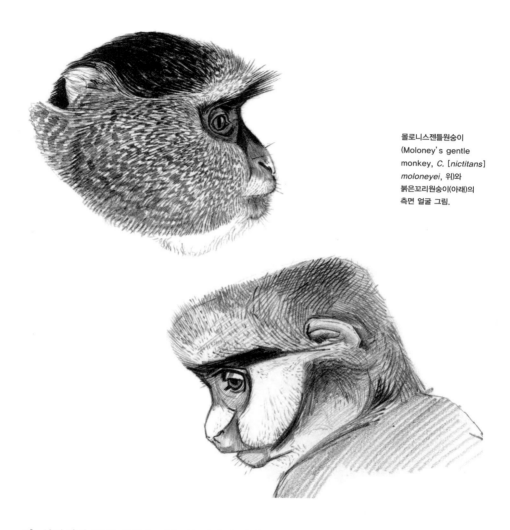

몰로니스젠틀원숭이
(Moloney's gentle
monkey, C. [*nictitans*]
moloneyei, 위)와
붉은꼬리원숭이(아래)의
측면 얼굴 그림.

다. 부분적인 얼굴 모양은 같은 종 안에서 자연 선택을 통해서 결정되
었다. 그러한 자연 선택이 이루어지게 된 배경에는 적어도 사회 조직
이 지닌 양면성, 즉 한편으로는 안으로 응집하려는 결속력이, 다른 한
편으로는 밖으로 뛰쳐나가려는 반발력이 작용했을 수 있다.3 이것은

So a side panel makes sense when 'head turning' is ritualised

♂ puts head down when shy & submissive

In this posture the animal is very inconspicuous

♀ seen presenting her cheek for grooming to a juvenile

Impact of moustachios varies a lot as there is much individual variation in the shape & extent of white & intensity of blue (very pale whitey blue in some cases & variation in the black bristly area.

Note that such a tiny structure as a nostril is difficult to advertise

Nose-sniffing in cephus same as in other spp of Cercopithecid & possibly more frequent in all certainly in individuals

The white marks are aligned with the nostril slits & may serve to advertise them. So cephus could be a ritualised nose-sniffer

cephus

The ears are bare blue conches (but darker than face) & the yellow cheeks are separate. Chest tinder-bloomed with blue as is scrotum BUT all lost to distant view by grey fur

Black temporal streak links eyes & ear movements

yellow flush   blue 3 part   yellow flush

Low black lower cheek mark ends at same point where yellow zone ends i.e. point where frontal angle loses signal value

mout

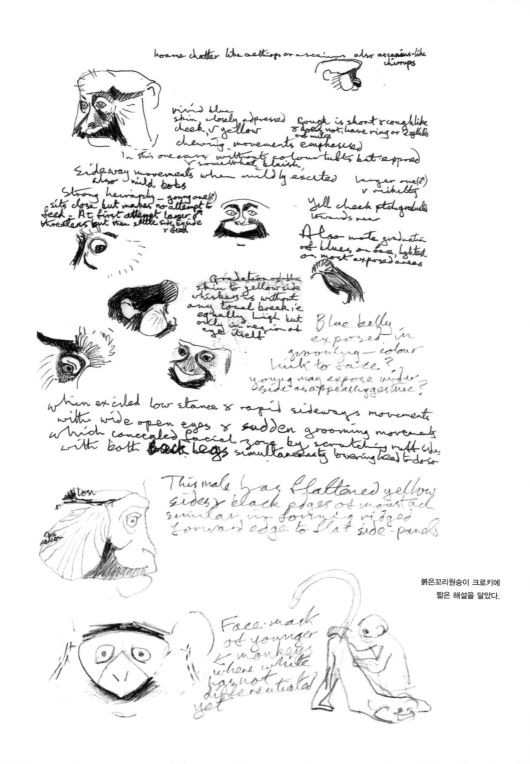

hoarse chatter like aethiops or ascanius   also ascanius-like chimps

vivid blue
skin closely appressed
cheek v yellow
chewing movements emphasised

cough is short & coughlike
& does not have ring or 2 syllab of mitis

In this one ears without colour tufts but exposed
v somewhat bluish,

Sideway movements when mildly excited
also mild bobs

larger one(♂)
v rickety

Strong hierarchy – young one(s)
sits close but makes no attempt to
feed – At first attempt larger ♂
threatens but then settle side beside
v feed

Yell cheek pitch graduates
towards rear

Also note graduation
of blues on face, lightest
on most exposed areas

Gradation of blue
skin to yellow side
whiskers is without
any tonal break ie
equally high but
only in region of
eye itself

Blue belly
exposed in
grooming – colour
link to face?
young may expose wider
side as appealing gesture?

when excited low stance & rapid sideways movements
with wide open eyes & sudden grooming movements
which concealed facial zone by scratching ruff like
with both Back legs simultaneously lowering head to do so

This male has flattened yellow
sides & black edges of moustach
similar in forming a ridged
forward edge to flat side-panels

Face-mask
of younger
monkeys
where white
has not
differentiated
yet

붉은꼬리원숭이 크로키에
짧은 해설을 달았다.

원숭이들에게 마음을 진정시키는 행동이나 남을 공격하는 행동으로 나타난다. 붉은꼬리원숭이의 경우, (반드시 그런 것은 아니지만 주로 수컷의) 반발력은 공격성으로 표출된다. 공격적인 원숭이는 정면을 응시하며 찌푸린 표정을 하고 상대방을 물어뜯거나 쫓아내려고 한다. 반면에 약한 원숭이는 일부러 상대방과 눈을 맞추지 않으려고 다른 사물이나 다른 곳을 보는 것처럼 눈을 위아래, 좌우로 두리번거리는 행동을 한다.4 여기에 문제의 실마리가 있었다!

　내가 그들을 자세히 관찰했을 때(마침내 사진 촬영도 했다.) 파리를 털어내려고 하는 것처럼 보였던 머리를 흔드는 행동이 사실은 매우 빠르게 눈을 좌우로 돌리는 행동이었다. 눈에 띄게 '머리를 흔들어' 상대방의 주의를 끄는 행위는 사회적인 의미가 있을 수 있다. 유화적인 행위는 분위기를 진정시키고 사회를 결속시키는 데 도움을 주기 때문이다. 나는 그렇게 머리를 흔드는 행위가 진화적으로 처음에는 상대방의 시선을 피하려고 하는 데서 시작된 것이라고 계속해서 주장했다! 머리를 흔드는 행위 자체보다는 그 행위자의 애매한 얼굴 표정을 잘 감추는 것이 더 중요했다. 붉은꼬리원숭이가 그렇게 다양한 얼굴로 진화한 과정을 가장 그럴듯하게 설명하자면, 기후 변화와 지속된 가뭄 때문에 지역이 고립되면서 지역별로 얼굴 모양이 서로 달라졌고, 그 이후에 자연 선택을 통해 상대방의 "기분을 풀어 주는" 얼굴 표정이 더 강화되었다. 이것은 임의의 색깔과 색조를 더욱 기하학적으로 구성하고 더욱 강력하게 대비시키는 방식으로 나타났다.

　이렇게 고도로 의례화된 '머리를 흔드는 행위'는 수컷이 암컷에게 다가가려고 할 때도 사용되었다. 여기에 자연 선택을 통해 얼굴 모양이 바뀌게 되는 두 번째 실마리가 있었다. 즉 자손의 번식을 위해서! 암컷들은 사방에 흩어져 나무 위에서 살기 때문에 다른 곳으로 도망칠

DATA FORM for head & body movements & expressions

Cercopithecus species? _ascanius_ race?
Locality. _Rwimport_ white & red? Date. 7th Aug 10-15-1115

TIME		
ACTOR (sex & status)		♂
DIRECTEE (" & ")		
ACTIVITY	Threat, sex, play, neutral etc	
BODY orient	TOWARDS	
	LATERAL	
	AWAY	
BODY posture	still	
	in motion	
	⌐	
	∟o	
	⌐e	
	♀	
TAIL positn. ↑↓←		
" mov't ✓—x		
GENIT. display ✓—x		
HEAD orient.	Level	
	up	
	down 7	
	side	
HEAD movements	UP 13	
	DOWN 18	
	SIDE 15	
	CIRC. or DIAG.	
FEATURES	eye flicker 3	
	brow " 45	
	mouth open 8	
	mouth closed 12	
	ears move 11	
SPEED Fast Slow		
Repetition (no. of times)		
VOICE?		
Other Data licking lips		
champing 5		
wipes her nose		

붉은꼬리원숭이가 각종 행동을 하는 횟수를 기록한 데이터시트.

방법이 수없이 많다. 이런 환경에서 수컷이 암컷에게 구애를 하기 위해 다가갈 수 있는 방법을 찾는 것은 특별히 중요하다. 보통 평지에서 생활하는 원숭이의 경우, 성기를 '보여 주는 것'이 상대를 유혹하고 우호적인 관계를 맺고 싶다는 의사를 가장 분명하게 보여 주는 몸짓이다. 그러나 나뭇가지가 우거져 하늘을 가린 나무 위에서 성생활을 하는 붉은꼬리원숭이에게는 그러한 행동이 그다지 쓸모가 없다. 실제로 붉은꼬리원숭이의 '머리를 흔드는 행동'이나 얼굴 모양은 그들이 주고받는 화해의 신호가 진화 과정에서 신체의 뒷부분인 엉덩이에서 앞부분으로 이동했다는 것을 보여 준다. 따라서 붉은꼬리원숭이의 성기는 별로 눈에 띄지 않는다.

이 연구는 이러한 신호의 전환을 이해시키는 데 있어 글을 쓰는 것보다 그림을 그려 시각적으로 설명하는 것이 훨씬 더 효과적이라는 것을 보여 준다. 나는 핏기 없는 얼굴을 한 살아 있는 것 같은 원숭이 모형을 만들어 카메라로 찍었다. 영상에는 내가 그 모형의 생식기를 잡고 연청색의 음낭을 비틀어 떼어 내 그것을 모형의 얼굴로 바꾸는 장면이 나온다. 가면처럼 생긴 얼굴 모양은 붉은꼬리원숭이와 가까운 친척인 청색 얼굴을 한 콧수염원숭이(blue-faced mustached monkey)와 매우 많이 닮았다. 그렇게 바뀌는 데 수백만 년이 걸렸을 진화 과정을 말로 설명하자면 장황하게 늘어놓아야 했을 테지만, 텔레비전에서는 아주 짧은 시간에 저속하지만 눈길을 사로잡는 행위로 단 한 번에 상징적으로 보여 주었다! 연구를 진행하는 동안에 그린 각종 도해와 스케치는 내가 원숭이들의 행동과 형태 변화를 직접 관찰하면서 그들의 얼굴 모양이 독특하게 바뀌는 진화 과정을 이해하는 데 큰 기여를 했다. 밀림에서 야생 원숭이를 그린 것도 있고 생포된 원숭이나 박물관에 전시된 표본을 보고 그린 것도 있으며, 자세히 그린 것도 있고 피상적으로 그린 것도 있지만, 그것은 모두 기본적으로 내 해석이 들어간 그림들이다. 다각적이지만 실험적이고 가설적일 수밖에 없는 진화생물학의 언어로 '현지'를 해석한 것이다.

그림을 그리는 행위는 우리의 생각을 표현하고 실험하게 하는 것이 바로 손이라는 사실을 일깨워 준다. 아프리카와 유럽의 위대한 동굴 벽화들은 레오나르도 다빈치의 스케치북만큼이나 그 사실을 뒷받침한다. 사진술의 가능성은 매우 크다. 특히 창의력이 뛰어난 과학자들이 이용한다면 더욱 그렇다. 그러나 사진 기술이 아무리 발전한다고 해도 넓은 의미에서 보면 '드로잉'의 경쟁 상대가 될 수는 없을 것이다. 비록 황토 한 덩어리, 숯 한 개일지라도 손으로 탐구해야 할 것은 늘 있기 마련이다. 드로잉이 모든 것의 표현 수단이 될 수는 없지만, 현지 조사를 하는 생물학자들에게는 매우 단순한 도구로서 쓸모가 있다. 따라서 드로잉은 오래된 역사만큼이나 앞으로도 오랫동안 유용한 도구로 구실을 할 것이다. 드로잉의 표현력은 시공의 거대한 간극을 뛰어넘을 잠재성을 지니고 있다. 그러나 무엇보다 드로잉이 우리에게 중요한 것은 그림을 그리면서 만나는 대상과 거기에서 찾아내고자 하는 것의 의미를 마음속으로 계속해서 고민하며 생각하게 한다는 사실이다.

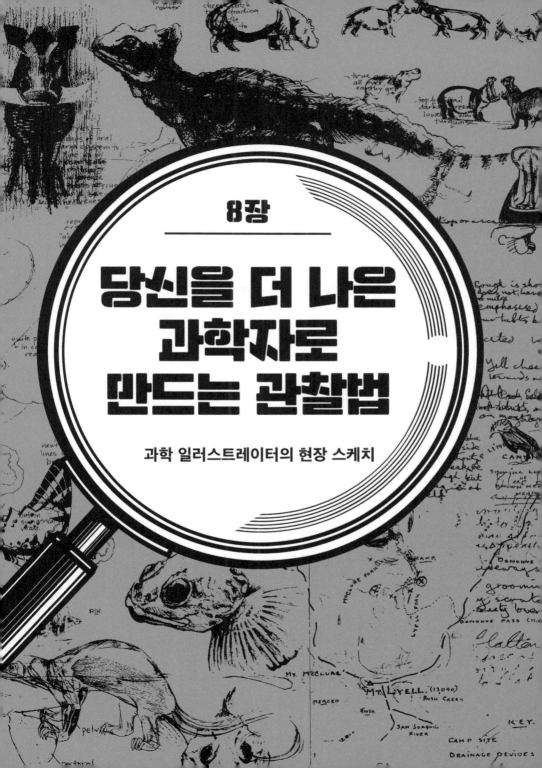

8장

당신을 더 나은 과학자로 만드는 관찰법

과학 일러스트레이터의 현장 스케치

"주의 깊은 관찰은 당신을 더 나은 과학자로 만듭니다.
그리고 드로잉은 관찰을 하는 아주 좋은 방법입니다."

제니 켈러 Jenny Keller

과학 전문 일러스트레이터다. 1981년 그림이 많이 들어간 현장 일지를 꾸준히 읽기 시작하면서 예술과 과학에 대한 일생의 관심을 결합시켰다. 그의 작품은 《사이언티픽 아메리칸》과 《내셔널지오그래픽》 같은 잡지를 비롯해 많은 책에 실렸으며, 그의 그림이 담긴 현장 일지는 여러 곳에서 전시되었다. 가장 최근에는 아마존 지역에서 그린 작품들이 뉴멕시코와 포르투갈에서 전시되었다. 현장 스케치, 자연 과학과 동물학 일러스트에 적용되는 기술, 과학 일러스트레이션의 역사를 가르치고 있다.

인간의 모습이 어떤지 인간이 취할 수 있는 모든 자세를 모두 말로만 설명해서 보여 주려고 하는, 그런 생각은 버려라. 설명이 장황할수록 사람들은 더 헷갈리고 당신이 설명한 것과는 오히려 동떨어진 지식을 얻기 쉽다. 따라서 그림과 말로 동시에 설명해야 한다.

레오나르도 다빈치

내가 하는 또 다른 일은 모든 동물 강(綱)을 수집해서 간략하게 설명하고 많은 해양생물을 간단히 해부하는 것이었다. 그러나 그림을 그릴 줄도 모르고 해부학 지식도 충분하지 못한 까닭에 항해하는 동안 작성한 거대한 원고 더미는 거의 쓸모없는 것이 되고 말았다.

찰스 다윈의 자서전에서

다빈치에서 다윈에 이르기까지 그림이 과학적 조사와 의사소통 수단으로서 중요한 위치를 차지한 지는 이미 역사적으로 오래되었다. 이 장에서 나는 그림이 오늘날 과학자와 자연사학자들에게 여전히 중요한 설명 수단으로 남아 있다는 것을 명확하게 밝히고 싶다. 기술 혁신이 정보를 문서화할 수 있는 강력한 새로운 도구를 제공했지만, 탐사 과학자는 드로잉을 통해 시각적으로 생각하는 법을 이해함으로써 또 다른 이익을 얻을 수 있고, 간단한 드로잉 기법을 이용해서 자연계의 한 부분을 상세히 기록하는 방식을 향상시킬 수 있다.

관찰하기 위한 그림 그리기

관찰 노트에 왜 그림이 반드시 들어가야 할까? 먼저, 그림을 그리면 관찰 대상을 더욱 자세히 보게 된다. 그림 그리기는 하나의 관찰 활동으로서 모든 세세한 것, 심지어 언뜻 중요해 보이지 않는 것까지 주의를 기울이게 만든다. 어떤 이미지를 만들 때 (얼마나 솜씨가 좋은지는 상관없이) 종이 위에 나타낸 선과 색조는 당신이 무엇을 세밀하게 관찰하고 무엇을 놓쳤는지 끊임없이 되새기게 한다. 예컨대 당신이 잘못해서 관찰 중인 어느 포유동물의 발가락을 빼먹고 그리지 않았다면, 발가락이 없는 동물 그림을 보는 순간 당신이 빼먹고 그린 부분을 집중해서 관찰하게 될 것이다. 따라서 그림을 그리는 행위는 관찰 대상의 모든 부분을 하나도 빼먹지 않고 면밀하게 살펴보지 않을 수 없게 한다.

어쩌면 당신은 이렇게 생각할지도 모른다. "그래요, 좋아요. 하지만 난 그림을 그릴 줄 몰라요." 나는 특히 이런 사람들에게 유용한 시각적 기록을 남기기 위해 반드시 그림을 잘 그릴 필요는 없다고 말한다. 몇 가지 기본적인 드로잉 기술을 익히기 위해 약간의 수고를 마다하지 않을 사람이라면 누구라도 정보가 가득한 스케치를 완성할 수 있다. 실제로 전혀 전문적인 훈련 과정 없이도 습득할 수 있는 매우 효과적인 '드로잉'과 채색 기법들이 있다. 실제로 해보고 싶어 하는 사람들을 위해 나중에 이 장의 뒷부분에서 몇 가지 기법을 소개할 것이다.

그림을 그리는 과정은 관찰력을 높이는 동시에 연구 대상에 관해 생각지 못했던 의외의 모습을 밝혀낼 수도 있다. 이미 세상을 떠난 존경받는 해양생물학자 켄 노리스(Ken Norris)와 함께 작업하던 시절, 하와이긴부리돌고래(Hwaiian spinner dolphin)가 공중회전을 하고 철벅하며 헤엄치는 모습을 단편 애니메이션으로 제작해 달라는 요청을 받은 적이 있었다. 그때 나는 모든 것을 손으로 직접 그렸는데, 돌고래의 적절한 동작과 자세를 잡기 위해 비디오 화면의 프레임들을 쪼개서 확인하느라 매우 많은 시간을 소비했다. 마침내 작업이 끝났을 때, 나는 돌고래가 회전하고 철벅이며 헤엄치는 각각의 동작 단계에 대해 여태껏 알고 싶어 했던 것보다 더 많은 것을 알게 되었다. 어느 날 나는 켄과 일상적인 대화를 나누다가 돌고래가 철벅거리고 거품을 내며 헤엄치는 모습이 열 번이나 되풀이되었다고 말했다. 나는 정말로 거품을 내며 헤엄치는 동작을 지겹도록 많이 그려야 했던 것에 대해서 불만을 얘기한 것뿐이었다. 그러나 놀랍게도 켄은 그 말을 듣고 매우 흥분했다. 그것은 돌고래의 거품 흔적이 그들의 의사소통에 중요한 구실을 한다는 켄의 이론을 지지하는 정량적 증거였기 때문이다. 과학에서와 마찬가지로, 과학 일러스트에서도 앞으로 무엇이 중요한 것으로 밝혀질지 당신은 결코 알지 못할 것이다.

현장 조사에서 그린 스케치는 또한 귀중한 정보를 담고 있을 수 있다. 때로는 사진보다 스케치가 훨씬 더 정확하다. 카메라는 순간의 장면과 복잡한 세부 요소를 포착하기 위해서 꼭 필요하지만 (그래서 나는 현장에 나갈 때 꼭 카메라를 들고 간다.) 그것으로 모든 것을 다 할 수는 없다. 사진에 나오는 색깔은 대개 (때로는 매우) 부정확하며, 비율이 왜곡되기도 하고, 종의 중요한 특징이 명확하게 기록되지 않거나 전혀 포착되지 않을 수도 있다. 카메라는 거짓된 안도감을 주기도 한다. 특히 사진을 찍는 순간 디지털 화면에 대상이 완벽하게 재현되는 것처럼 보일 때가 그렇다. 그러다가 나중에야 사진에 뭔가 중요한 것이 빠진 것을 발견하게 된다. 예컨대 나뭇잎의 밑면이 안 나온다거나 동물의 꼬리가 사진 어디에도 보이지 않을 때가 있다.

반면에 종이에 그린 단순한 이미지는 우리가 관찰한 것을 기록하기에 편한 (그리고 얼마나 철저하게 관찰했는지를 평가할) 완벽한 틀을 제공한다. 우리는 기본 형태, 화살표, 원, 채색, 짧은 메모를 이용해서 중요한 현장의 흔적을 효과적으로 기록할 수 있다. 선 하나만으로 벌새가 강하하는 모습을 묘사할 수도 있고 새가 나뭇가지에 앉을 때 중심을 잡는 각도를 표현할 수도 있다. 숫자를 매긴 선이나 파선을 이용하면 포식 동물이 초원을 가로지르며 먹이를 사냥하는 경로를 지도로 나타낼 수도 있다. 이것을 말로 설명하려면 매우 성가실 것이다. 한번은 프레대토리투니캐이트(predatory tunicate, 수심 200미터에서 1,000미터의 심해 협곡이나 해저 바닥에 붙어서 작은 해저 생물을 먹고 사는 심해어—옮긴이)를 그림으로 그렸는데, 투명한 몸통 속에는 카메라로는 포착할 수 없지만 스케치로는 명확하게 그려낼 수 있는 아주 미세한 변화들이 있었다.

마지막으로 관찰 노트를 작성할 때 스케치를 해야 하는 또 다른 이유는 그동안 연구한 것을 발표할 단계에서 시각적으로 생각을 가다듬을 기회를 주기 때문이다. 비록 나중에 전문 미술가를 고용한다고 하더라도 미리 마음속으로 생각을 명확하게 정리해 둔다면 나중에 더 좋은 그림이 나올 것이다. 물론 잘 그린 이미지는 연구의 전문성과 의미를 전달하고 관심을 끄는 발표문을 작성할 때 큰 도움이 될 것이다. 일반인뿐 아니라 과학자들도 대개 일러스트와 거기에 붙은 설명문을 먼저 읽고 본문을 정독한다는 것은 주목할 만한 사실이다. 아직도 연구 작업에서 그림의 중요성을 확신하지 못한다면 과학 간행물 분야에서 일하는 전문가들의 조언을 유념해서 들을 필요가 있다. 스콧 몽고메리(Scott L. Montgomery)가 쓴 《시카고 대학의 과학적 소통 지침(The Chicago Guide to Communicating Science)》을 보면, "과학의 시각적 영역은 당신이 할 수만 있다면 그 자체가 독특한 언어, 즉 일종의 그림으로 표현된 문

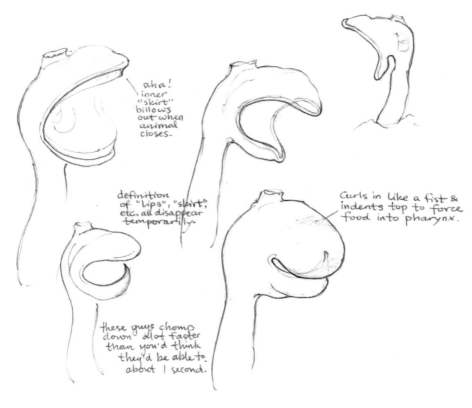

장이 될 수 있다."라고 나와 있다.1 《사이언티픽 아메리칸(Sciencefic American)》의 선임 미술책임자인 에드워드 벨(Edward Bell)은 과학자와 저자 들에게 글을 쓸 때 서툴러도 스케치를 함께 그려 넣을 것을 강력하게 권한다고 내게 말했다. "미술가 입장에서 저자가 직접 그린 스케치보다 더 좋은 것은 없어요. 비록 그림이 정말로 세련되지 못하고 투박하다고 해도 말이에요."2 《사이언티픽 아메리칸》의 보조 미술책임자인 루시 리딩-이칸다(Lucy Reading-Ikkanda)도 한마디 거들었다. "우리가

프레대토리투니캐이트를 드로잉한 것. 물이 흘러드는 수관(벌린 "입")을 움직이는 동안 투명한 몸통 속에서 일어나는 미세한 변화들을 볼펜 드로잉으로 간단하게 포착해 낼 수 있다.

보기에 가장 큰 문제는 과학자들이 실제로 보여 주고 싶은 것을 명확하게 그리지 못한다는 거예요. 사람들은 그림을 맨 먼저 보기 때문에 그림을 가장 먼저 '읽어요.' **그림에는 이야기가 있죠.**(원문에서 강조)"3

당신이 작업을 하고 있는 동안이 바로 당신의 작업이 어떻게 보일지를 생각하는 시간일 것이다. 당신이 현장에서 관찰 대상을 보고 있을 때, 당신의 이야기를 설명하는 데 도움이 될 시각 정보가 무엇이 있는지 늘 살펴야 한다. 그림을 잘 그릴 줄 몰라도 적어도 특정한 주제를 어떻게 그림으로 표현할지 생각을 정리해서 메모하는 습관을 들여야 한다. 나중에 전문 일러스트레이터와 협의해서 그것을 어떻게 그릴지 정해야 하기 때문이다. 무척추동물을 연구하는 동물학자와 함께 논문을 준비하면서, 우리는 현장에서 그린 아주 투박한 스케치들이 작업을 훨씬 쉽게 하고 더욱 정확한 결과물을 내는 데 큰 역할을 했다는 것을 분명하게 깨달았다. 내가 그려야 할 생물은 외형이 끊임없이 바뀌는, 지름 1밀리미터 이하의 크기가 작고 가는 솜털이 난 판형동물이었다. 동료 여성 동물학자의 관찰 노트에는 그 동물이 보여 주는 서로 다른 모습을 설명하는 짤막한 표현들이 나열되어 있었다. 납작하고 아치형이며 물결치는 찻잔 모양이라고 씌어 있었다. 이러한 말은 기본적으로 작은 팬케이크 같아 보이는 동물의 형태를 묘사하는 것처럼 보였다. 나는 일러스트레이터로서 더 많은 것을 알아야 했다. "물결친다는 말이 얇게 썬 감자튀김 모양 같은가요, 아니면 배의 방파판 같은가요? 그리고 찻잔 모양이라고 했는데, 콘택트렌즈 크기만 한가요, 시리얼 담는 그릇만 한가요? 아니면 해파리가 부푼 모습일 때를 말하는 건가요?" 나는 재미있게 그러나 진지하게 물었다. 그림은 일반적인 것이 아니라 특정한 형태만 보여 줄 수 있다. 처음에는 특징이 되는 부분만 선으로 그린다. 그 뒤에 작업 책상으로 돌아가서 나머지 선들을 완성해야 한다. 나는 살아 있는 동물을 실제로 본 사람이 그 선들이 어디로 이어질지 결정하기를 바랐다. 그 여성 과학자는 자신의 관찰 노트를 다시 들여다보면서 어떤 실마리를 찾으려고 했지만, 이내 한숨을 내쉬었다. "에구, 더 말씀드릴 게 없네요." 결국 우리는 중간 형태의 동물 일러스트를 그리는 것이 안전할 거라는 결론을 내렸다. 동시에 말로 설명하는 정보가 실제로 얼마나 빈약한지, 그리고 관찰 노트의 한 구석에 물결선이나 호, 타원을 이용해서 그림을 그려 넣는 것이 그다지 어려운 일이 아니라는 것도 새삼 깨닫게 되었다.

간행물에 들어가는 과학 일러스트에 대해 논의하다 보면 언제나 어느 지점에 가서 사진에 대한 이야기로 주제가 넘어간다. 어떤 과학자는 "좋아요. 현장 조사를 할 때 관찰 노트에 스케치를 그려 넣는 것은 유용할 수 있어요. 하지만 최종 연구서를 발간할 때 그림이 왜 필요한 거죠? 꼭 필요하다면 난 사진을 쓰겠어요."라고 말하기도 한다. 그러나 과학 일러스트는 사진이 할 수 없는 것들을 할 수 있다. 잘 그린 그림은 사진이 보여 줄 수 없거나 잘 포착하지 못하는 사건을 보여 준다. 중요한 모든 것을 하나의 이미지로 통합하거나 어떤 대상의 특별한 단면을 보여 줄 수도 있다. 즉 일부를 잘라내거나 해부하여 내부를 드러낸 모습, 반투명한 모습 같은 것을 표현할 수 있다. 또한 해당 개체의 '평균적'이거나 '전형적'인 모습을 재현해 모델을 제시하기도 하고, 정신을 어지럽히는 부분을 떼어 내고 가장 중요한 부분만 강조하기도 한다. 뿐만 아니라 시간을 거슬러 올라가서 오래전에 멸종된 종과 과거의 광경을 보여 주기도 하고, 아직 존재하지 않는 미래의 장면이나 현상 들을 보여 주기도 한다. 생각해 보라. 일러스트가 없었다면 누구도 공룡의 모습이나 해저의 지형도, 태양의 단면도를 보지 못했을 것이다. 마찬가지로 실제로는 서식지가 다른 여러 종의 수생 생물을 완벽하게 모두 모아 놓고 동시에 뚜렷하게 관찰하는 것은 거의 불가능하지만, 일러스트에서는 그러한 장면을 쉽게 살릴 수 있다. 그림은 너저분하게 절개된 것들을 깨끗하게 정리해 피하 근육을 뚜렷하게 보여 줄 수도 있고, 고고학자들이 발견한 지층을 마술처럼 공간에 떠 있게 만들 수도 있다. 심지어 새로운 전자기기의 사용 설명서에도 일러스트가 들어가는데, 사진의 음영이나 복잡한 것들 때문에 정신이 산만해지는 것을 막고 중요한 특징들을 쉽게 설명한다. 아무도 당신이 하는 방식대로 당신이 연구한 것을 이해하지 않으므로 당신의 연구 결과를 다른 사람들에게 어떻게 그림으로 보여 줄지를 미리 생각해야 한다.

현장에서 스케치하기

나는 현장에서 관찰한 것을 글로 쓰고 그림으로 그린다. 내게 '현장에서'라는 말은 '관찰 대상의 크기, 주요 특징, 색깔, 심지어 행동에 대한 정보를 이해하고 기록하기 위해 실제로, 가능하면 살아 있는 표본 앞에 있다.'라는 것을 의미한다. 현장에서는 가볍고 가지고 다니기 편하고 간단한 도구를 쓰는 것이 좋다. 내가 가장 좋아하는 스케치북은 탈착 가능한 스프링 바인더 스케치북이다. 드로잉과 모사, 수채화, 격자선을 마음대로 그릴 수 있고 방수가 되며 어떤 종이든 한 권에 탈착할 수 있는 장점이 있다. 야외에서 작업할 때는 깎을 필요가 없는 샤프 연필이 쓰기 편리하다. 검정색 볼펜은 스케치에 명암을 넣기에 좋은 필기도구다. 볼펜심을 누르는 강도에 따라 명암을 나타내는 범위가 놀랄 정도로 넓다. 잉크는 연필처럼 쉽게 더러워지지 않는다. 끝으로, 색이 바래지 않는 극도로 가는 사인펜과 여러 가지 채색도구까지 갖추면 기본 스케치용품 한 벌이 완성된다.

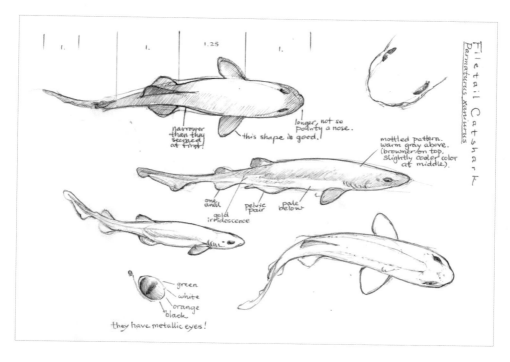

　나는 밖으로 나가기 전에 그릴 대상에 익숙해지기 위해 참고 자료를 검토한다. 관련 종에 대한 설명이나 사진 자료들을 보고 가능하면 그 생물을 머릿속에 그려 본다. 이렇게 하다 보면 내가 모르는 것이 무엇인지 따져 보면서 대상 생물의 중요한 특징들을 찾아보게 되고 물어볼 것도 챙기게 된다. 네발 달린 동물의 사진을 보면 다리가 대개 풀에 가려 잘 안 보이는데, 실제로 그 동물이 앞에 있으면 나는 다리를 유심히 살펴볼 것이다!

　살아 있는 동물을 현장에서 그리다 보면 대개 여러 컷의 드로잉을 종이 한 장에다 재빠르게 그리게 된다. 아주 자주 일어나는 일이지만 관찰 대상이 위치를 바꾸면 처음에 하던 스케치는 포기하고 스케치를

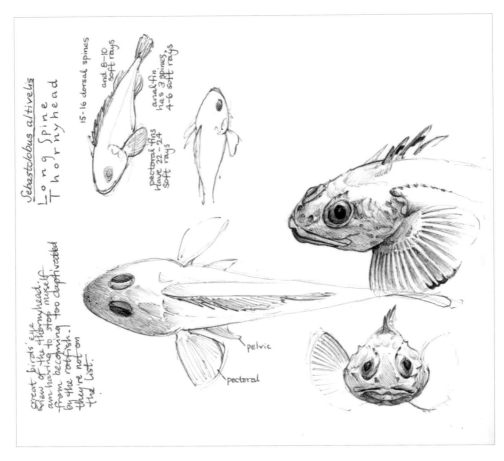

롱스파인소니헤드(longspine thornyhead, *Sebastolobus altivelis*)를 스케치한 것.
일반적인 검정색 볼펜으로 그린 스케치로, 나타낼 수 있는 명암 범위가 얼마나 넓은지 분명하게 알 수 있다.

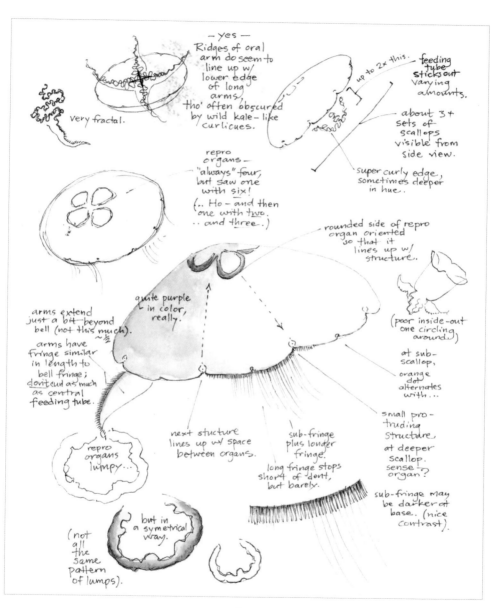

보름달물해파리(moon jelly, *Aurelia sp.*)를 스케치한 것. 그림에 붙은 설명은 추가적인 정보를 제공하는 동시에 그림에서 중요한 내용이 무엇인지 주목하게 한다.

새로 한다. 이런 식으로 계속하다 보면 종이에는 미완성된 곡선들이 여기저기 난무하게 되는데, 그 동물은 결국 앞서 취했던 자세들 가운데 하나로 되돌아오는 경우가 많다. 그럴 경우에 나는 앞서 그리다 만 스케치를 더 세밀하게 다듬어 그림을 완성한다. 그림을 완성하면서 관찰한 것을 설명하는 데 도움이 되고 중요한 것처럼 보이는 것은 글로 짧게 적어 둔다. 그래서 내 시각 기록에는 화살표, 도표, 측량선, 첨삭, 의문, 감탄 부호 같은 것들도 함께 들어간다. 작업실로 돌아와서는 이렇게 마구 휘갈겨 기록한 것 가운데서 내가 최종 완성할 일러스트에 쓸 가장 중요하고 믿을 만한 자료들을 골라낸다. 그것들은 완벽하거나 아주 자세하지는 않지만 다시 살펴보면 현장에서 본 것을 상세하게 기억해 낼 수 있다. 스케치나 스케치를 하기 위한 세밀한 관찰(어쩌면 더 중요한 것인지도 모른다.)은 사진과 같은 다른 시각 자료를 이해하고 해석하는 데도 도움이 된다.

나는 형태와 중요한 특징들을 전반적으로 살펴본 뒤에 색을 칠한다. 색깔은 본인이 직접 실물을 보는 것 말고는 다른 방법이 없다. 채집한 생물은 숨이 끊어지자마자 곧바로 색깔이 바뀌기 시작한다. (방식에 따라 다르지만) 변색 과정은 보존 처리를 할 때 가속화되는데, 시간이 흐르면서 끊임없이 색깔이 달라질 수밖에 없다. 앞에서 언급한 것처럼 사진에 재현된 색깔은 대개 부정확하다. 따라서 실제로 현장에서 색깔을 직접 확인하고 칠하는 것이 가장 좋은 방법이다.

색칠하는 방법에는 여러 가지가 있다. 색연필은 초보자에게 좋다. 사용하기 쉽고 휴대가 간편하며 관찰 대상과 잘 어울리는 생생하고 자연스러운 색조를 낸다. 또한 색연필은 덧칠을 할 수 있어서 색깔을 배합할 수도 있다. 주의할 점이 있다면 사무용품으로 쓰는 값싼 색연필은 피해야 한다는 것이다. 그런 색연필을 쓰면 노력한 만큼의 결과를

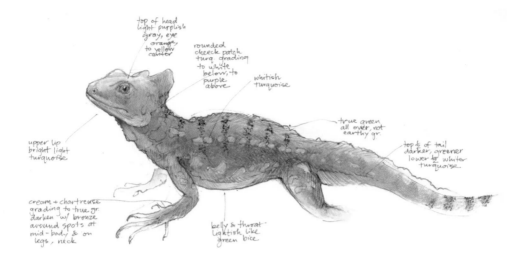

top of head
light purplish
gray, eye
orange
to yellow
center

rounded
cheek patch
turq. grading
to white
below, to
purple
above

whitish
turquoise

true green
all over, not
earthy gr.

top & of tail
darker, greener
lower b white
turquoise.

upper lip
bright light
turquoise

cream + chartreuse
grading to true gr.
darken w/ bronze
around spots at
mid-body & on
legs, neck

belly & throat
lightish like
green bice.

얻지 못할 것이다. 미술가들이 쓰는 전문가용 색연필은 색감이 좋아서
관찰 대상을 더욱 잘 표현할 수 있다. 또한 세트뿐 아니라 낱개로도 살
수 있어서 필요한 색연필만 따로 살 수도 있다. 고급 색연필은 비싸더
라도 충분히 제값을 한다.

　나는 스케치에 색칠을 할 때 주로 수채 그림물감을 쓴다. 물감 세트
가 작아서 색연필보다 가지고 다니기가 훨씬 쉽고 더 빨리 사용할 수
있기 때문이다. 수채 그림물감을 익숙하게 사용하려면 약간의 시간이
걸린다. 하지만 연습을 하면 필요한 색깔을 정확하게 배합할 수 있으
며 붓질 한 번으로 넓은 영역을 채색할 수 있다. 나는 물감과 함께 '워
터브러시(waterbrush)' 한 자루를 챙긴다. 워터브러시는 속이 빈 플라스
틱 손잡이에 물을 담아 사용하는 아주 창의적으로 제작된 그림붓이다.
붓에서 직접 물이 나와 마른 물감을 찍어 사용하거나 팔레트에서 색을 버섯산호(mushroom coral)와 근접 관찰한 폴립(polyp)의 모습. 이 동물의 색깔 변화는 빨강, 분홍, 베이지색을 겹쳐 칠해서 나타냈다.

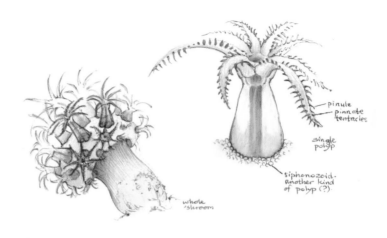

pinule
pinnate tentacles

single polyp

siphonozoid.
another kind
of polyp (?)

whole
'shroom

Mushroom Coral
Anthomastus ritteri

Lots of color variations: mushroom cap / polyps
cream   coral pink
coral pink   white
reddish   reddish

Spotted Jelly!
*Mastigias
papua*

문어해파리(spotted jelly, *Mastigias papua*) 수채화. 나는 현장에서 스케치를 빨리 하기 위해 수채 그림물감을 자주 사용한다. 그림 도구 세트와 워터브러시는 연필보다 휴대하기 편하고 빨리 사용할 수 있다.

Kelp Greenling

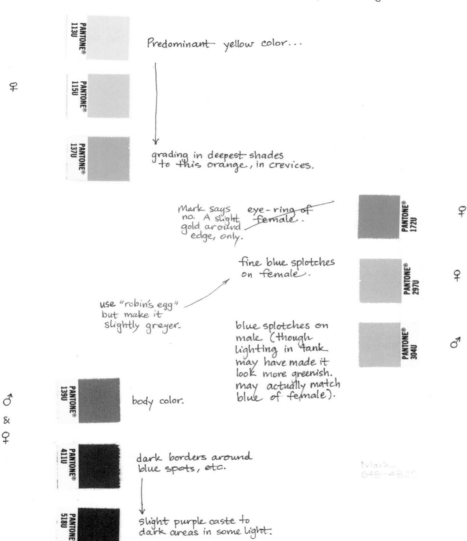

팬톤 컬러칩(색상 조각)과 관련 메모. 캘리포니아 해변에서 흔히 볼 수 있는 켈프그린링(kelp greenling, *Hexagrammos decagrammus*, 해초류의 일종인 켈프 사이에 서식하는 물고기―옮긴이)의 일러스트를 그리기 위해 실물을 보고 골랐다.

배합한 뒤 종이에 칠하면 된다. 붓을 씻을 때는 헝겊 조각이나 종이 수건을 이용한다.

현장에서 색칠하는 세 번째 방법은 전문적인 미술 교육을 받지 않아도 되는 것으로, 표준화된 색상 체계를 사용하는 것이다. 예컨대 팬톤 컬러 가이드(Panton Color Guide, 색상표의 일종)는 번호를 매긴 수백 개의 색상 견본을 한 장씩 끼웠다 뺐다 할 수 있게 하나로 모아 놓은 종이 묶음이다. 표본에 맞는 색깔을 이 묶음에서 찾아서 맞는 색이 나오면 그 색상 조각을 뜯어내 해당 부위에 직접 붙일 수 있다. 그런 조각들에 짧은 설명을 곁들이면 나중에 그 관찰 대상의 색깔을 매우 정확하게 설명할 수 있다. 이렇게 색상을 표시하면 아무리 멀리 떨어져 있는 사람이라도 똑같은 색상표를 가지고 있는 한 무슨 색깔을 말하는지 정확하게 이해할 수 있다.

간단한 드로잉 연습

언젠가 한번은 미술가가 관찰하며 그림을 그리는 모습을 본 적이 있을 것이다. 그는 대상물을 바라보고 나서 어쩌면 아무것도 그려져 있지 않을 빈 종이를 내려다보고 평면에 선을 그리고 음영을 넣어 3차원 형상을 정확하게 표현할 것이다. 특별히 그림을 잘 그렸다면, 미술가가 마치 마법을 부린 것처럼 보일 수도 있다. 그러나 미술가가 무슨 신비로운 조화를 부려서 그림을 그리는 것은 아니다. 그것은 당신이 어떤 복잡한 문제에 부딪혔을 때 해결하는 방식과 똑같다. 문제를 더 작게 다루기 쉬운 조각으로 쪼개는 것이다. 드로잉의 경우, 대상이 되는 사물의 각 부위를 정확하게 제자리에 그려 넣기 위해 여러 가지 방식으로 대상의 크기를 재고 실제로 측정(실제 크기를 잴 수도 있고 눈대중일 수도 있다.)한다. 이러한 측정 방식은 누구나 배울 수 있다.

대다수 미술가들은 맨 먼저 대상의 전체 모양을 보고 나서 그것을 점점 더 잘게 쪼개어 세부적으로 묘사해 들어간다. 가장 어려운 작업은 기본 형태의 윤곽을 정확하게 잡는 것이다. 제대로 윤곽을 잡았다면, 잘게 쪼갠 세부 요소들을 조각 맞추기 놀이의 조각 그림처럼 모두 제자리에 정확하게 끼워 맞춰야 한다. 이제 미술가들이 정확하게 윤곽을 그릴 때 하는 것처럼 대상을 볼 수 있는 몇 가지 시각화 기법을 소개한다.

완족류 화석을 그리기 위해서는 먼저 대상이 되는 화석의 전체 비율을 관찰한다. 연필을 잡고 엄지손가락으로 대상물의 높이와 너비를 표시해서 서로 길이를 비교한다. 그 비율을 기억했다가 종이에다 높이와 너비를 점으로 표시해 대강의 전체 비율을 나타낸다. (대상물을 실제 크기로 그릴 필요는 없다. 다만 높이와 너비의 비율이 정확해야 한다.) 비율을 나타내기 위해 종이에 찍는 점들은 살짝만 표시해야 하는데, 나중에 지우기 쉽게 하기 위해서다.

다음으로, 그리려고 하는 대상의 기본 형태를 파악한다. 대상을 먼저 기하학적 형태로 나타내기 위해서 다시 연필을 이용해 구부러진 모서리들을 직선과 직각으로 단순화한다. 그 선들이 앞서 대상의 비율을 보여 주기 위해 찍어 놓은 점들을 지나도록 연결한다.

또 다른 방식으로 연필을 이용해서 대상의 윤곽을 조정할 부분을 찾는다. 좌우나 위아래로 서로 정비례하는 부분들이 그런 곳이다. 어떤 부분을 조정해야 하는지 정해진 것은 없다. 다만 위치가 고정되어 있고 눈에 띄는 부분이면 좋다. 윤곽을 조정해야 하는 지점들에 점을 찍어 표시한다.

이제 대상의 윤곽선을 세밀하게 다듬기 위해서 대상을 둘러싼 주변 공간에 주목한다. 그 공간 자체가 하나의 형태로 보일 때까지 대상의

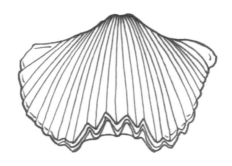

드로잉 연습을 위해 모델로 사용한 완족류 화석 표본.

주변 공간을 응시한다. 말 그대로 오랫동안 뚫어지게 바라본다. '이것은 세로로 길쭉한 삼각형이 물어뜯긴 모양 같아.'처럼 자기가 본 느낌대로 그 형태를 그리려고 애쓴다. 주변 공간의 형태를 명확하게 확인했다면, 그 윤곽선을 종이에 정확하게 그린다. 이렇게 하는 동안 대상 자체의 내부 공간도 동시에 자연스럽게 그려진다.

대상을 둘러싼 주변 공간을 중심으로 대상을 바라보는 이유는 형태에 대해서 새롭게 인식하기 위해서다. 그것은 어떤 사람의 (둥글다고 알고 있는) 눈동자를 그릴 때 그것을 둘러싼 흰자위의 모양을 그려서 눈동자를 완성하는 것과 같다. 흰자위의 모양을 정확하게 그린다면(흰자위의 위치를 양쪽에 정확하게 배치한다면) 편안한 상태에서 눈의 둥근 눈동자 일부는 눈꺼풀에 덮여 보이지 않는다. 대상을 둘러싼 주변 공간을 중심에 놓고 대상을 그리는 것은 우리가 기존에 알고 있다고 생각하는 것을 잊고 실제로 눈에 보이는 것에 주목하게 한다. 이것은 훌륭한 미술가(와 훌륭한 과학자)가 갖춰야 할 기본적인 관찰 태도 가운데 하나다.

끝으로, 나머지 쓸모없는 표시들을 지우고 윤곽선의 미세한 음영을 조정한다.

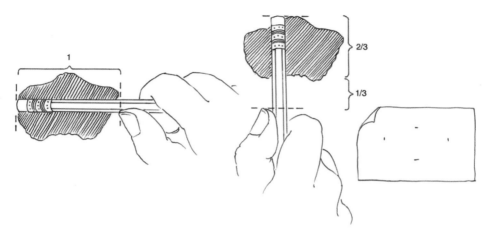

1단계: 비율. 연필과 엄지손가락을 이용해 표본의 높이와 너비를 재서 둘의 비율을 정한다.

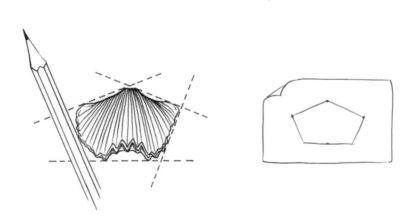

2단계: 기본 형태. 연필을 이용해 복잡한 윤곽선을 시각적으로 단순화한다. 표본의 모양이 기본 형태로 바뀐다.
1단계에서 표시해 놓은 점들에 맞게 직선으로 단순화된 윤곽선을 그린다.

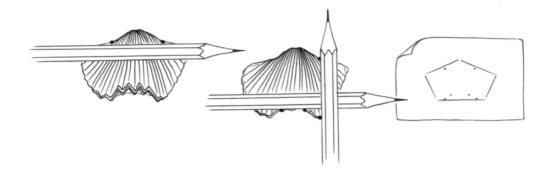

3단계: 조정. 윤곽선을 좀 더 정확한 모양으로 조정하기 위해 표본의 중요 부분을 찾아 연필로 표시한다.

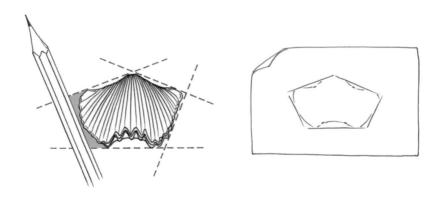

4단계: 주변 공간. 대상의 독특한 모양과 크기를 확정하기 위해서 물체를 둘러싼 주변 공간을 응시한다. 그 공간의 형상을 그린다.

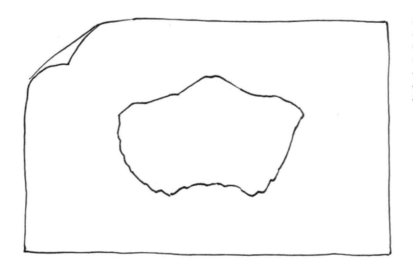

완족류 화석의 완성된 기본
윤곽. 지금까지 해 온 방식
을 기반으로 해서 표본을
더 세밀하게 관찰하고 윤곽
선을 다듬는다. 앞서 말한
순서를 반복해서 내부의 세
부 모습도 그릴 수 있다.

완족류의 자세한 내부 모양도 위와 똑같은 방식으로 완성할 수 있
다. 단숨에 모든 방향으로 이어지는 선을 그리려고 하지 말고(그러면 대
개 왜곡된다.) 작업하기 편하게 대상을 작은 부분으로 쪼갠다. 예컨대 선
을 하나 그어 전체를 절반으로 나눈다. 그리고 다시 그 절반들을 반으
로 나누는 선들을 긋는다. 이렇게 몇 차례 반복한다. 이제 그 선들의
주변 공간을 응시하고 그곳을 이루고 있는 각도와 곡선들을 확인한다.
그 순간에 당신이 그리고 있는 선 말고 다른 선은 없는 것처럼 생각해
야 할 수도 있다. 더 이상 쪼갤 공간이 없을 때까지 계속해서 공간을
분할하는 선을 긋는다.

색칠하기

색을 섞는 문제를 여기서 언급하기에는 너무 멀리 나가는 감이 없지
는 않지만, 몇 마디 조언은 해야할 듯하다. 무엇보다도 자신의 직관을

중요하게 생각해야 한다. 당신이 어떤 색을 오렌지 빛을 띤 노란색이 아니라 초록빛을 띤 노란색이라고 인식한다면, 그것은 대부분 맞을 것이다. 색연필이나 그림물감 세트에서 그 색과 가장 가까운 색을 골라서 초록빛을 띤 노란색을 만들어 보라.

세 가지 원색(담황색, 자홍색, 청록색)은 한꺼번에 섞지 말아야 한다. 함께 섞으면 갈색 계열의 색깔이 나오기 때문이다. 듣기에는 쉬운 것 같지만, 직접 해 보면 색을 섞는 일이 쉽지 않다는 것을 알게 된다. 예컨대 빨강과 파랑을 섞으면 보라색이 된다는 것은 누구나 안다. 그러나 당신이 고른 빨강에 노랑이 약간 섞였다면('소방차의 빨강'이라고 부른다.) 거기에는 결국 세 가지 원색이 모두 섞인 꼴이기 때문에 결국 진한 갈색 빛을 띤 보라색이 나오고 말 것이다. 선명한 보라색을 만들기 위해서는 파랑을 자홍색에 가까운 색과 섞어야 한다. 노랑 계열의 색이 거기에 들어가면 안 된다.

언뜻 생각하면 그럴 듯해 보이지만, 진한 색을 만들려고 검정을 섞으면 안 된다. 어떤 색을 진하거나 흐리게 하고 싶다면, 그것의 보색을 섞어라. 색상환에서 해당 색의 바로 반대편에 있는 색이 보색이다. 이상하게 들릴지 모르지만, 초록색에 빨간색이나 빨간빛이 나는 갈색을 섞으면 자연스러운 진한 갈색이 나오고, 노란색에 엷은 자주색을 약간 섞으면 진한 노란색이 나온다.

자연의 색깔은 대개 색연필이나 그림물감 튜브에서 직접 나오는 색보다는 더 완화된 색이다. 특히 녹색 계열의 색깔은 우리가 예상하는 것보다 훨씬 더 갈색 빛을 띤다. 따라서 녹색을 쓸 때는 색조를 약간 부드럽게 해야 한다.

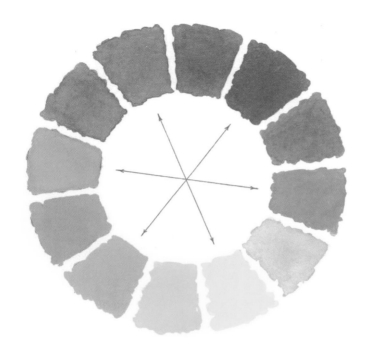

간단하게 그리는 방법

나는 현장에서 스케치를 할 때 예쁜 그림을 그리려고 애쓰기보다는 스케치가 정보를 수집하는 또 다른 방법이라고 생각하기를 권한다. 스케치가 예쁘게 나왔다면 뜻밖의 선물을 받았다는 정도로 생각하라. 지나치게 미적인 것에 관심을 집중하면 도리어 일에 방해가 된다. 내 경우는 예쁘게 스케치하고 싶다는 집착에서 벗어날 때, 대개 작업 속도가 빠르고 결과도 좋다.

나는 또 드로잉 과정을 단축해서 시간을 절약한다. 드로잉 과정을 단축하는 첫 번째 방식은 그림을 미완성인 채로 놔두는 것이다. 필요한 정보만큼만 그리고, 단순히 반복되는 형태나 세부 요소는 그리지

박각시나방을 수채화로 그린 것. 이 나방은 대칭형으로 생겼기 때문에 양쪽을 다 그릴 필요가 없다. 한쪽만 그리면 야외에서의 작업 시간을 크게 절약할 수 있다.

않고 색칠도 하지 않는다. 예컨대 식물에서는 꽃의 앞면과 뒷면, 동물에서는 서로 대칭되는 모습의 한 쪽 면만 그리면 된다. 어떤 경우에는 형태를 완전하게 그리지 않을 수도 있다. 또한 그림에 색을 칠하기보다는 색상 범위를 보여 주는 컬러 스와치(color swatch, 색 지정이나 전달을 위해 사용되는 각 소재의 색 조각이나 색상 견본—옮긴이) 세트를 만들어라.

두 번째는 윤곽선만 그리는 방식이다. 다시 말해 단순히 선만 그리는 것으로 충분할 때는 굳이 세부 요소나 음영을 표현하지 않아도 된다. 기본 구조와 관계만으로 전체 형태를 더 빨리 명확하게 보여 줄 수 있는 경우가 많다.

세 번째로는 야외로 나가기 전에 가지고 있는 참고 자료들을 미리 검토하는 것이다. 예컨대 관찰 대상을 잘 찍은 사진을 보고 그것의 윤곽을 베껴 그린 다음, 실물을 보면서 확인할 내용(아마도 사진이나 글로 설명한 것 가운데 불명확한 요소에 관한 것)을 거기다 바로 적는다. 이렇게 주석

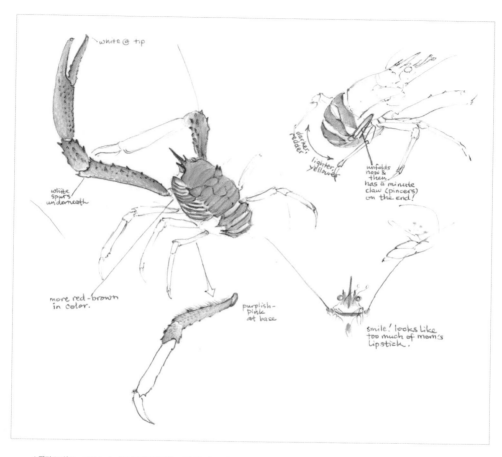

스쾃랍스터(squat lobster)를 그림물감으로 그린 것. 이 그림은 완성되지 않은 그림이
어떻게 정보를 내타내는지를 보여 준다. 정보를 얻고자 하는 주요 특징만을 그렸다.

을 달아 스케치한 그림을 현장에 가지고 가서 그것을 바탕으로 실제로
관찰한 것을 새로 기록한다.

　끝으로, 대상물 자체로 형상을 만들어 내는 방식이 있을 수 있다. 균
류학자들은 버섯의 포자 무늬를 금방 떠올릴 수 있을 것이다. 버섯의

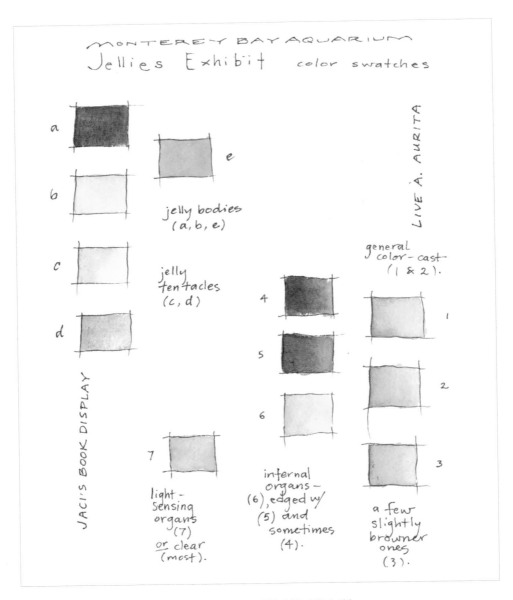

MONTEREY BAY AQUARIUM
Jellies Exhibit   color swatches

a

b

e

jelly bodies
(a, b, e)

c

jelly
tentacles
(c, d)

d

4

5

6

7

light-
sensing
organs
(7)
or clear
(most).

internal
organs –
(6), edged w/
(5) and
sometimes
(4).

LIVE A. AURITA

general
color-cast
(1 & 2).

1

2

3

a few
slightly
browner
ones
(3).

JACI'S BOOK DISPLAY

간단하게 요약된 형태의 컬러 스와치만으로 관찰 대상에 나타나는 색상의 범위를 상세히 기록할 수 있다.

262

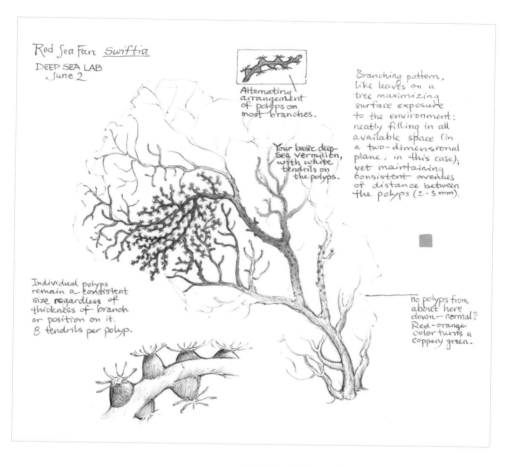

Red Sea Fan _Swiftia_

DEEP SEA LAB
June 2

Attenuating
arrangement
of polyps on
most branches.

Branching pattern,
like leaves on a
tree maximizing
surface exposure
to the environment:
neatly filling in all
available space (in
a two-dimensional
plane, in this case);
yet maintaining
consistent avenues
of distance between
the polyps (2-5 mm).

Your basic deep-
sea vermillion,
with white
tendrils on
the polyps.

Individual polyps
remain a consistent
size regardless of
thickness of branch
or position on it.
8 tendrils per polyp.

no polyps from
about here
down — normal?
Red-orange
color turns a
coppery green.

잉크와 수채 그림물감으로 그린 붉은부채꼴산호(red sea fan, _Swiftia sp._).
일부만 선택적으로 상세하게 그려서 복잡한 유기체의 특징을 묘사했다.

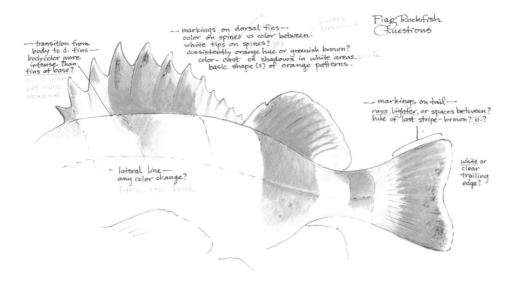

플래그록피쉬(flag rockfish, *Sebastes rebrivinctus*)에 대한 기록.
이 물고기의 기본 스케치는 현장에 가기 전에 사진을 보고 그렸다.
이 그림들은 나중에 실물을 관찰하고 기록(청색으로 표시한 부분)할 때 실용적인 "도해" 구실을 했다.

갓을 잘라서 흰 종이나 검은 종이 위에 올려놓으면 갓 안쪽의 주름살
에서 포자들이 종이 바닥으로 떨어져서 포자 무늬를 만든다. 버섯은
이런 방식에 특별히 잘 맞지만, 그렇지 않은 것도 대상 자체를 이용해
서 형상을 만들어 낼 수 있다. 나뭇잎의 윤곽을 빨리 스케치하는 방법
은 종이 위에 평평한 잎사귀를 대고 가장자리를 따라 선을 그리는 것
이다. 손으로 들 수 있는 사물의 윤곽은 햇빛에 비추어 흰 종이 위에
드리워진 그림자를 따라 그릴 수도 있다. 사진으로 찍기 힘든 나뭇결
같은 질감은 그 대상물 위에 얇은 종이를 놓고 크레용으로 문지르면
된다. 희미한 자작나무 껍질 무늬, 둥그런 도자기 조각에 새긴 문양,
100년이 흘러 희미해진 교회의 돌 마루에 새긴 문자들을 이런 식으로
문질러 종이에 찍어 낸 적이 있다. 크레용을 문질러서 얻은 무늬는 약

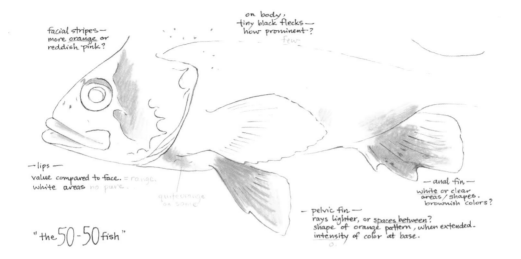

facial stripes —
more orange or
reddish pink?

on body,
tiny black flecks —
how prominent?
few

— lips —
value compared to face. = orange.
white areas no pure.

quite orange
on some

"the 50-50 fish"

— pelvic fin —
rays lighter, or spaces between?
shape of orange pattern, when extended.
intensity of color at base.

— anal fin —
white or clear
areas / shapes.
brownish colors?

간 시시해 보일 수도 있지만, 눈으로만 비율을 재서 그린 스케치보다
직접 조심스레 문지르거나 베껴 그린 것이 실제로는 사람의 왜곡이나
실수가 적다.

과학자처럼 생각하기

이 장을 시작하면서 인용한 과학계의 사상가들은 자연계에 대한 이
해를 더욱 심화시키는 수단으로서 그림을 그리는 것이 중요하다고 평
가했다. 일찍이 드로잉은 과학 연구에서 중요한, 때로는 필수적인 요
소로 인정을 받았다. 실제로 과학의 역사를 보면, 새로운 생각을 발견
하거나 발표할 때 그림으로 표현한 이미지들이 중요한 역할을 한 사례
가 차고도 넘친다. 이는 우연히 그렇게 된 것이 아니다. 정확하게 그림

을 그리기 위해서는 체계적인 접근 방식, 끈질긴 관찰, 불가측성에 대한 열린 자세, 한 주제를 여러 관점에서 볼 줄 아는 능력, 흥미진진한 것과 평범한 것에 모두 주목하고, 선입관에 빠지지 않도록 철저히 주의하는 태도가 필요하다. 이 모든 것은 물론 과학을 할 때도 필요한 접근 방식이다. 나는 오랜 세월 동안 일러스트를 그리면서 과학을 전공하는 학생들이 자신도 그림을 잘 그리는 법을 배울 수 있고 자신이 하는 일에 실제로 그것을 적용할 수 있다는 것을 알고는 놀라고 기뻐하는 모습을 많이 보았다.

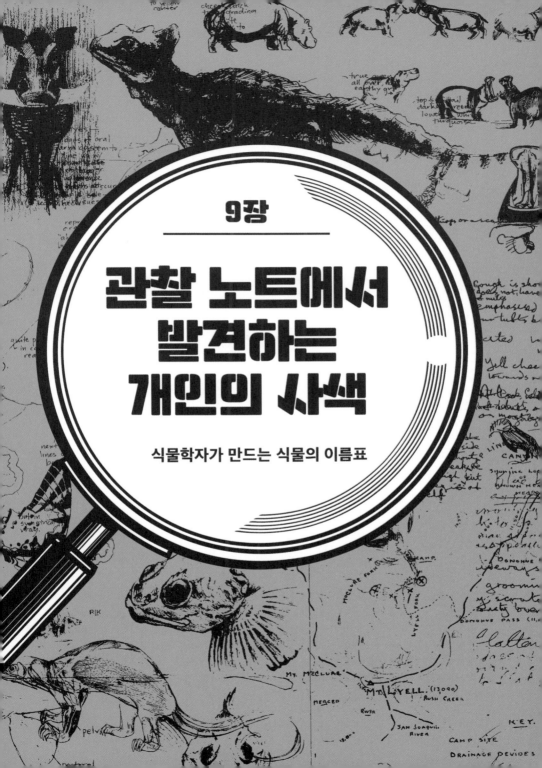

9장

관찰 노트에서 발견하는 개인의 사색

식물학자가 만드는 식물의 이름표

"후배 연구자들의 개성과 감성은
디지털 시대를 통해 잘 드러날 것이다.
그러나 한때 관찰 노트가 제공했던 자세한 역사 기록들을
이제는 찾아볼 수 없게 될지도 모른다는 것이 두렵다."

제임스 리빌 James L. Reveal
식물의 명칭, 마디풀과(科) 식물, 식물 탐사와 발견의 역사에 관한 전문가로 유명한 식물학자다. 북아메리카의 식물을
누가, 언제, 어디에서 찾아냈는지를 주로 연구하고 있다. 1990년 이전에는 속(屬) 이상의 분류 명칭이 제대로 편집되
지 않았고 그것이 옳은 것인지 평가받지도 않았다. 그는 역사적 연구를 통해 대략 1600년에서 1900년까지 북아메리
카의 식물들을 모은 식물 수집가들이 식물학에 어떤 공헌을 했는지 간명한 정보를 제공하고자 한다. 450편이 넘는 과
학 논문을 발표했고 《루이스와 클라크의 초록 세계(Lewis and Clark's Green World)》라는 책을 공동으로 저술
했다. 코넬 대학교 외래 교수이자 메릴랜드 대학교 명예 교수로 재직 중이다. 캘리포니아 폴리테크닉 주립 대학교의
포유동물 협력 큐레이터로도 일하고 있다.

식물학 관찰 노트는 매우 개인적인 창작물이다. 관찰 노트를 기록하고 관리하기 위한 어떤 방식이나 기준, 필요조건은 없다. 관찰 노트가 매우 유익하고 쓸모 있다는 것은 말할 필요도 없다. 나중에 그것을 보게 될 후세의 연구자와 역사가에게도 마찬가지다. 그러나 오늘날 관찰자가 손으로 직접 쓴 전통적 방식의 관찰 노트는 아쉽게도 빠르게 사라지고 있다.

나는 1958년 캘리포니아의 서노라 유니언 고등학교 시절, 고급 생물학반에서 처음으로 관찰 노트를 쓰기 시작해 코넬 대학교의 한 컴퓨터 앞에 앉아 있는 지금까지 계속해서 그 작업을 하고 있다. 내가 경험한 것은 아마도 나와 같은 세대의 식물학자라면 누구나 겪은 일일 것이다. 관찰 노트는 식물분류학을 공부하는 데 반드시 필요한 요소였다. 고등학교 때 메리 롱 선생님은 관찰 노트를 작성하는 것이 공부에 좋다고 생각하셨다. 표본을 수집하면 그것을 찾은 때와 장소를 작은 수첩에 기록했다. 고등학교에서는 표본마다 이름표를 붙이는 것까지 요구하지는 않았다. 우리는 그저 선생님의 평가를 받기 위해 수첩에 적은 내용을 타자 용지 한 장에 옮겨 정리해서 수집한 표본과 함께 제출했다. 그 시절 우리에게 캘리포니아의 식물을 소개한 도감은 윌리스 젭슨(Willis L. Jepson)이 1935년에 펴낸 《고등학교 캘리포니아 식물도감(*A High School Flora of California*)》이었다. 거기에는 주로 내가 살던 시에

라네바다산맥의 산기슭 지역에 봄에서 초여름까지 서식하는 식물들이 있었다. 지금도 고등학교 때 수집한 것들이 있다. 잘못 분류한 것까지 모두 다 있다!

유타 주립 대학교에 들어가서 아서 홈그렌(Arthur Holmgren)의 지도를 받으면서 본격적으로 연구의 틀을 잡아 가기 시작했다. 그는 대학 시절부터 우리 아버지와 서로 아는 사이였는데, 아버지는 유타 대학교에서 산림학을 공부하고, 홈그렌은 식물학을 전공했다. 아버지는 내가 1960년에 유타 대학교에 들어가자 나를 홈그렌에게 소개했다. 홈그렌은 덩치가 크고 체력이 좋았는데, 유타 대학교에서 풋볼 선수로 단련한 결과였다. 그는 최고의 선생님 자질을 갖춘 친절하고 부드러운 매너의 소유자이기도 했다. 그때 나는 홈그렌이 유타 대학교에서 내 석사 학위를 심사할 줄은 전혀 생각지도 못했다. 홈그렌은 학생들의 관찰 노트에 단순히 장소뿐 아니라 주변 생태, 고도, 식물의 습성과 같은 자세한 내용을 기록하게 했다. 그때 우리는 서로 다른 50종의 식물을 수집해서 그것들을 분류한 이름표를 타이프로 쳐 그에게 제출했다. 그때 기록한 수첩을 다시 펼쳐 보니, 그것은 아주 간단한 목록에 불과했다. 당시에 이름표를 작성하려고 했을 때, 현장에서 기록한 수첩을 보고 필요한 정보를 모두 기억해 낼 거라고 믿었기 때문에 자세히 기록하지 않았다. 비록 그때 수집한 표본은 유타 대학교의 인터마운틴 식물 표본실(Intermountain Herbarium)로 들어갔지만, 그렇게 간단한 기록을 가지고 훌륭한 이름표가 나왔을지는 모르겠다.

2학년의 마지막 시기는 내게 대학 생활에서 가장 중요한 때였다. 그때 나는 임업 대학 전공자들에게 필수 과목인 분류학 강의를 듣고 있었는데, 호기심을 끄는 몇몇 식물을 확인하기 위해서 식물 표본실을 자주 들락거렸다. 나는 거기에서 미국 국립 과학 재단(National Science

Foundation)이 후원하는 《산간 지역의 식물도감(*Intermountain Flora*)》을 제작하기 위해 서부 지역에서 식물을 채집하고 있던 아서 크롱퀴스트 (Arthur Cronquist)를 만났다. 크롱퀴스트는 몇 가지 이유를 대며 내가 식물학을 전공해야 한다고 했다. 크롱퀴스트는 자신의 구닥다리 방식으로 나를 계속 설득했고 나는 마침내 그의 말을 듣고 전공을 바꾸기로 했다. 크롱퀴스트는 이미 뉴욕 식물원(New York Botanical Garden)에서 세계적인 명성을 쌓은 분류학자였다. 그는 키도 훤칠하고 목소리도 쩌렁쩌렁 울릴 정도로 커서 어디에 가든 좌중을 휘어잡았다. 나중에야 안 일이지만 그는 유타에서 자랐고 우리 아버지와 함께 아이다호 주립대학교에 다녔다. 아버지는 그가 풀을 연구할 것을 걸고 동전 던지기 내기를 해서 이겼는데, 결국 그것은 크롱퀴스트가 이후 해바라기과 식물을 오랫동안 연구하게 된 계기가 되었다. 좀 더 일찍 우리 가족사를 알았다면, 내 전공에 대한 크롱퀴스트와의 다소 일방적인 토론을 동전 던지기로 해결하자고 요청했을지도 모른다. 뒤늦게 깨달은 것이지만, 그런 중요한 결정을 운명에 맡기지 않은 것은 잘한 일이었다. 어쨌든 나는 그에게 설득당해 식물학 연구를 시작했고, 관찰 노트를 작성하고 왕성한 식물 채집을 하는 데 적절한 방법론을 채택하는 것이 얼마나 중요한지를 알게 되었다.

1961년 6월 15일, 나는 처음으로 '전문가로서' 식물을 채집했다. "189번. 폴리가라 서브스피노사(*Polygala subspinosa*). 유타주, 투엘 카운티, 러시 밸리, 21구역 북서쪽 지방, T.8S., R.3W." 이 기록은 인디언 벼(오늘날 학명은 아크나테룸 히메노이데스*Achnatherum hymenoides*지만 당시 학명은 오리좁시스 히메노이데스*Oryzopsis hymenoides*였다.)라는 풀이 비포장도로 한가운데에 비옥한 롬 토양(loam soil, 화산재가 퇴적되어 생긴 황갈색의 기름진 토양—옮긴이)에서 발견되었다는 것을 의미한다. 그때 나는 고도를

"약 5,000피트"라고 썼는데, 오늘날 컴퓨터로 작성한 지도에 따르면 5,200피트(약 1,500미터)에 가깝다. 내가 처음으로 채집한 표본인 에리오고눔(*Eriogonum*)이라는 야생 메밀은 이후에도 계속해서 연구하게 된 속(屬, genus)에 해당하는 식물로, 표본 번호가 "191번"이었고, 29구역에 있는 벨 캐니언 북쪽의 아직도 이름이 없는 협곡 입구에서 같은 날 발견되었다. 1961년 9월, 노엘 홈그렌(Noel Holmgren, 아서 홈그렌의 둘째 아들)과 나는 유타 남부에 식물을 채집하러 갔다. 그 여행에서 마지막으로 채집한 표본의 번호는 326번으로, 에리오고눔 케르누움(*Eriogonum cernuum*)이었다. 그 속에 속한 식물을 연구할 운명이었나 보다!

나는 1964년 거의 내내 현장 조사에서 나오는 데이터를 기록하기 위해 스프링바인더 수첩을 고집했다. 당시 대학원생이었던 노엘은 크롱퀴스트와 함께 내게 측량 기사들이 사용하는 것과 똑같은 리즈 야외 수첩(Lietz field book)을 이용해 데이터를 기록하는 법을 알려 주었다. 1964년 8월 31일 리즈 야외 수첩을 처음 사용했는데 대만족이었다.

노엘과 나는 "식물 표본지"라고 부르던 그곳에서 모두 식물 35종을 채집했는데, 그 식물들은 나중에 에리오고눔 브레비카울레(*Eriogonum brevicaule*)로 밝혀진 것의 새로운 변종이었다. 나는 그때 어떤 이유에서인지 관찰 노트에 지역 정보와 분포 구역, 고도를 기록하지 않았다. 그것들을 표시하면 T.7N., R.1W., 5구역, 고도 9,400피트다.

관찰 노트의 형식은 단순했다. 오른쪽 면에는 날짜와 위치, 관련된 종, 고도, 해당 식물에 대한 설명, 현장 확인 등을 기록한다. 이런 정보는 대개 여러 줄을 쓴다. 왼쪽 면에는 종을 최종 확인한 내용과 식물 표본실에서 분류될 표본 번호를 기재한다. 때때로 염색체 수를 덧붙여 기재하기도 했는데, 그것은 채집한 것이 기준 표본인지 아닌지를 나타냈다. 최종 확인을 다른 사람이 한다면, 그것도 관찰 노트에 기재했다.

지금도 처음에는 수첩에 정보를 기록한다. 여기에는 주행 거리, 습성, 식물의 특징, 지역 환경과 같은 표본 이름표에 적어 넣을 간단한 정보가 들어간다. GPS와 휴대용 컴퓨터, 지도 소프트웨어가 나오기 전인 몇 년 전까지만 해도 소형 고도계를 써서 고도를 측정했다. 미국 서부에서는 산림청이나 토지 관리국의 지도를 이용해서 적어도 지역 정보와 분포 구역, 구역 번호를 기록했다. 또한 사진과 여행 경비 같이 나중에 유용한 정보가 될 내용도 수첩에다 기재했다. 지금 이런 수첩들을 꺼내 보면 매우 가볍고 대개는 생략된 별로 쓸모가 없는 정보처럼 보인다. 하지만 그날 저녁 관찰 노트를 작성했을 때를 다시 생각나게 하는 것만으로도 의미가 있었다. 관찰 노트는 본디 나중에 누구라도 내가 어디에서 무엇을 발견했는지 알 수 있도록 반영구적으로 기록을 남기는 것을 목표로 작성했다. 나는 연필이나 펜으로 관찰 노트를 작성했는데, 내용을 잘 정리해서 정확한 정보를 표본 이름표에 옮겨 적을 수 있게 하려고 만반의 준비를 했다.

미국 밖으로 여행을 할 때면 관찰 노트를 일지로 사용하기도 했다. 그날 수집한 정보를 기재한 뒤, 그날 일어난 일을 자세히 적었다. 그때 쓴 글을 지금 꺼내 보면, 특히 멕시코와 중국에서 작성한 관찰 노트들의 경우, 오자도 많고 문법이 틀린 문장이 있지만 도움이 되는 내용과 스케치를 볼 수 있다. 어떨 때는 약간 특이한 생각을 표출하기도 한다. 그런 내용이 나중에 쓸모가 있을지 없을지는 모르지만 내 기억을 되살리는 데는 확실히 쓸모가 있다.

일지 작성은 과거에 아주 흔한 일이었다. 토머스 넛톨(Thomas Nuttall), 데이비드 더글러스(David Douglas), 존 프리몬트(John C. Frémont) 등 미국 서부의 식물 탐사에서 역사적으로 중요한 인물들을 보면, 그들이 발견한 것에 대한 기록보다는 여행담에 가까운 글을 일지에 주로 썼다

(35) *Eriogonum chrysocephalum* A. Gray
var. **nanum** Reveal, var. nov. type!
   Eriogonum nanum Reveal, Phytologia 25:194. 1973.

(22) *Eriogonum hookeri* S. Wats.
   (= E. deflexum Torr. ssp. hookeri S. Stokes,
   and E. deflexum var. gilvum S. Stokes)

(32) *Eriogonum cernuum* Nutt. var cernuum

summer 1964 —
Collected nearly a thousand numbers with
Noel H. Holmgren.

Utah, Box Elder Co. On talus slopes
and marble outcrops south of Willard
Peak toward Ben Lomond Peak, on the
ridge top and adjacent slopes.
Aug. 31, 1964
665 Eriogonum chrysocephalum A. Gray
var. nanum Reveal, var. nov. (1Type and Isotype)
Associated with Castilleja, Artemisia,
and Pinus; common
J.L. Reveal & Noel H. Holmgren
Forming mats 1-2ft. across; calyx-segment
whitish-yellow; involucre 5-lobed.

Utah, Box Elder Co. Along Utah highway
70, 32 miles southwest of Rosette.
Aug. 24, 1964
666 Eriogonum hookeri S. Wats
On sandy soil; infrequent

Utah, Rich Co. September 1st 1964
1 mile east of Laketown
667 Eriogonum cernuum Nutt. var. cernuum
along roadside, associated w/ Bromus
tectorum L., locally common

는 것을 알 수 있다.1 그럼에도 이러한 일지들은 유용한 정보를 제공하는데, 특히 현존하는 표본에 부착된 이름표에 거의 또는 아무 정보도 기재되어 있지 않을 때 그렇다. 옛날의 이 채집자들은 대개 실제 채집 장소는 밝히지 않은 채, 자신이 발견한 식물을 관찰 노트에 기록했다. 19세기 전반기에 서부의 대부분에 지명이 없었기 때문이다. 예컨대 넛톨과 더글러스가 채집한 표본을 보면 이름표에 대개 "로키산맥"이나 "미국 북서부"라고만 씌어 있다. 따라서 더 정확한 장소를 찾는 데는 그들의 일지가 유일한 수단이다. 더글러스의 일지는 특히 더 그렇다. 유감스럽게도 그는 타고 가던 카누가 뒤집히는 바람에 나중에 작성한 일지들을 잃어버렸다. 그래서 더글러스가 채집한 표본을 연구할 때는 자세하지는 않지만 그가 쓴 편지에 의존해야 한다. 넛톨이 서부 지역을 여행하는 동안(1834~1836년) 일지를 썼다면, 그 일지는 분실되었거나 적어도 아직까지 발견되지 않은 것이다. 다행히도 넛톨과 동행한 존 커크 타운센드(John Kirk Townsend)가 그들의 모험에 관한 책도 한 권 냈고 일지도 작성했다. 그것을 통해서 그와 넛톨이 1834년에 어디에 있었는지를 조금은 알 수 있다.2 프리몬트가 공개한 이야기는 좀 더 자세해서 그의 채집 경로를 자세히 알 수 있다. 하지만 언제 어디에서 박물 자료들을 채집했는지 일관되게 보여 주지 못한다. 비록 수전 델러노 맥켈비(Susan Delano McKelvey)가 초기(1790~1850년) 서부의 식물학자들에 대한 유용한 정보를 많이 요약했지만, 후기에 활동한 미국 변경 지역의 자연사학자들에 대한 정보는 아직도 여기저기 널리 흩어져 있는 실정이다.3

북아메리카 동부 지역에서 활동하던 초기 자연사학자들이 기록한 것은 훨씬 더 분산되어 있다. 그들은 당시 유럽의 자연사학자들과 달리 일지와 편지에 자세한 기록을 남긴 경우도 별로 없다.4 당시 북아메

리카에는 체계적인 방식으로 관찰 노트를 관리하거나 자연사 연구 성과를 기록으로 남기려는 노력이 없었다. 그렇지만 여러 식물 표본실(특히 런던 자연사 박물관)에서 우리는 1680년대부터 1750년대까지 채집한 표본에 붙은 이름표를 통해 많은 정보를 얻을 수 있다. 채집한 것을 기록하기 위한 수단으로 쓰던 일지가 본격적으로 관찰 노트로 발전한 것은 모든 정보를 한 곳에 더 자세하고 정확하게 기록하고 싶어 했던 유럽의 자연사학자들 때문이었다.

개인용 컴퓨터가 보편화된 오늘날, 전통적인 관찰 노트는 컴퓨터 파일로 대체되고 있는 중이다. 기본적으로 그런 "관찰 노트"는 흠 잡을 데가 없다. 철자가 모두 바르게 씌어 있고, 위치 정보는 몇 피트 단위까지 정확하며, 모든 것이 적절하게 구성되어 있기 때문이다. 1998년 봄, 연한 주황색 표지의 관찰 노트에 마지막으로 연필로 서명을 했다. 그 뒤로 나는 컴퓨터를 이용해서 관찰 노트를 작성하고 있다.

세상에나, 온갖 필요한 기능들이 거기에 다 들어 있다. 나는 컴퓨터로 관찰 노트를 작성하면 프린터로 인쇄해서 복사본을 하나씩 꼭 챙긴다. 내 관찰 노트 크기에 맞게 가로 4.75인치(약 12센티미터), 세로 7.25인치(약 18센티미터)로 해서 양면 인쇄를 한다. 컴퓨터와 관련 하드웨어, 소프트웨어에서 종종 오류가 발생하기 때문에 프린터로 인쇄된 종이보다 더 믿을 수 있는 것은 없다!

이 새로운 형태의 "관찰 노트" 덕분에 현지에서의 기록 내용은 풍부해졌다. GPS에 입력할 위치 정보를 수첩에 적는다. 나중에 컴퓨터로 거리(주행 거리와 항공 직선거리 모두)를 계산할 것이다. 지역 정보와 분포 구역, 구역 번호, 그리고 여러 형태의 좌표 정보도 그래픽 로케이터를 이용해서 얻을 수 있다.5 미국 밖에서는 그곳의 지도와 주행기록계, 나침반을 이용해서 현지에서 더 정확하게 정보를 기록해야 한다. 이 모든 데이터는 인터넷 지도사이트를 통해 검증할 수 있다. 또한 디지털 카메라에 GPS 장치를 달아 이미지 파일에 GPS 정보를 바로 입력할 수도 있다. 이것은 정확한 위치 정보를 기록할 때 큰 도움이 된다. 자신이 보유한 GPS 데이터와 구글어스를 조합하면 사진을 찍은 지점을 정확하게 나타낼 수도 있다.

8482 *Astragalus mollissimus* Torr. var. *thompsonae* (S. Watson) Barneby (5)
Along Utah Highway 275, 1.1 miles east of the eastern boundary of Natural Bridges National Monument and 2.6 miles west-northwest of U.S. Highway 95, on sandy flats with *Juniperus* at 6725 feet elevation. N37°36′11″, W109°56′49″ - T37S, R18E, sec. 4 NW¼.
8483 *Astragalus coltonii* M. E. Jones var. *moabensis* M. E. Jones detr. S. L. Welsh (5)
Comb Ridge east of Butler Wash, along Utah Highway 95, 1.7 miles east of the Comb Wash Road and 12.4 miles west of U.S. Highway 191 at White Mesa, on sandy slopes among sandstone outcrops at 5200 feet elevation. N37°29′42″, W109°38′27″ - T38S, R21E, sec. 7 SE¼ of the NE¼.
8484 *Astragalus cottamii* S. L. Welsh (4)
detr. S. L. Welsh
8485 *Phemeranthus brevifolius* (Torr.) Hershk. (1)

13 May 2004 (with C. Rose Broome)
COLORADO, San Miguel Co.:
Big Gypsum Valley, along Colorado Highway 141 at milepost 37, 7.2 miles southwest of Basin, above Big Gypsum Creek on low gypsum hills north of the road and just east of Road 23R, with *Atriplex* at 6400 feet elevation. N38°01′32″, W108°38′58″ - T44N, R16W, sec. 32 SE¼.
8486 *Cryptantha gypsophila* Reveal & C.R. Broome (27)
Big Gypsum Valley, along the S22 Road, 0.4 mile north of Colorado Highway 141, this junction 8.2 miles southwest of Basin, above Big Gypsum Creek on low gypsum hills east of the dirt road, with *Atriplex* and *Eriogonum* at 6300 feet elevation. N38°02′21″, W108°39′54″ - T44N, R16W, sec. 29 SW¼.
8487 *Euphorbia* (2)
8488 *Cryptantha gypsophila* Reveal & C.R. Broome (40) – Type collection
Big Gypsum Valley, along the S22 Road, 1.6 mile northwest of Colorado Highway 141, this junction 8.2 miles southwest of Basin, on low gypsum hills, with adjacent *Atriplex* and *Eriogonum* at 6270 feet elevation. N38°03′00″, W108°40′38″ - T44N, R16W, sec. 30 NENW¼.
8489 *Cryptantha gypsophila* Reveal & C.R. Broome (5)
8490 *Astragalus* (7)
Dry Creek Basin, along the 31U Road, 4 miles south of the U29 Road, 5 air miles southeast of Basin, on sandy soil at 7100 feet elevation. N38°00′48″, W108°28′37″ - T43N, R15W, sec. 1 SW¼.

2004년 5월, 콜로라도주 산미겔 카운티에서 식물 채집을 하며 컴퓨터로 작성한 관찰 노트. 나는 1998년에 전통적인 관찰 노트에서 컴퓨터를 활용한 관찰 노트로 표본 기록 방식을 바꾸었다.

　내 디지털 관찰 노트는 각 표본의 이름표에 표기한 데이터로 만들어진다. 그래서 이제는 예전처럼 전반적인 관찰 내용이나 느낌을 노트에 적지 못하는 것 같다. 전에는 새로운 종일 것 같다고 생각하는 식물에 마디풀과 식물인 데데케라 에우레켄시스(*Dedeckera eurekensis*)의 꽃차례를 스케치한 그림. 그림 위에 새로 발견된 속에 메리 디 데커의 이름을 붙이는 것에 대한 그녀의 반응이 씌어 있다.

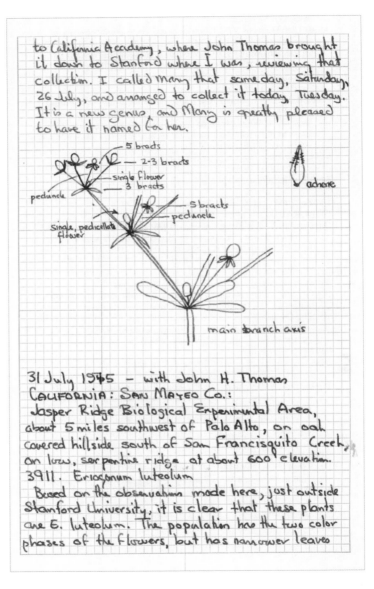

to California Academy, where John Thomas brought it down to Stanford where I was, reviewing that collection. I called Mary that same day, Saturday, 26 July, and arranged to collect it today, Tuesday. It is a new genus, and Mary is greatly pleased to have it named for her.

5 bracts
2-3 bracts
single flower
3 bracts
peduncle
achene
single, pedicellate flower
5 bracts
peduncle
main branch axis

31 July 1945 — with John H. Thomas
CALIFORNIA: SAN MATEO Co.:
Jasper Ridge Biological Experimental Area, about 5 miles southwest of Palo Alto, on oak covered hillside south of San Francisquito Creek, on low, serpentine ridge at about 600' elevation. 3911. *Eriogonum luteolum*
Based on the observation made here, just outside Stanford University, it is clear that these plants are *E. luteolum*. The population has the two color phases of the flowers, but has narrower leaves

대한 설명을 직접 관찰 노트에 기재했는데, 지금은 노트북 컴퓨터에 형식에 맞춰 입력한다. 이제는 언제나 이런 식으로 야외에서 수많은 식물에 관해 여러 가지를 측정한다. 나는 기록할 때 좀 지나치게 까다로운 경향이 있다. 형식이 맞아야 하고, 철자가 틀리지 않아야 하며, 순서에 맞게 설명해야 하고, (그냥 본 것을 기재하는 것이 아니라) 관찰 정보를 철저하게 검토해야 한다. 전통적인 관찰 노트에는 새로운 것을 발견했을 때의 감정이 고스란히 드러나 있지만 디지털 관찰 노트에는 그런 것이 없다. 어디선가 "아니야. 그런 감정은 과학 일지를 작성할 때 어울리지 않아."라고 말하는 것 같다.

표본 이름표 작성하기

표본 이름표를 컴퓨터로 제작하는 기술은 지난 10년 동안 크게 향상되었다. 앞으로 기술이 더 발전하면 제작 과정도 더 개선될 것이다. 온라인에서 사용할 수 있는 표본 이미지가 많아질수록 현장에서 찍은 사진들과 더불어 식물 동정을 위한 질 좋은 정보가 더 많이 생성될 것이다. 코넬 대학교에 있는 톰킨스 카운티 전자 식물도감(Tompkins County Flora)은 어떤 식물 표본이든지 식물에 관한 정보를 전자 지도에서 정확하게 보여 준다.6 따라서 표본을 수집했을 때 찍은 그 종과 개체군의 사진은 나중에 유용하게 쓰일 것이다.

메릴랜드 대학교에서 식물분류학 강의를 하면서 학생들에게 식물 이름표를 만들 때 꼭 들어가야 할 필수 정보와 그렇지 않은 선택 정보 목록을 주었다. 그 자료는 새롭게 다듬어져 지금도 여전히 유용하다. 이름표마다 적어도 꼭 들어가야 하는 정보는 식물이 채집된 지역이나 국가, 학명과 과명, 생태와 습성, 식물에 대한 정보, 채집자와 채집 번호, 채집 날짜, 표본을 보관하는 기관명이다. 이 정보는 다음과 같은

식물 표본의 이름표를 인쇄
한 견본.

형식으로 구성한다. 이름표 맨 위에는 해당 식물 표본의 채집 단위를 표제로 찍고, 맨 아래에는 기관이나 채집자가 속한 기관을 찍는다. 과명은 표제 아랫줄에, 학명은 그 다음 줄 가운데에 이탤릭체나 밑줄을 그어 인쇄한다. 만일 아종이나 변종 이름이 있다면, 그 다음 줄 중앙에 넣는다.

본문에서는 식물이 발견된 카운티 이름을 대문자로 나타내고 뒤에 콜론을 친다. 이어서 식물이 발견된 장소를 표시한다. 그래야 다른 사람들도 그곳을 찾을 수 있고 도로 지도만으로 그곳에 다시 갈 수 있다. '우리 집 근처 언덕'이라든가 '할아버지 헛간 앞'과 같은 표현은 피한다. 먼 장래에 어떤 사람이 그 장소를 다시 찾으려면 매우 힘들기 때문이다. 그 다음에 지역 정보/분포 구역, 위도와 경도, 또는 지리 좌표(Universal Transverse Mercator, UTM)를 표시한다. 식물이 발견된 구역이나 채집된 장소의 고도도 기재한다.

또 식물이 발견될 수 있는 장소의 특성을 나타내기 위해 노력한다. 대개 토양 형태나, 암석이나 지층의 노출, 식물이 발견된 일반 환경을 표시한다. 표본과 관련된 식물을 들어 보충 설명을 할 수도 있다. 마찬가지로 식물의 개체 수에 대한 개괄적인 설명도 이후에 식물 분포를 연구하는 사람들에게 특히 유용하다.

다음으로, 명확하지 않거나 나중에 폐기될 수도 있는 주관적 체험에 근거한 정보를 입력한다. 일부 분류학자들은 자기가 아는 지역에서 흔히 부르는 식물 이름을 추가하기도 한다. 개인의 관찰 의견은 대개 나중에 연구하는 사람들이 그 식물을 더 잘 이해할 수 있게 도움을 줄 수 있다.

채집한 것을 확증 표본(전문가들이 어떤 생물 종으로 확실하게 인정한 생물 표본—옮긴이)으로 사용할 경우, 그것의 명칭을 보고해야 한다. 무엇을 채집했고 누구를 위한 것인지 언급해야 한다. 또한 표본 채집에 참여한 사람을 모두 (당연히) 표기해야 한다. 보통 두 명에서 다섯 명을 추가로 표본 이름표의 채집자 명단에 올린다. 그러나 주 채집자 이름이 맨 앞에 나오고 표본 번호도 주 채집자의 번호로 기재한다. 모든 채집자는 자신이 채집한 표본에 일련번호를 부여하는데, 그 번호는 평생을 다른 표본에 쓰지 않는다. 어떤 채집자는 처음으로 식물을 채집한 해를 번호에 넣어서 그 식물과 채집 장소에 20080001과 같은 번호를 부여하기도 한다. 숫자가 크면 특별한 인상을 줄 수 있다. 그러나 아무래도 간단한 것이 가장 좋다. 그냥 '1'에서 시작하는 게 낫다.

채집 날짜는 이름표에 반드시 기재해야 한다. 08/09/08 같은 형식은 피하도록 한다. 미국에서는 2008년 8월 9일을 의미하지만, 유럽에서는 2008년 9월 8일을 의미하기 때문이다. 분류학계에서는 대개 일 표시를 먼저, 월 표시(약자로 표시할 때는 영어로 월의 앞 세 문자를 마침표 없이 표시)를 그 뒤에 하고, 마지막으로 연도를 네 자릿수로(08이 아니라 2008로) 표시한다.

이름표가 붙은 식물 표본은 세계의 어느 식물 표본실에 보관되겠지만, 그 표본을 채집할 때 작성한 관찰 노트의 운명은 어떻게 될지 아무도 모른다.7 일부는 관찰 노트의 가치를 잘 알거나 모르는 가족에게 전달될 수도 있고, 일부는 식물 표본실이 있는 기관의 도서관이나 식물 표본실의 문서 보관소에 저장될 수도 있다. 어떤 것은 식물학자 개인 시설에 있는 문서 파일의 일부로 보관되기도 한다. 카네기-멜론 대학교의 헌트 식물 기록 연구소(Hunt Institute for Botanical Documentation) 같은 주요 식물학 역사 자료 저장소에는 소장되는 관찰 노트의 수가 점점 늘고 있는데, 그곳에서는 전 세계의 관찰 노트를 분류하고 전시하는 작업을 한다. 개인의 관찰 노트가 적어도 그러한 반영구적인 저장소에 가면 많은 사람이 공유할 수 있는 지식으로 바뀐다.

자신의 관찰 노트를 헌트 연구소와 같은 곳에 보낼지 여부는 물론 해당 식물학자의 선택 사항이다. 그러나 무엇보다도 모든 자연사학자는 관찰 노트가 매우 중요한 역사 기록물로서 후세의 연구자들에게 매우 귀중한 정보를 제공할 수 있다는 사실을 알아야 한다. 관찰 노트는 때때로 문제가 생겨 이름표에 기재된 정보와 비교할 필요가 있는 경우가 있다 하더라도, 특정 지역에서의 환경 변화를 연구하는 생태학자와 생물지리학자 들에게 유익한 정보를 제공한다. 단일 지역에서 채집한 식물의 목록과 관련된 종에 대한 정보는 그 지역의 식물 표본실을 자세히 살피는 것보다 관찰 노트에서 더 쉽게 얻을 수 있다. 또한 일지와 같은 개인의 관찰 의견이 담긴 관찰 노트는 역사가와 때로는 전기 작가들에게 중요한 정보를 제공하기도 한다.

오늘날 자연사학자들이 관찰 노트를 계속 쓸 것인지는 개인의 선택으로 여전히 남아 있다. 나는 45년 넘게 식물 표본을 기록하는 작업을 하는 동안 내 의견이나 실제로 식물을 채집하면서 겪은 사건들에서는 점점 더 멀어지고 언제, 어디에서와 같은 채집 정보의 정확성에만 집중하게 되었다. 단순한 사실 정보만을 제공하는 것이 목적인 것이다.

나 또한 어쩔 수 없는 시대와 세대의 소산물이다. 따라서 키보드와 컴퓨터 화면보다는 펜과 종이에 더 익숙하다. 그것이 내 생각에 영향을 끼치는 것은 당연하다. 후배 연구자들은 컴퓨터 때문에 주눅 들지 않으며, 그들의 개성과 감성은 디지털 시대를 통해 잘 드러날 것이다.

오늘날 컴퓨터 기반의 관찰 노트가 드러내는 문제는 노트를 작성한 사람의 개인적 의견과 같은 것을 전혀 보여 주지 않는다는 것이다. (그리고 "이것이 새로운 종일까? 암술이 ──랑 비슷한데, 이게 어째서 그럴 수 있지?"와 같은 기록을 장려하거나 수용하지도 않는다.) 직접 글을 쓰고 노트를 작성할 기회가 줄어들면서 우리는 점점 개인을 잃고 있다. 관찰 노트는 수명이 짧은 이메일에 밀려나 버린 편지와 같은 신세다. 컴퓨터 시대로 접어들면서 한때 관찰 노트가 제공했던 자세한 역사 기록들을 이제는 찾아볼 수 없게 될지도 모른다는 것이 두렵다. 서글프게도 많은 식물학자들의 개인적 특성이나 매력 또한 찾아보기 힘들어질 것이다. 관찰 노트에서 발견할 수 있었던 개인의 사색이나 깊은 생각은 대개 과거에 대해서 더 많은 것을 알고 싶어 하는 사람들에게 강렬한 인상을 남기기 때문에 그 점이 더욱 아쉽다.

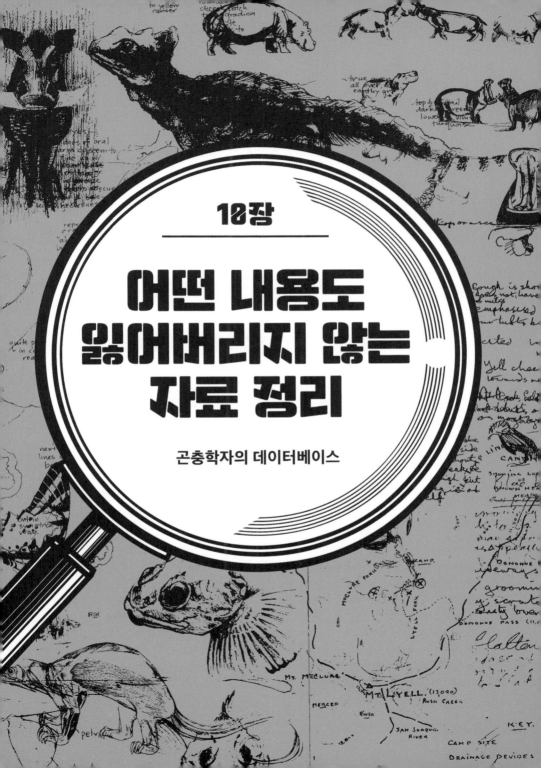

10장

어떤 내용도 잃어버리지 않는 자료 정리

곤충학자의 데이터베이스

"지금까지 내가 관찰한 내용 가운데
그 어떤 것도 잃어버리지 않았다."

피오트르 나스크레츠키 Piotr Naskrecki

하버드 대학교 비교동물학 박물관의 연구원으로, 세계적으로 유명한 여칫과(科) 곤충전문가다. 많은 과학 논문을 발표
했으며 곤충에 관한 정보를 저장할 때 사용하는 맨티스라는 데이터베이스를 개발했다. 사진작가, 저자로도 활동하고
있다. 그의 사진은 뉴욕과 런던 자연사 박물관, 하버드 자연사 박물관, 일본의 아쿠아 마린 후쿠시마 등 세계 곳곳에서
전시되었다. 그는 사진작가로서 곤충, 거미 등 무척추동물을 보존해야 한다는 인식을 확산시키기 위해 그 생물들이 아
름다우며 지구 생태계의 구성원으로서 중요한 역할을 한다는 점을 포착하려고 노력한다. 국제 보존 사진작가 연맹
(ILCP)의 창립 멤버다. 지은 책으로 《가장 오래 살아남은 것들을 향한 탐험(*Relics: Travels in Nature's
Time Machine*)》 외 다수 있다.
http://thesmallermajority.com

각종 기록이나 책과 같은 자료를 계층적으로 분류해 관리하는 수평적 문서 관리 체계를 나 혼자 발명했다고 주장할 수는 없지만, 내가 완성한 것은 틀림없다. 그것은 매우 독립적으로 구성되어 있어서 어떤 중대한 국면에 이르지 않는 한 붕괴하지 않고 자료들을 서로 연결해 줄 수 있다. 층위적(層位的, stratigraphic) 문서 관리 방식이라고 알려진 이 관리 체계는 아주 단순한 원리를 바탕으로 한다. 지질학을 연구하는 사람이라면 누구나 잘 아는 퇴적 작용과 유사한 것으로, 가장 오래된 기록이 가장 밑바닥에 있고 그 위에 점점 새로운 자료들이 쌓이는 방식이다. 물론 지질학에서 지층이 급격한 요동으로 붕괴하는 것처럼, 문서를 쌓아 놓은 것들이 갑자기 흔들려 무너져 내리면 가장 최근에 작성된 기록들이 기한이 지난 원고 검토 요청서들과 지난 달력들(어쩌면 당신은 그것들이 언제 필요한지 전혀 모를 것이다.), 다양한 기록 사본 밑에 깔려 사라질지도 모른다. 온라인에서도 마찬가지다.

지금은 고도로 진화된 관리 기술들이 많지만 나는 아주 오랫동안 엔트로피 증가 법칙을 따라 기록했다. 이 말은 내가 관찰하거나 측정한 각종 자료들을 종이에다 닥치는 대로, 어떤 종잇조각이든 쓸 수만 있다면 꼭 관찰된 순서가 아니더라도 되는 대로 썼다는 것을 의미한다. 이러한 방식은 어느 정도 잘 작동했다. 그러나 현지 조사를 끝내고 집으로 돌아온 뒤, 녹음할 때의 온도와 코드를 급히 기록한 종잇조각이 종종 사라지곤 했다. 물론 텐트 안 어디에서 기록을 남겼는지 기억해 내면 다행이었지만, 집으로 돌아오는 사이에 그 기록을 잃어버렸을 때는 벌레 울음소리를 녹음하기 위해서 오랜 시간을 쫓아다녔던 노고가 허사가 되고 말았다. 더 나쁜 경우는 여칫과 곤충과 다른 메뚜기목 계열의 곤충에 대해 현지 조사를 하면서 곤충 이름과 관찰한 많은 동물을 노트에 적었는데, 그 노트를 잃어버렸을 때였다. 노트뿐 아니라 관찰하는 데 들어간 많은 시간도 헛되이 날려 버린 셈이다. 채집 지역의 지리적 좌표를 기재하는 것을 까먹거나, 곤충 채집용 유리병에 애매한 이름표(T17)를 붙이고, 표본의 출처에 대해 상세히 내용을 기재하지 않는 경우가 내게는 드물지 않았다. 물론 그런 경우는 극단적 상황이었다. 하지만 내가 생물학자의 길을 계속 가려고 하고 자기가 한 연구를 끊임없이 쌓아 가는 어떤 분야의 전문가가 되고자 한 이상 반드시 도움이 필요했다.

다행히도 코네티컷 대학교에서 박사 과정을 시작할 때 두 가지 기적 같은 일이 일어났다. 그것은 지금에서 볼 때, 내가 학자로 성공하는 시간을 매우 많이 단축시켰다. 그 가운데 하나는 휴대용 컴퓨터의 발명과 급속한 보급이었다. 그것은 현지에 들고 가기에 충분히 작지만 언제나 그것의 소재를 확인해야만 할 정도로 비싼 소형 컴퓨터였다. 또 다른 한 가지 사건은 내가 단일한 관찰 내용을 구성하는 서로 다른 요소들 사이의 관계를 3차원으로 시각화할 줄 아는 사고 능력이 있다는 사실을 자각한 것이다. 따라서 나는 관계형 데이터베이스의 기본 원리를 금방 간파할 수 있었다. 그 순간, 나는 종이에 관찰 내용을 기록하는 것을 피하고 모든 것을 휴대용 컴퓨터에 디지털로 입력하는 방식을 택하기로 했다.

1990년대 중반에는 생물학자들이 사용할 수 있는 데이터베이스 관리 프로그램이 그리 많지 않았다. 그러나 우연히도 당시에 내 논문을 지도하던 로버트 콜웰(Robert K. Colwell)은 뛰어난 지역 생태학자이면서 동시에 최초로 생물학자를 위한 관계형 데이터베이스인 바이오타(Biota)를 개발한 사람들 가운데 한 명이었다. 하지만 바이오타는 유감스럽게도 초기에는 여칫과 곤충들의 분류·계통학·행동에 대한 연구에 필요한 모든 요소를 갖추지 못했다. 그래서 나는 스스로 필요한 시스템을 개발하기로 하고 마침내 맨티스(Mantis)를 만들어 냈다.

스프레드시트 같은 독립된 파일의 데이터 저장과 관계형 저장 시스템 사이에는 두 가지 큰 차이가 있다. 독립된 파일의 데이터베이스 시스템인 스프레드시트에서 정보 단위를 표시하는 레코드는 서로 독립된 항목들이 한 줄로 연결되어 있다(숫자나 문자 필드들이 행과 열 번호로 표시된다.). 이렇게 구성된 항목들은 마음대로 검색할 수도 있고 형태를 바꿀 수도 있지만, 데이터를 종합해서 전체적인 개요를 만들어 내기는 매우 어려웠다. 예컨대 스프레드시트로 정리한 표본 정보는 (여러 지역에서 채집된) A라는 종에 속하는 모든 곤충을 다 보여 줄 수 없다. 동시에 X라는 지역에서 채집된 (서로 다른 종에 속하는) 모든 곤충도 다 보여 줄 수 없다. 그러나 관계형 데이터베이스에서는 논리적으로 동일한 속성을 공유하는 정보끼리 집단으로 묶을 수 있기 때문에, 표본들을 동일한 속성이나 출처를 기반으로 하나의 집단으로 분류할 수 있다. 이러한 집단들은 서로 겹칠 수도 있고 아닐 수도 있다. 그러나 여러 종류의 독립된 속성에 따라 데이터의 부분 집합들을 동시에 볼 수 있는 장점이 있다. 또한 관계형 데이터베이스가 스프레드시트와 다른 점은 데이터를 중복해서 입력하지 않아도 된다는 것이다. 즉 레코드마다 표본 이름과 같은 정보를 다시 입력할 필요가 없다는 말이다. 그 정보가 필요할 때 불러오기만 하면(연결시키면) 된다. 이 두 가지 차이점은 사람들이 데이터를 입력할 때 실수할 가능성을 없애며, 데이터 세트를 전체적으로 쉽게 수정할 수 있게 한다. 예컨대 어떤 종의 이름이 철자가 틀려서 그것을 고치면 그것과 연결된 모든 표본에 자동으로 수정한 내용이 반영된다. 맨티스는 처음에 관계형 데이터베이스의 구조를 본뜬 매우 허술한 독립된 파일의 데이터베이스로 시작했다. 그러나 곧 데이터의 중복을 최소화한 완벽한 관계형 데이터베이스 관리 프로그램으로 진화했다.

곤충의 행동 관찰 내용과 분류 정보, 참고 자료, 측정 자료, 사진, 녹음 기록 들이 모두 입력된 단일한 중앙 시스템은 내 인생을 완전히 바꾸었다. 여칫과 곤충에 대해서 내가 아는 거의 모든 것, 내가 지금까지 본 모든 표본 정보, 내가 여태껏 방문한 모든 현장의 좌표 정보, 여태껏 측정한 모든 온도 자료가 모두 내 데이터베이스 안에 들어 있다. 언제든 그 정보를 꺼내 볼 수 있고 어디든 그 자료들을 가지고 갈 수 있다. 맨티스는 내 두뇌를 확장하고 어떤 것도 까먹지 않는 여분의 기억 저장 공간이 되었다. 따라서 나는 많은 것을 기억하지 않아도 된다. 맨티스를 검색하면 키포데르리스(*Cyphoderris*, 등에 굽은 날개를 달고 있는 곤충—옮긴이)의 구애 행동에 대해 논문을 쓴 저자가 누구인지 금방 아는데 굳이 이름을 기억하려고 애쓸 이유가 있겠는가? 이제 되돌아갈 수는 없다. 분류학자이자 현지 조사를 하는 생물학자로서 내가 관찰하는 모든 것은 돌고 돌아서 마침내 무한대로 확장할 수 있는 가상공간인 내 데이터베이스로 들어간다.

내가 관찰한 것을 어떻게 기록하는지 자세한 과정을 소개하기 전에 한 가지 알아야 할 것이 있다. 다음에 설명하는 것은 내가 개발한 맨티스에 대한 사용 방법이다. 맨티스는 관심만 있으면 누구든 자유롭게 쓸 수 있다. 이것은 결코 구매를 유도하기 위해 설명하는 것이 아니다.

오늘날 생물학자들이 사용할 수 있는 뛰어난 데이터베이스 관리 프로그램이 시중에 많이 나와 있다. 당신의 기록 관리에 맞는 데이터베이스를 쓰고 싶다면 이용 가능한 데이터베이스를 모두 검토해 보기를 적극 권한다.

나는 분류학자이면서 보존생물학자다. 주로 울음소리를 내는 곤충을 연구하지만 가끔씩 거미도 연구한다. 따라서 내가 필요해서 수집하는 데이터는 분류 명칭, 종의 분포와 수, 습성, 숙주–기생 관계, 환경 위협 평가와 관련이 있다. 오늘날 현지 조사 작업은 환경 보호 단체나 광산 업체 들이 생물학적으로 아직 탐사되지 않은 지역에 대해 생물다양성 기준을 평가하는 목적으로 진행하는 긴급한 생물학적 조사가 대부분을 차지하고 있다. 이러한 조사를 하는 기본 목표는 생물 종의 수를 최대로 찾아내서 기록하고 그들의 서식지에 위협을 주는 요소들에 대한 정보를 가능한 한 많이 수집하는 것이다. 나는 이 밖에도 곤충의 습성과 계통 분류에 관심이 많기 때문에 그와 관련된 추가 정보도 수집한다.

내가 현장에서 기록하는 데이터 형태는 다음과 같이 요약할 수 있다. 채집 장소별 지리 좌표, (지배적인 식물 종 목록을 포함한) 채집 장소에 대한 설명, 사람들이 영향을 끼친 증거와 형태, 종의 식별, 종의 수(관찰된 모든 표본은 자체 레코드를 얻는다.), 각 표본의 성별/성장 단계, 종의 활동 날짜와 시간, 울음소리 관련 자료(울음소리의 길이와 우는 때, 주변 온도, 울음소리의 형태, 녹음 데이터), (초식성 종의 경우) 숙주 식물 자료, 표본 채집 자료(채집 방식, 표본 보존 형태, 표본의 고유 번호 등). 기록할 데이터 목록이 꽤 길지만 데이터베이스 입력 방식을 잘 설계하면 기록 과정을 매우 단순화할 수 있다.

내가 현장에 도착해서 맨 처음 하는 일은 베이스캠프의 GPS 좌표를 기재하고 주변의 식물 분포 상황에 대한 최초의 느낌을 (데이터베이스의 지역 목록과 특정 사건 목록에 각각) 기술하는 것이다. 텐트를 치고 나자마자 바로 이것을 한다. 서식지와 주위 식물 분포에 대한 설명은 나중에 다른 동료 조사자들, 특히 식물학자들의 도움을 받아 계속 고쳐 나갈 수 있다. 데이터베이스에 새로운 항목이 입력되면 자동으로 날짜와 시간이 찍히기 때문에 필요할 경우 사건들을 시간 순서에 따라 다시 나열할 수 있다.

현장에서 휴대용 컴퓨터의 전지를 충전하기 위해서는 반드시 발전기를 가져가는 것이 좋다. 나는 발전기가 없는 경우를 대비해서 날마다 전지를 재충전할 수 있을 정도의 충분한 전력을 생산하는 작은 휴대용 태양 전지판을 가지고 다녔다. 나는 현지 조사를 진행하는 동안 데이터베이스의 레코드 정보를 계속해서 최신 것으로 갱신한다. 현장에서 베이스캠프로 돌아오면 곧바로 내 컴퓨터와 데이터베이스에 GPS 장치가 수집한 새로운 좌표들을 내려 받는다. 채집한 표본(또는 적어도 채집한 종을 대표하는 표본 하나) 사진을 찍고, 표본(알코올이 담긴 유리병에 넣거나 곤충 표본용 핀으로 꽂는다.)에 고유 번호를 부여하고, 종을 최종 확인하는 절차에 들어간다. 종을 식별할 때, 예비적 절차가 필요한데, 나는 각각의 형태종(morphospecies, 형태학적 측면에서 같은 종으로 여겨지는 개체들의 무리—옮긴이)에 임시로 식별 번호를 붙인다. 그러나 나는 여칫과 곤충의 표본 사진을 4만 장 가까이 가지고 있고 그것들의 특징을 데이터베이스에 수록하고 있는 덕분에 대부분 현장에서 종을 바로 식별할 수 있다. 또한 PDF파일 형태로 데이터베이스에 입력해 늘 가지고 다니는 중요한 분류학 논문들은 현장에서 표본을 확인하는 데 큰 도움을 준다. 실제로 채집을 하지 않아도 일반적으로 쉽게 확인할 수 있는 종이거나 울음소리만으로 무슨 종인지 알 수 있는 경우에도 나는 표본 기

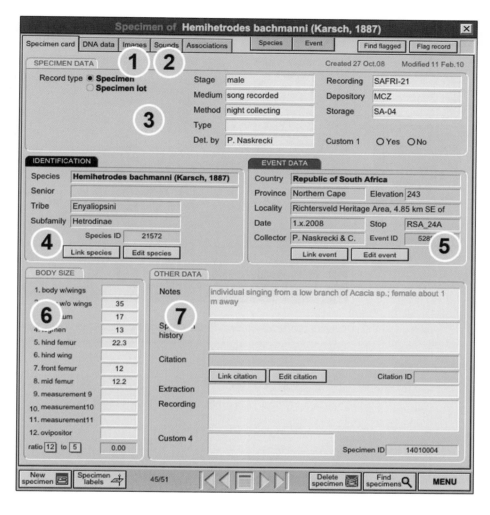

남아프리카 공화국의 리흐터스펠트 국립 공원에서 채집한 갑옷여치 표본의 데이터를 맨티스에 입력한 화면. (1) 표본의 이미지 자료, (2) 표본의 녹음 기록, (3) 기본적인 표본 데이터와 저장 정보, (4) 표본 식별 정보(분류표와 연동), (5) 채집/관찰 중 일어난 일에 대한 설명과 위치 데이터(특정 사건/지역 목록과 연동), (6) 표본의 실제 측정 자료, (7) 표본에 대한 추가 자료. 추가 자료(분자 서열, 다른 생물과의 숙주−기생 관계, 기존 논문들과의 연동)는 나중에 입력될 수 있다. 표본의 기록 내용이 바뀌면 자동으로 시간/날짜가 찍히고 표본의 연혁 파일에 등록된다.

Images: 2

Image ID 179414   Specimen ID PNC001401
Category male
Caption habitus, dorso-lateral view
Type   Stage male
Source South Africa, Richtersveld
Copyright
Notes
Photo by P. Naskrecki
Created 10/12/2008   Modified 10/16/2008

Delete image   Add image   Specimen card   Find specimen

Compare specimens   Specimen ID PNC001401 Hemihetrodes bachmanni (Karsch, 1887)

habitus, dorso-lateral view, male (Republic of South Africa: Richtersveld Nat. P., nr. Helskloof Gate, 29.ix.2008) (Source: South Africa, Richtersveld)

갑옷여치의 표본 기록에 있는 사진 정보.

록을 작성할 때와 마찬가지로 관찰 기록을 작성한다. 표본 기록이나 관찰 기록에는 표본의 식별 번호, 성별/성장 단계, 채집 방식, 숙주 생물(대개의 경우 식물 종이지만 때때로 흰개미 집단인 경우도 있다.), 보존 방식, 저장 장소(나는 표본을 저장하기 위해 사용하는 유리병이나 상자에 번호를 매긴다.) 같은 정보가 들어간다.

대부분 기록 작업은 낮 동안에 이루어지는데, 대다수 여칫과 곤충들이 밤에 활동을 하기 때문이다. 따라서 그것들을 채집하기 위해서 낮에 현지 조사를 나가는 것은 비생산적이다. 모든 표본이 준비되고 사진 촬영이 끝나면, 나는 그것들을 데이터베이스에 입력하는 데 많은 시간을 쓴다. 여칫과 곤충은 그다지 많지 않다. 내 하루 작업 분량은

30개에서 50개 표본이다. 이 일이 끝나면 지난 밤 곤충들이 구애하는 울음소리를 녹음하면서 디지털레코더에 남긴 음성 메모를 종이에 옮겨 적는다. 녹음 자료는 컴퓨터에 다운로드하고 울음소리를 내는 곤충을 식별한다. 그리고 그 주변에 있는 다른 개체들을 확인하고 대기 온도, 마이크와 해당 곤충과의 거리, 녹음 장치의 기술적 데이터, 녹음 시간과 날짜 같은 정보가 들어있는 페이지에 연결한다.

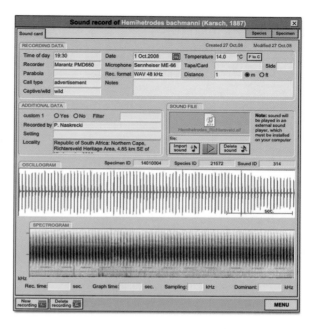

갑옷여치 울음소리의 녹음 기록과 관련 데이터.

추가적인 관찰 내용과 데이터는 가능한 한 빨리 데이터베이스에 입력한다. 물론 밤에 숲에 가면서 휴대용 컴퓨터를 들고 가지는 않는다. 따라서 만약 기록을 남겨야 할 때가 있으면 (항상 휴대하고 다니는) 녹음기에 메시지를 녹음하거나 방수가 되는 작은 수첩에 메모한다. 여러 해 동안 나는 메모한 것을 옮겨 적는 일과 관련해서 지나칠 정도로 공을 들여 훈련했다. 그래서 그런지 몰라도 지금까지는 내가 관찰한 내용 가운데 어떤 것도 잃어버린 것은 없다.

사례에서 보는 것처럼, 나는 남아프리카공화국 나마콸란트의 여칫과 곤충들을 조사하는 동안 리흐터스펠트 국립 공원에서 갑옷여치(karsch, *Hemihetrodes bachmanni*) 표본을 채집했다. 10월 초 어느 날 밤 우리는 곤충을 채집하러 밖으로 나갔다. 나는 먼저 녹음기를 꺼내 곤충

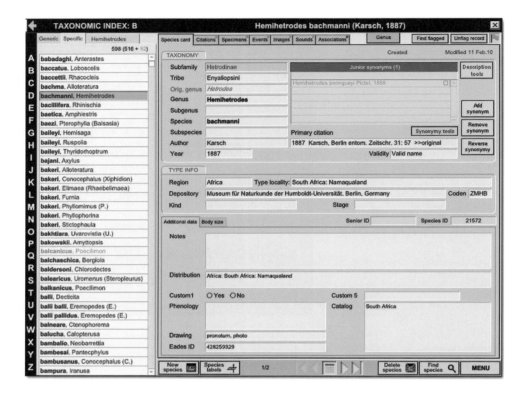

갑옷여치의 분류 정보를 보여 주는 기록.

의 울음소리를 녹음하고 그 뒤에 그 곤충을 잡아서 사진을 찍었다. 다음 날, 녹음 파일과 디지털 사진을 맨티스에 올리고 표본 정보를 입력했다.

조사가 끝났을 때, 그동안 관찰한 내용과 확인된 표본은 이미 데이터베이스에 모두 수록된 상태였다. 박물관으로 돌아와 데이터 입력과 관련해서 할 일은 거의 없었다. 남은 일은 표본을 담은 유리병의 알코올을 갈아 주고, 현장에서 붙인 임시 이름표 대신에 영구적으로 사용할 이름표를 인쇄하고, 손으로 쓴 표본 식별 번호를 바코드로 바꾸고, 현장에서 시작한 표본의 식별 작업을 계속하는 것이었다. 분류학적 기

Republic of South Africa: Northern Cape, Richtersveld Heritage Area, 4.85 km SE of ✕

| Event card | Specimens | Species | Genera | Locality | | Find flagged | Flag record |

EVENT DATA　　　　　　　　　　　　　　Created 14 Oct.08　　Modified 7 Feb.11

Date　　1 Oct.2008 🗓 to 🗓 [Today]　　Incomplete date [　　　]

Note: Date must be entered as Month/Day/Year (yyyy)

Collector　P. Naskrecki & C. Bazelet　　　Stop　RSA_24A

Habitat　　small thicket of Acacia sp. by a stream

Notes　　surrounding area heavily grazed by goats

Label verbatim

Coord.　○ Yes ○ No
Test
LS Coord.
INBio lot

Event ID　5288091

LOCALITY

Country　**Republic of South Africa**
State/Pr.　Northern Cape
Co./Distr.　Namakwa Distr.
Locality　Richtersveld Heritage Area, 4.85 km SE of Khubus

Elevation　243 [m]
Coordinates　28°28'58.3"S, 17°1'58.7"E　[DMS]　[Google]
Lambert 1 [　　　]　Lambert 2 [　　　]
[Link locality]　[Edit locality]

Locality ID　2330389

[New event]　[Event labels]　1/1　▤　[Delete event]　[Find events 🔍]　[MENU]

술이 필요한 새로운 종은 맨티스 데이터베이스의 전용 입력 모듈을 이용해 그 종의 형태학적 특징을 기록했다. 발표에 필요한 내용도 마우스만 한 번 클릭하면 생성할 수 있었다.

서식지와 관련된 정보를 보여 주는 기록.

그러나 완벽한 시스템은 없다. 디지털 기기에 완전히 의존하면 기록을 잃을 위험이 따르기 마련이다. 컴퓨터 본체가 고장나거나 전압이 갑자기 높아지거나 장비를 도둑맞는 일은 디지털 시대에 흔히 일어나는 사건이다. 나는 여러 해 동안 수차례에 걸쳐 그 모든 피해를 당해 보았다. 그러나 내가 정밀한 디지털 기록 장치를 개발하도록 이끌었던 바로 그 생존 본능이 다시 발동하면서 나는 귀중한 데이터들을 모두 백업 받는 방식으로 문제를 풀어 나갔다. 현지에 있을 때나 집으로 돌아오는 길이거나, 아무리 사소한 것이라도 데이터베이스를 수정할 때는 언제나 전체 데이터 세트를 미리 여벌로 두 벌씩 복사한다. 그리고 언제나 세 군데(두 대의 컴퓨터 하드 디스크와 하나의 USB 플래시 드라이브) 별개의 매체에 데이터를 복사해 둔다. 그것 말고도 한 달에 한 번씩 전체 데이터베이스(최근에 10기가바이트가 넘었다.)를 DVD로 굽는다. 현지에 있을 때나 조사를 마치고 돌아오는 때 똑같은 과정을 반복한다. 복사본 두 벌은 휴대용 가방에 넣고 한 벌은 짐칸에 싣는 가방에 넣는다.

옛날에는 방 하나 가득 책과 서류 정리용 캐비닛을 채우고도 남을 방대한 양의 지식과 데이터를 이제는 엄지손가락만한 메모리 스틱에 저장할 수 있다는 사실이 한편으로는 놀랍지만 한편으로는 서글프다. 데이터를 곧바로 쓸 수 있고 쉽게 휴대할 수 있어서 과학자들이 현지에서 훨씬 더 편리하게 조사 활동을 할 수 있다는 점은 큰 장점이지만, 그 대신 지식이 서서히 축적되고 있다는 느낌과 과학적 권위를 보여주는 실체적 증거, 다시 말해 중요해 보이는 두꺼운 책과 전문 잡지 들이 가득 들어찬 책꽂이 선반 같은 것은 사라지는 것은 아쉬운 점이다. 믿기 어렵지만 내가 개발한 데이터베이스 관리 프로그램도 이제 서서히 과거의 것이 되어 가고 있다. 서류 더미는 점점 줄어들고 종이의 시대는 점점 빨리 사라지고 있다. 그것을 부인할 수는 없다. 그리고 이제

연필을 신기하고 원시적인 도구로 보고 당황해하는 학생들을 볼 때가 곧 오리라는 것도 쉽게 상상할 수 있다. 내가 보기에 그 시기는 얼마 남지 않았다.

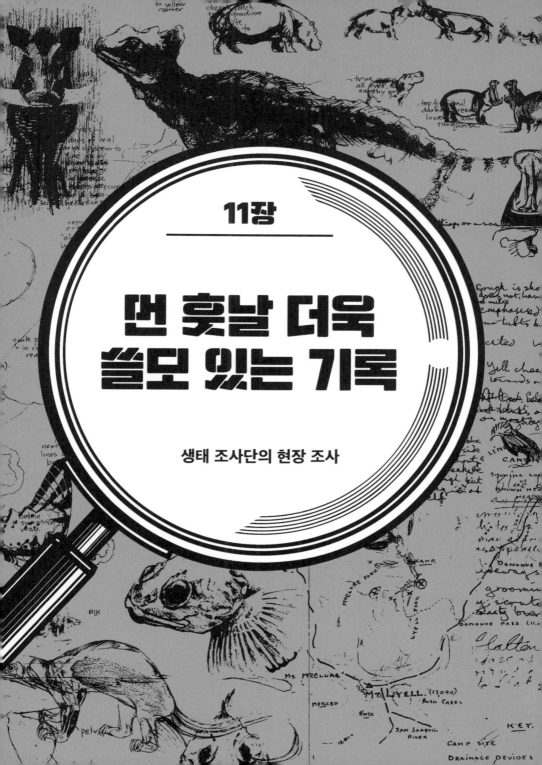

11장

먼 훗날 더욱 쓸모 있는 기록

생태 조사단의 현장 조사

"빈틈없이 그러나 간결하게 작성한 관찰 노트는
자기 자신뿐 아니라 동료들에게 더욱 쓸모 있는 기록이 되고,
먼 훗날 귀중한 참고 자료로서 보존될 가능성이 크다."

존 페린 John D. Perrine
캘리포니아 폴리테크닉 주립 대학교의 생물학 조교수이자 포유동물 협력 큐레이터. 보존생물학과 야생동물생태학을
주로 연구하고 가르치고 있다. 현재는 그리넬 재조사 프로젝트의 일환으로 캘리포니아 북부의 라센 지역에 있는 포유
동물을 재조사하고 시에라네바다산맥에 사는 붉은여우의 보존과 생태를 연구하고 있다.

제임스 패튼 James L. Patton
캘리포니아 대학교 버클리 캠퍼스의 통합생물학 명예 교수이며 척추동물학 박물관의 큐레이터다. 아마존에 서식하는
포유동물에 관한 생물지리학이 주요 연구 분야다. 요세미티 국립 공원에서 진행 중인 그리넬 재조사 프로젝트를 주도
하고 있다.

캘리포니아산맥에 땅거미가 내렸다. 한여름의 태양이 험한 바위산 뒤로 미끄러져 내리면서 캘리포니아 대학교의 척추동물학 박물관 (Museum of Vertebrate Zoology, MVZ)에서 나온 현지 조사단은 그날 가장 중요한 작업 가운데 하나를 수행했다. 함정을 설치한 곳을 살펴보고 확증 표본을 준비하느라 긴 하루가 끝날 때쯤이면, 캠프는 관찰 노트에 그날의 일을 상세하게 기록하기 위해 부드럽게 펜을 놀리는 소리를 빼고는 조용했다. 조사단이 버클리로 돌아가면, 그들이 작성한 관찰 노트를 모두 수거해 한 권으로 묶은 뒤, 캠프 주변에 건조용 판자 위에 깔끔하게 핀으로 고정되어 있는 표본들과 함께 보관한다. 어쩌면 수십 년이 지나서 연구자들은 아주 하찮아 보였던, 이를테면 아침에 함정을 판 곳을 돌아보다가 발견한 코요테나 저녁 식사 때 캠프를 방문한 캐나다 어치 세 마리를 자세히 기록한 내용 같은 것들을 찾아서 이런 기록을 꼼꼼히 살펴볼지도 모른다. 이러한 관찰 노트는 이곳 현장의 생태 환경에 대한 없어서는 안 될 기록의 일부로 박물관에 보관될 것이기 때문에, 조사단원들은 MVZ의 초대 관장이었던 조지프 그리널이 만든 관찰 노트의 내용과 형식 지침을 조심스레 따랐다. 그날의 관찰 노트가 완성되면 단원들은 각자 숙소로 흩어져 헤드램프의 불빛에 의지해 책을 읽거나 음악을 들었다. 2006년 여름, 거의 100년 전에 그리널과 몇몇 동료들이 처음 시작한 척추동물 현지 조사를 재개하는 야심찬 프로젝트인 그리널 재조사 프로젝트(Grinnell Resurvey Project)에 연구자와 학생, 자원봉사자가 참여했다.

2003년 봄부터, 시에라네바다산맥 남부의 산기슭 낮은 언덕 지대에서 캘리포니아 북동부 모독 고원에 이르기까지 이러한 광경은 수십 차례 연출되었다. 우리가 이러한 노력을 기울이게 된 까닭은 몇 가지 알아야 할 사항이 있어서였다. 우선, 이 지역에서 지난 100년 동안 척추동물에게 어떤 변화가 일어났는지 알고 싶었다. 만일 변화가 있었다는 것이 발견되면 그 변화의 패턴이 그 뒤에 숨어 있는, 변화의 근본적인 메커니즘을 밝혀 줄지도 모른다는 생각이 있었다. 또한 어떤 종이 환경 변화에 특별히 민감한지, 그리고 어떤 종이 더 복원력이 뛰어난지도 알고 싶었다. MVZ의 확증 표본 채집은 재조사의 중요한 목적 가운데 하나였지만 최초의 현지 조사에서 작성된 방대한 양의 관찰 노트가 매우 귀중한 자료라는 것이 입증된 것은 또 다른 소득이었다. 이 프로젝트는 꼼꼼히 기록되고 주의 깊게 보존된 관찰 노트가 과학적으로 얼마나 가치가 큰지를 확인해 준 훌륭한 사례라고 할 수 있다.

그리널 재조사 프로젝트

나는 이제 궁극적으로 우리 박물관의 가장 중요한 목적이라고 확신하는 것을 강조하고 싶습니다. 그러나 이 가치는 앞으로 많은 세월이 흘러, 아마도 100년이 지난 뒤, 우리 자료가 안전하게 보존된다는 가정 아래 비로소 실현될 것입니다. 그리고 이것은 미래의 연구자가 캘리포니아와 서부 지역, 우리가 지금 작업하고 있는 모든 곳의 동물상에 대한 기록 원본을 볼 수 있을 거라는 것을 의미합니다. 그는 오늘날과 마찬가지로 균형을 유지하고 있는 종별 동물상, 종 저마다의 상대적 개체 수와 분포 구역에 대해서 알게 될

것입니다.1

조지프 그리널, 1910년

그리널은 1908년에 설립된 캘리포니아 대학교 버클리 캠퍼스 척추동물학 박물관의 초대 관장이었다. 그는 위에 인용한 글에서 보는 것처럼, 박물관에 대해 단순히 표본을 수집하는 곳 이상을 전망하고 있었다. 1900년대 초, 캘리포니아는 누가 뭐래도 변화하는 땅이었다. 인구는 급격하게 늘어나고 있었고, 농업·광업·축산업의 성장, 포식 동물 개체 수 조절과 상업 시장을 위한 사냥의 전면 허용이 자연의 풍광과 야생의 서식지에 깊은 상처를 남겼다. 그리널이 MVZ를 세운 중요한 목적 가운데 하나가 산천에 흩어져 있는 척추동물 종의 분포와 개체 수, 변이 상황을 기록으로 남겨서 나중에 비교할 수 있는 기준 데이터를 확보하는 것이었다.

그리널은 표본 채집만이 이러한 목적을 충족시킬 수 있는 대안이라고 생각했다. 그의 팀은 지역의 종과 종 변이를 기록하기 위해 수천 점의 동물 유골과 연구용 가죽을 보존했다. 그러나 표본에는 그 생물이 살았을 때의 모습에 대해서는 기록이 거의 남아 있지 않았다. 그들이 남긴 표본은 동물이 살았을 때 어떻게 행동했는지, 이를테면 그들이 미생물이나 곤충과 어떤 관계에 있는지, 어디에 둥우리를 만들기를 좋아하는지, 소리는 어떻게 내는지, 구애할 때 어떤 행동을 하는지와 같은 여러 가지 행동이나 습성에 대해 아무것도 알려 주지 않는다. 하지만 종의 자연사를 특별히 그들의 특정한 생태 환경과 연관 지어 기록한 것은 채집물의 가치를 크게 높였다. 1910년 그리널은 이렇게 썼다. "동식물의 분포, 생활사, 경제 사정과 관련된 사실은 표본 자체만 가지고 얻을 수 있는 어떤 정보보다도 훨씬 더 중요한 가치가 있음을 입증

3 mi. N.E. Coulterville, Mariposa Co, Calif.
El. 3200 ft.   June 9, 1915.

suite about holes seem to have begun
working last night (warmer weather is
now coming on) but no Perodipus were
caught. Only one has been taken here so far.

Trap lines at this station.

Trap lines in red
Transition in blue
W. Sonoran in yellow.

N ↑

yellow pine + bit. hot - dogs page Canyon

0   1   2   3

miles

contour interval 100 ft.

meadow
manzanita +
yellow pine

yellow pine
→
manzanita
W.W. Vireos,
Cassin vireos
Cabanis woodpecker
Purple finches

SCHOOL

COULTERVILLE ROAD

DUDLEY'S

SMITH CREEK

3200

MEADOW

3100

BEAN CREEK

Red winged blackbirds.

X camp
McCARTHY'S.

LARGE
PASTURE
meadow larks
lark sparrows

yellow pine
+
Black oak

From U.S.
G.S. Sonora

3 mi. N. E. Coulterville, Mariposa Co., Calif.
El. 3200 ft.   June 8, 1915

ᵒ X   Storer & I took a picture of a mourning
dove's nest built on a steep clay bank
of a barranca right on the ground. U.S.
32, Exp ⅕ sec.   Dist 8 ft. very bright
light.

meadow (short grass)

tall weeds

bare clay

BARRANCA

Dove's nest 10 ft
[2 eggs]

small stream

Juncus grass

DIAGRAM
OF
MOURNING DOVE'S
NEST ON CLAY
BANK.

Mammals have been scarcer here than at
any other place I have ever trapped. It seems
to be a little too high for any number of
individuals of "upper "sonoran" species
tho Perodipus, Ground squirrels, Peromyscus
truei, Cottontail + jack rabbits and probably
Perognathus are represented. Grey squirrels
are not abundant + chipmunks almost absent.
Juncos and Crested jays are rarely seen,
thrashers come to the very edge of the yellow pines,
long tailed chats + lark sparrows enter the
yellow pine area a short distance [1-3 miles.]

찰스 캠프가 작성한 관찰 노트. 310쪽까지 이어지는 노트는 '그리널 시기'의 자세한 관찰 기록의 형태를 잘 보여 준다.
첫 번째: (당시 미국 지질조사국의 15분 콜트빌 구획 지도를 토대로 그린) 마리포사 카운티의 콜트빌과 더들리스 사이의 일반 지도로
주요 함정 위치, 등고선, 생물 분포대 같은 것들이 표시되어 있다. 두 번째: 트레이시 스톨러가 캠프 근처의 점토 비탈에서
발견한 산비둘기인 탄식비둘기(mourning dove, *Zenaida macroura*)의 둥지 그림과 다른 동물들에 대한 관찰 기록이다.

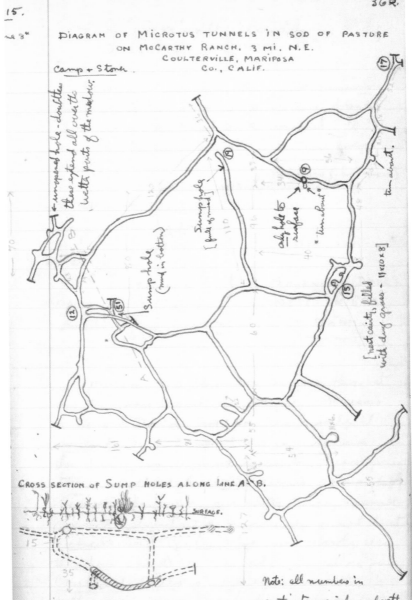

세 번째: 캘리포니아들쥐(*Microtus californicus*)가 다니는 통로로 아래 부분은
지하로 얼마나 깊이 굴을 팠는지 보여 주기 위해서 수직 단면도를 그린 것이다.

해 줄 가능성이 크다."2

생태 환경과 관련된 사실을 기록하기 위해서는 표본에 부착한 작은 종이 이름표보다 더 넓은 공간이 필요했다. 따라서 그리널은 현지 조사에 참여한 모든 MVZ 요원에게 탐사 기간 동안 관찰 노트를 자세하게 기록하라고 지시했다. 조사 현장마다 주요 서식지의 형태, 지배적인 식물 종과 군집, 개별 종의 미소 서식 환경(미생물과 곤충이 서식하기 좋은 환경 조건—옮긴이), 그리고 울음소리를 내는 방식과 수렵·채취 방식, 구애 표현과 같은 각종 행동을 모두 노트에 기록하도록 했다. 그리널은 조사 현장에 있는 모든 척추동물 집단에 관심이 있었다. 하지만 발견한 모든 종을 확증 표본으로 만들 수는 없었기 때문에 캠프 주변이나 덫을 설치해 놓은 곳에서 또는 오솔길을 걷다가 우연히 본 새처럼, 관찰한 동물 종은 목록으로 노트에 모두 기록했다. 많은 조사 요원들이 각자의 관찰 노트에 동물과 그들의 둥지나 굴의 구조를 자세하게 그려 넣었다. 또한 동물의 울음소리를 채록하기도 하고, 현존하는 종에 대한 지역 농장주나 사냥꾼, 주민들의 설명을 자세히 기록하기도 했다. 깊은 협곡 반대편이나 호숫가를 따라 펼쳐진 곳의 식생 분포도, 캠프 위치와 조사 경로를 보여 주는 지도, 관찰한 동식물과 서식지 사진도 관찰 노트에 포함시켰다.

이렇게 관찰 노트에 수록된 정보는 각각의 조사 현장을 평가하는 데 가장 중요한 요소였다. 관찰 노트는 확증 표본만큼이나 매우 세심하게 보존되었다. 특수 고급 용지로 제작되었고 크기 또한 표준화되었다. 글을 쓸 때는 변색되지 않는 검은색 잉크(그리널과 얼마간이라도 함께 일해 본 사람은 누구든 "꼭 히긴스 이터널 잉크Higgins Eternal Ink를 써야 해요!"라고 훈계하는 모습을 금방 떠올린다.)를 사용했다. 그리널은 종이가 찢어지는 것을 막기 위해서 관찰 노트를 딱딱한 표지로 제본하고, 표본과 함께

MVZ의 영구 보관용으로 두었다. 관찰 노트용 용지의 크기를 표준화한 덕분에 여러 사람이 기록을 작성했어도 제본하기가 쉬웠다. 표준화된 기재 형식은 나중에 어떤 사람이 그것을 읽더라도 그들이 필요로하는 정보를 금방 찾아볼 수 있게 했다. 예컨대 그리널뿐 아니라 다른사람들도 관찰 노트의 맨 위에 기재된 날짜와 지역 정보를 보면 해당표본의 생태 환경을 쉽게 파악할 수 있었다.

그리널은 1908년부터 그가 죽은 해인 1939년까지 MVZ 동료들과 함께 캘리포니아를 비롯해 서부의 여러 주를 샅샅이 훑고 다니며 수많은척추동물 종의 행동과 분포 상황, 생태 군집에 대해 기록을 남겼다. 그리널은 끊임없이 표본을 채집하고 관찰 정보를 축적함으로써 계통분류학뿐 아니라 생태적 지위(ecological niche, 어느 종이 생태계 안에서 어떤 기능을 수행하고 그 종을 둘러싼 환경이 그 종에게 어떤 영향을 끼치는가 하는 것—옮긴이)라는 개념을 세밀하게 다듬은 것과 같이 생태학 발전에도 큰 기여를 했다.3 척추동물의 모든 종이 저마다 고유한 서식지와 분포 구역이있다는 사실은 생태 군집이 이전에 알려졌던 것처럼 꽉 짜여 공진화(共進化)한 '초유기체'가 아니라 기회주의적인 종들의 집합체라는 것을 알려 주었다.4 요세미티 계곡과 라센 화산 지역과 같은 유명한 횡단지역을 비롯해 샌버너디노와 샌저신토산맥, 콜로라도강 하류 같은 지역에 이르기까지 여러 진원 영역(focal region, 지진 발생의 원인이 되는 최초의 암석 파괴가 일어난 지점—옮긴이)에 있는 척추동물 군집을 설명하는 연구서에는 당시 현지 조사를 하면서 작성한 관찰 노트에 기록된 척추동물 종의 수많은 생태와 행동에 대해 자세한 내용이 나와 있다.5 그리널시기에 작성한 연구서의 내용은 벌써 100년이 지났지만, 일부 분포 지역과 종에 대한 기록은 오늘날까지도 그곳의 척추동물 군집을 가장 잘이해할 수 있는 자료다.

그리널이 의도했던 것처럼 이러한 연구서에 담긴 깊이 있고 상세한 내용은 당시에 채집한 확증 표본, 당시에 기록한 관찰 노트와 함께 나중에 종을 비교할 때 참고할 수 있는 포괄적인 기준선을 제시했다. MVZ이 설립된 지 100년이 되면서, 이제 100년 전에 현지 조사를 했던 곳으로 돌아가 재조사를 하고 그 사이에 어떤 변화가 일어났는지 기록해야 할 때가 되었다는 생각이 모이기 시작했다. 20세기 중반에 과학 연구를 위한 채집 활동은 크게 인기가 없는 작업이었지만, 보존생물학이 급성장하고 지구의 기후 변화가 생태계에 미치는 영향에 대해 우려의 목소리가 높아지면서 그리널 재조사 프로젝트는 그저 기발한 생각이라는 차원을 넘어서 중요한 제안이 되었다.

어디에서부터 시작할 것인가 하는 문제는 미국 연방 의회가 국립 공원마다 생물다양성 조사를 새로 하도록 지시함에 따라 명확하게 가닥이 잡혔다. 국립 공원은 저마다 생물다양성을 영구히 보존하도록 명령을 받았다. 미국의 주요 국립 공원 가운데 하나인 요세미티 국립 공원에는 그리널과 그의 동료인 트레이시 스토러(Tracey Storer)가 1914년과 1915년에 탐사한 결과를 1924년에 〈요세미티의 동물 생활(Animal Life in the Yosemite)〉이라는 연구서로 발표한 가장 종합적인 척추동물 조사 보고서가 있었다. 요세미티 공원의 생물학자들은 오늘날의 척추동물상을 1924년의 연구 내용과 비교하는 것이 매우 합당한 일이며, 재조사를 수행하는 데 현재 MVZ에서 근무하는 연구원들이 가장 적합하다고 생각했다. 현지 조사는 2003년에 시작해서 2005년까지 지속되었다. 이는 요세미티 국립 공원에만 한정되지 않았다. 다만 MVZ의 조사단원들은 그리널이 조사했던 '요세미티 횡단 지역(Yosemite Transect)' 전체를 샅샅이 훑는 대신에, 시에라네바다산맥의 서부 산기슭에서 네바다주 경계 근처의 모노 호숫가까지, 거의 1,550제곱마일(약 2,500제곱킬로미터)에 이르는 면적으로 조사 범위를 확대했다. 이러한 프로젝트의 범위는 수많은 문제를 수반했지만 그 대가로 여러 종의 지역 분포에 대한 귀중한 관점들을 확보할 수 있었다. 최초에 조사한 내용과 비교했을 때 몸집이 작은 포유류 가운데 많은 종이 분포 지역의 고도가 크게 바뀌었다. 이와 같은 사실을 확인한 재조사 결과의 내용 일부가 2008년 《사이언스(Science)》에 게재되었다.6

요세미티 재조사에 이어서 미국 국립 과학 재단은 MVZ의 과학자들이 시에라네바다산맥의 남부와 캘리포니아 북부의 라센 피크 지역과 같은 또 다른 그리널 조사 지역도 재조사를 할 수 있도록 기금을 지원했다. 이렇게 재조사 지역을 확대한 이유는 네 가지 중요한 목표가 있어서였다. 첫째, 역사적으로 중요한 장소에서 몸집이 작은 척추동물들(주로 새와 작은 포유동물)의 현재 분포 상황을 기록하고, 둘째, 현재의 종 분포를 그리널과 동료들이 기록한 분포 상황과 비교하고, 셋째, 관찰된 동물상의 변화를 토지 사용과 기후, 산불 억제와 같은 여러 환경적 요소의 변화와 연계해서 분석하기 위해서다. 끝으로 나중에 또 다시 비교·분석할 수 있는 현재의 동물에 대해 환경 기준을 마련하기 위해서다.7 역사적으로 중요한 현지 조사에서 작성되는 관찰 노트는 생물 종이 확증 표본으로 보존되든 단순한 관찰 기록으로 남든, 그 종을 둘러싼 생태 환경을 기록하는 가장 중요한 요소로서 역할을 계속해서 수행한다. 그러한 데이터는 장래의 연구자들이 이러한 과정을 지속할 수 있게 한다.

그리널의 관찰 노트 방식

우리가 작성하는 현지 기록은 어쩌면 우리가 만드는 결과물 가운데서 가

장 귀중한 것이 될지도 모릅니다. 따라서 편리한 기록 방식은 매우 중요합니다.[8]

조지프 그리널, 1908년

관찰 노트의 기록은 그리널 이전에도 생물학 연구자와 자연사학자 세대 들이 해 온 일반적인 작업이었다. 루이지애나 영토를 탐사하면서 메리웨더 루이스와 윌리엄 클라크가 남긴 기록과 찰스 다윈의 《비글호 항해기》는 손으로 직접 쓴 기록의 가치를 보여 주는 전형적인 두 사례로, 거의 200년이 흐른 지금에도 많은 사람이 열심히 읽는 중요한 과학 기록이다.[9]

그리널의 관찰 노트 방식은 이러한 전통을 유지하고 있지만 다른 것들과 구별되는 독특한 표준 형식을 가지고 있다.[10] 연구용 동물 가죽이든 핀으로 고정된 곤충이든 식물 표본지든, 특히 여러 사람이 자연사와 관련된 채집을 하는 경우 표준화는 반드시 필요한 작업이다. 채집자마다 다른 형식과 방법으로 채집한다면 혼란에 빠지고 말 것이다. 그런 상황은 채집을 통해 상세하게 밝히고자 했던 것들을 오히려 모호하게 만든다. 채집 형식을 표준화함으로써 다양한 형태의 혼란을 최소화하면 나중에 연구자들은 표본 채집자가 누구든지에 상관없이 채집된 자료의 유형을 효율적으로 파악할 수 있다. 그리널은 자신이 기록한 것을 연구할 때, 조사단원들의 관찰 노트를 자세히 살펴보고 첨부된 표본을 비교 검토하는 데 많은 시간을 보냈다. 따라서 그는 상세한 내용을 신속하게 찾아내지 않으면 안 되었다. 그리널은 한 세대에 걸쳐 생태학자와 분류학자 들에게 관찰 노트의 문화와 방식을 주입했다. 그들 가운데 많은 사람이 자기 학생들에게 '그리널 방식'을 가르쳤다.[11]

그리널 방식의 관찰 노트는 세 부분으로 구성되어 있다. 일지는 조사 현장을 설명하고 당일 발견한 종의 목록을 포함해서 하루의 활동과 관찰 내용을 요약하는 서술형 설명 부분이다. 이 부분에는 대개 각종 스케치와 사진, 지도가 추가된다. 다음으로 일람표는 모든 확증 표본을 채집한 순서대로 기록한 것이다. 각 표본은 고유한 현장 번호가 있고 성별, 집단, 번식 상태, 표준 몸무게나 길이처럼 박물관의 표본 이름표에 기재될 정보가 있다. 끝으로 종 설명은 종의 특징을 설명하는 정보와 한 장소에서 여러 날 관찰하거나 여러 장소를 돌아다니면서 축적된 관찰 내용을 요약한 것으로, 나중에는 해당 종의 특징적인 모습과 계절 행동, 미소 서식 환경과의 관계와 같은 각종 특성을 열거한 내용으로 발전한다. 이러한 설명은 여러 날에 걸쳐 일지에 분산되어 있는 동일한 종에 대한 관찰 내용을 하나로 묶고, 그것을 바탕으로 일반적 특성을 찾아내는 편리한 방법이다. 종 설명은 대개 나중에 연구서 작성을 위한 기초 자료로 활용된다. 이러한 부분에 상관없이 관찰 노트의 모든 쪽에는 저자 이름, 날짜, 조사 현장의 지명을 기재한다.

관찰 노트를 이런 식으로 나눔으로써 각 부분을 독특한 구조와 형식에 따라 질적으로 서로 다른 정보 형태를 구성할 수 있다. 그 가운데 일람표는 정보 구성이 매우 엄격하게 꽉 짜여 있는데, 기본 데이터 형태가 모두 동일해 채집된 모든 표본이 동일한 유형으로 기록된다. 오늘날 스프레드시트에 가장 가까운 형태로서 날짜, 위치, 일람표 번호, 종, 성별, 번식 상태, 각종 몸 수치와 같이 데이터 필드와 형식이 미리 지정되어 있다. 실제로 일람표에 기재된 정보는 오늘날 MVZ의 컴퓨터에 저장된 표본 데이터베이스로 직접 전송된다. 반면에 일지의 데이터 형식은 제한이 없어 이야기, 목록, 스케치, 지도, 사진을 포함해서 필요한 서술 정보는 무엇이든 기재할 수 있다. 이런 종류의 정보는 오늘날 데이터베이스처럼 데이터 필드가 엄격하게 지정되어 있는 컴퓨터 시스템에 쉽게 옮겨지지 않는다. 그러나 관찰 노트의 각 부분은 하나의 데이터베이스처럼 서로 공유한 정보, 이를테면 조사 현장의 지명이나 표본의 일람표 번호를 통해 서로 연결된다. 이렇게 연결하면, 일람표에 있는 어떤 표본의 미소 서식 환경과의 관계를 그날, 그 현장에서 쓴 일지 기록과 비교 검토할 수 있고, 특정한 종에 대해 요약된 각종 행동과 여러 축적된 정보를 함께 볼 수 있다. 관찰 노트를 이렇게 세 부분으로 나누고 각 부분의 정보 형식을 서로 연결할 수 있게 함으로써 데이터 구조와 유연성의 균형을 제공하여 데이터를 효율적으로 저장하고 검색할 수 있게 했다. 그리널의 관찰 노트 방식이 제시하는 방향과 기법을 적용하면서 다양한 정보 구성과 형식을 보여 주는 다른 사례들도 많다.[12]

그리널 관찰 노트 방식은 그리널이 1908년 MVZ의 관장이 된 첫날부터 자기가 해야 할 일에 대해서 세심하고 깊이 통찰한 결과 부하 직원들에게 그리널 방식의 세부 내용을 지시한 것이라고 상상하기 쉬울 것이다. 그러나 실제로 그리널의 관찰 노트 형식은 수십 년 동안 여러 세대에 걸쳐 진화한 것이다. 그리널 자신은 오늘날 자기 이름이 붙은 세 부분으로 나뉜 일지를 써 본 적이 한 번도 없다. 그가 작성한 관찰 노트에는 종 설명이 없었다. 하루 동안의 표본 일람표는 단순히 그날의 일지 기록 안에 여기저기 흩어져 있었다. 그는 죽는 날까지 그렇게 했다. 우리는 물론 그리널이 기록 내용과 형식에 대해서 어떤 지침이나 훈련을 내렸을 것이라고 확신한다. 실제로 MVZ의 초기부터 그의 동료와 학생들 모두가 동일한 형태의 특정 형식과 구성 체계를 사용했기 때문이다. 그들이 작성한 관찰 노트는 모두 단순한 서술 형태의 일

all around.   On the west-facing slope of the
White Mts. (Montgomery P.K. looming up. bare for its upper
third.) one is able to see the timber belts
distinctly from a distance, as shown below.

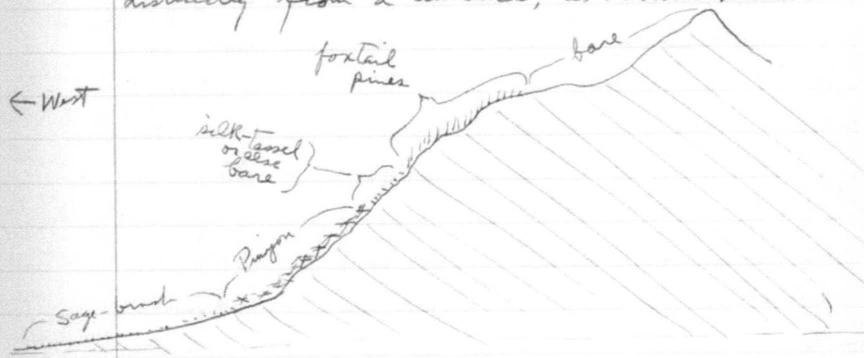

← West

foxtail
pines

bare

silk-
tassel
or else
bare

Pinyon

Sage-brush

Dixon took a photo of this slope, and belts shown on
this should be compared with topographic map.
We saw no more signs of <u>Citellus mollis</u> than
around Pellisier Ranch. Again we were told that
these animals were "all gone in" for the winter.
A very few birds were seen out on the sage flats:
<u>Sage Sparrow</u> (5 or 6), <u>Brewer Sparrow</u> (about 3),
<u>Black-throated Sparrow</u> (2).

Sept. 20

A <u>Kingfisher</u> flew along the ditch at sunrise.
At daybreak heard <u>Poorwills</u> and <u>Killdeer</u>, and
saw 5 <u>Mallards</u> fly by. Five <u>magpies</u> lit
silently on a dead cottonwood near camp, and
two <u>Lewis Woodpeckers</u> shortly took their places.
A <u>Sparrowhawk</u> percht, huncht-up, on the top of
a dead tree: and <u>meadowlarks</u> began singing.

Woodhouse Jay (one along willow row, call very
like that of Calif. Jay); Magpie (3); Say Phoebe (2);
Parkman Wren (1); Warbling Vireo (1 in willow top);
Lazuli Bunting (1 seen clearly); Vesper Sparrow (4);
Intermediate Sparrow (about 6); Barn Swallow (2);
Savannah Sparrow (about 10).

✓ 4419, 4420 Uta stansburiana (2 specimens);
✓ 4421 Sceloporus biseriatus
✓ 4422 Calaveras Warbler ♂ im. 8.3g.
✓ 4423 Orange-crown Warbler ♂ im. 9.0g.
✓ 4424 Eutamias panamintinus ♂ 45.5g. 188×82×31×12.5.
✓ 4425 " " ♂ 47.3g. 190×84×30×12.
✓ 4426 Lewis Woodpecker ♀ im. 102.5g.
✓ 4427 " " ♂ im. 99.2g.

My trap-line boot: big Perodipus 1♂; Onychomys
1♀ (put up by Dixon); Peromyscus sonoriensis 4 ad. ♀♀
(1 with 3 large embryos) and 3 ad. ♂♂. The Onychomys
was under an atriplex confertifolia brush, as was also the Perodipus.
✓ 4428 Perodipus (panamintinus?) ♂ 297×178×46.5×13. 60.6g.
✓ 4429 " ♀

Sept. 21

✓ 4430 Perognathus panamintinus bangsi ♂ 7.7g. 133×72×19×4.
✓ 4431 Warbling Vireo ♀ im. 11.5g. Shot by H.J. White yesterday.
✓ 4432 Western Robin ♀ im. 85.0g. " " " "
✓ 4433 Western Meadowlark ♂ ad. 116.0g. " " " "

My 30 trap-line produced: 1 Perognathus p. bangsi
(as above, under atriplex confertifolia), 1 Reithrodontomys ♂ ad. (on very
dry ground but where ditch from alfalfa had

조지프 그리널이 1917년 오언스 협곡의 북단에 있는 펠리시어랜치에서 작성한 관찰 노트.
첫 번째: 화이트산맥의 몽고메리 봉우리 아래 서부 측면의 생물 분포대에 대해 설명하고 있다.
두 번째: 1917년 9월 20일에 기록한 전형적인 일지와 그 안에 여기저기 기재된 표본 일람표.

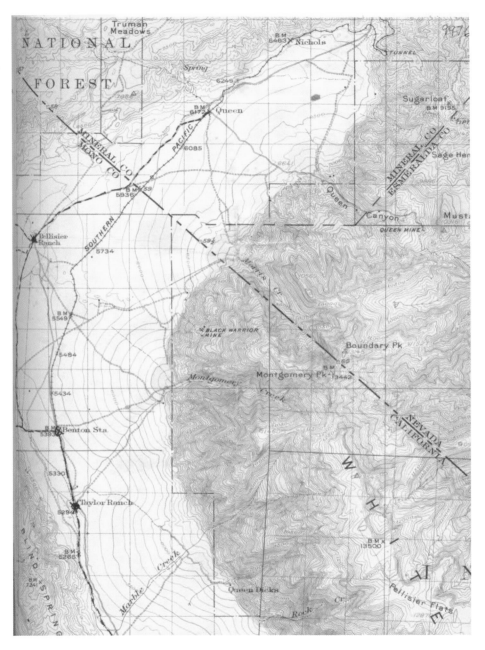

세 번째: 미국 지질조사국 오언스 협곡 15분 부분 지형도. 이 여행에서 방문한 지역들(테일러랜치, 벤턴스테이션, 펠리시어랜치)을 보여 준다.

지와 그 안에 산재되어 있는 표본 일람표로 구성되어 있었고, 종 설명 부분은 없었다.

일지, 일람표, 종 설명 세 부분으로 나누어 관찰 노트를 처음 작성한 사람 가운데 그리널의 영향을 가장 크게 받은 사람이 유진 레이먼드 홀 (Eugene Raymond Hall)이다. 홀은 박사 학위를 받은 1928년에 표본 일람표를 일지에서 분리하고 종 설명 부분을 새로 추가하는 작업을 시작했다. 그런데 흥미롭게도 홀은 나중에 〈네바다의 포유동물(The Mammals of Nevada)〉이라는 논문의 출처가 된 네바다주에서의 현지 조사에서만 이런 식으로 관찰 노트를 작성했다.13 심지어 같은 시기(1928~1941년)에 다른 지역에서 작성한 홀의 관찰 노트를 보면, 지난날 그리널이 작성했던 방식과 마찬가지로 단순한 서술 형태의 일지에 여기저기 표본 일람표가 흩어져 있고 종 설명이 없는 형식의 기록 방식을 그대로 유지하고 있다.

1930년대 많은 MVZ 연구원이(그리널 자신을 제외하고) 별도의 표본 일람표와 일지, 종 설명 세 부분으로 나뉜 관찰 노트 작성 방식을 채택했다. MVZ 문서 저장소에는 그리널이 1938년 4월 20일에 쓴 메모가 한 장 보관되어 있다. 거기에는 관찰 노트를 어떻게 작성하고 표본을 어떻게 채집하고 보존할지 표준 절차를 기재한 내용이 들어 있다. 하지만 그리널은 반드시 세 부분으로 나누어 관찰 노트를 작성하라고 지침을 내리지는 않았다. 실제로 거기에서 그가 현재의 그리널 방식과 관련해서 한 마디 한 것은 쪽 번호를 적절하게 매기는 것에 관한 내용이었다. "쪽 번호는 전에 중단된 다음 번호부터 끊이지 않게 매겨야 한다. 관찰 노트를 세 부분으로 나눠 작성한 경우, 여행 일기(일지)가 맨 먼저, 다음에 일람표가 오고, 종 설명은 마지막이다."14 그리널은 적당한 크기의 종이에 인쇄된 지침서를 가지고 있었는데,

현지 조사를 나가는 사람들은 모두 관찰 노트에 사본을 한 장씩 붙여서 갔다.

　오늘날처럼 세 부분으로 나뉜 관찰 노트 방식은 그리널이 죽은 뒤 MVZ의 표준 방식이 되었다. 1942년 올던 밀러(Alden Miller)는 그리널의 관찰 노트 기록 지침서를 개정했다. 그리널의 뒤를 이어 MVZ의 관장이 된 밀러는 세 부분에 적당한 표제들을 제시했다. 그것은 더 이상 일지와 일람표를 한 곳에 기록하지 말라는 의미였다. 밀러는 또한 종 설명 부분을 따로 기재할 것을 강력하게 주장했다. <u>"종 설명 부분에, 들어갈 수 있는 정보는 모두 입력한다.</u> 나중에 거기에서 정보를 찾는 것이 더 쉬워질 것이다."(밑줄은 원본에 표시된 그대로다.)15

　세 부분으로 나뉜 관찰 노트 방식은 오늘날 MVZ 내부에서 크게 쇠퇴했다. MVZ 연구원 가운데 아직도 종 설명을 쓰는 사람은 거의 없다. (우리 둘은 한 번도 쓴 적이 없다.) 그러나 우리는 일지와 표본 일람표는 분리해서 기록한다. 종 설명을 쓰는 사람들은 대개 특수한 분류군을 연구하는 사람들이다. 따라서 그러한 관찰 내용은 모두 그런 분류군에 속하는 종에 대한 설명이다. 한편 '언제, 어디에서, 무엇을, 어떻게'와 같은 자세한 내용은 일지에 기록한다. MVZ 내부의 관찰 노트 작성법에 대한 기본 지침과 철학을 만든 사람이 그리널인 것은 맞지만 오늘날 '그리널 방식'으로 알려진 세 부분으로 나뉜 관찰 노트 방식을 제도화한 사람은 그의 제자들(특히 밀러, 홀, 세스 벤슨Seth Benson)이었다. 오랜 세월이 흐르면서 형식과 구성이 바뀌기는 했지만 "모든 것을 기록하라."는 그리널의 격언은 오늘날까지도 부동의 지침으로 남아 있다. 앞으로도 그것은 변치 않을 것이다.

그리널 재조사 프로젝트에서 경험한 관찰 노트의 중요성

세월이 흘러 동물상에 변화가 생기면 우리가 작성한 기록의 가치가 높아진다는 것을 기억하십시오. 예전에 우리가 기록한 관찰 노트 가운데 일부는 지금은 사라진 당시의 지역 환경을 얘기합니다.16

조지프 그리널, 1938

재조사 프로젝트에서, 옛날 최초 조사 때 작성한 관찰 노트가 차지하는 중요성은 아무리 강조해도 지나치지 않을 것이다. 실제로 이 프로젝트는 당시에 작성한 관찰 노트와 그 안에 담긴 세부 내용이 없었다면 이루어질 수 없었다. 우리는 처음 이 프로젝트를 계획할 때부터 최종 보고서를 작성할 때까지 프로젝트의 모든 단계마다 당시에 작성한 관찰 노트를 참조했다. 그 관찰 노트들을 복사해서 현장으로 가져가 거의 날마다 그 안에 아직 찾아내지 못한 세부 내용이 있는지 읽고 또 읽었다. 많은 기관이 척추동물 표본을 광범위하게 소장하고 있지만 관찰 노트에 기재된 설명에 필적할 만한 표본에 대한 깊이 있는 배경 정보를 가진 곳은 거의 없다. 실제로 현지 조사단원의 박식한 분류학 지식을 볼 때 옛날에 채집한 확증 표본들 없이도 재조사를 수행할 수 있을 테지만, 당시에 기록한 관찰 노트 없이는 작업을 할 수 없었을 것이다.

무엇보다도 그리널과 동료들이 처음에 조사했던 그 장소로 가기 위해서는 당시에 그들이 작성한 관찰 노트에 의존하지 않을 수 없다. 재조사 프로젝트의 기본 목표는 지난날 그리널이 이끈 현지 조사단이 조사를 수행했던 바로 그 현장으로 되돌아가는 것이다. 이것은 분석력을 최대로 높일 수 있고 일반인이 볼 때도 합당한 방법이다. 최초에 조사했던 것과 동일한 장소에서 동일한 시기에 거의 동일한 방법을 동원해서 재조사를 한다면, 그 결과를 바로 비교할 수 있을 것이다. 따라서 과거와 현재의 두 데이터 세트 사이의 차이는 종의 분포가 실제로 변화했음을 알려 주는 증거라고 볼 수 있다.

현장의 위치와 조사 활동의 범위를 상세히 기록한 지도가 가장 중요한 옛 기록 가운데 일부라는 것은 당연하다. 이들 지도는 대부분 당시 미국 지질 조사국에서 제작한 지형도인데, 그리넬 현지 조사단은 거기에 자신들의 탐사 경로와 함정 설치 구역을 표시했다. 그것들은 당시에 관찰 노트에 끼어 있거나 MVZ 지도 문서들 사이에 보관되어 있었다. 그러나 관찰 노트에 손으로 직접 그려 넣은 지도도 대개 최초의 조사 지점을 효과적으로 찾고 당시에 이루어진 조사 활동을 따라 하기에 충분할 정도로 자세한 정보를 제공한다. 가장 훌륭한 사례 가운데 하나는 찰스 캠프가 1915년 7월에 최초의 요세미티 조사의 일부인 라이엘 협곡의 조사 장소를 그린 현장 지도다.

유감스럽게도 모든 함정 설치 구역이나 모든 조사 장소를 찾는 데 이런 노선도를 이용할 수 있는 것은 아니었다. 예컨대 역사적으로 중요한 라센 조사(Lassen survey)에서는 그런 지도를 전혀 발견하지 못했다. 지도들을 버렸는지, 아니면 처음부터 만들지 않았는지는 확실하지 않다. 이런 지도들이 없으면 결국 관찰 노트에 기술된 현장 위치에 대한 설명에 의존해야만 했다.

발표된 관련 논문들에 개별 조사 장소에 대한 자세한 설명이 없다는

1915년 7월 22일, 찰스 캠프가 손으로 직접 그린 지도. 당시 미국 지질조사국의 지형도를 토대로 요세미티 국립 공원 내 라이엘 협곡의 조사 장소와 함정 설치 장소를 나타냈다. 나중에 세부 내용이 추가되었다. 등고선과 시내, 그리고 울버린(wolverine, *Gulo gulo*)을 사로잡은 함정 두 군데를 나타낸 표시들을 주목해서 보라.

Head of Lyell Canyon, Yosemite Natl. Park, Calif. 484
El. 9700 ft

4, 1915

July 22, 1915

C.L.C. TRAP LINES AT HEAD LYELL CANYON

SHOWING LOCATION OF KNOWN HEATHER MEADOWS.

DONOHUE PASS TRAIL

LYELL CANYON

9,000
9,500
10,000
10,500
11,000
11,500
12,000

XP CAMP.

McCLURE FORK

LYELL FORK

DONOHUE PK. (12073)

DONOHUE PASS (11,100 ft)

MT. McCLURE

MT. LYELL. (13,090)

MERCED

RIVER

RUSH CREEK

SAN JOAQUIN RIVER

12,000

K E Y.

CAMP SITE	X
DRAINAGE DEVIDES	
CONTOUR LINES	
WATER (STREAMS + LAKES)	
TRAIL (DONOHUE PASS)	
GLACIERS	
HEATHER	
TRAP LINES	

SETTINGS OF LARGE TRAPS   X
WOLVERINE CAUGHT   ⊗
PHENACOMYS CAUGHT   P

사실에 놀랄지도 모른다. 이러한 논문에 수록된 종에 대한 설명은 대개 종의 외양이나 행동, 서식지 관계에 대해서 매우 자세하게 나열하지만, 채집 관련 장소에 대해서는 거의 언급이 없다. 예컨대 594쪽에 이르는 라센 횡단 조사(Lassen Transect survey) 관련 논문은 총 3,125제곱마일(약 5,030제곱킬로미터)에 이르는 횡단 지역을 나타낸 지도 하나를 나타낸 것으로, 그 지역에 흩어져 있는 45군데 주요 채집 장소를 점으로만 표시하고 일람표 하나를 만들어 거기에 피상적으로 요약해 놓은 것이 전부다. 게다가 어떤 점은 실제로 서로 인근에 있는 여러 군데 채집 장소가 뭉뚱그려진 채로 표시된 것도 있었다. 그 가운데 일부는 몇 달, 몇 년에 걸쳐 표본 작업을 한 곳인데도 말이다. 논문을 쓴 그리널과 공저자들은 이 채집 장소들을 그 자체로 중요한 현장으로 생각하기보다는 자신들이 연구하는 더 큰 생태 공동체의 일부로 생각했을 수 있다.

대부분의 박물관처럼 MVZ의 모든 표본은 그것들이 채집된 장소의 위치를 간단하게 설명한, 예컨대 "캘리포니아주, 마리포사 카운티, 요세미티 국립 공원, 요세미티 계곡"이라고 쓴 이름표가 붙어 있다. 하지만 이런 간략한 지명은 대개 너무 일반적이라 실제로 특정한 표본이 채집된 정확한 장소나 관련 서식지를 찾아낼 수 없다. 예컨대 요세미티 계곡은 직선거리로만 6마일(약 9.6킬로미터)이 넘는 광활한 지역이며, 깎아지른 듯한 화강암 절벽과 어지러운 표석 평야, 떡갈나무와 소나무가 빽빽하게 들어선 숲, 마른 풀과 수초가 뒤섞인 목초지, 그리고 머시드강을 따라 펼쳐진 비옥한 식물 군락과 커다란 소택지, 적어도 호수 하나가 서로 이질적 풍경을 이루고 있는 곳이다. 종마다 서식지의 특수성을 고려할 때, '요세미티 계곡'이라는 지나치게 일반화된 지명은 특정한 종이 발견된 장소나 생태 환경을 나타내기에 결코 적절하지 않다.

지나치게 일반화된 지명의 문제는 요세미티 조사에만 한정된 것이 아니었다. 1921년 조지프 딕슨(Joseph Dixon)이 라센 카운티에 있는 이 글호(湖)에서 채집한 표본에서도 마찬가지 문제가 발생했다. 이글호는 라센 카운티를 보여 주는 지도라면 어떤 것에서도 쉽게 찾을 수 있는 널리 알려진 호수다. 넓이가 35제곱마일(약 56제곱킬로미터)이 넘는 큰 호수이기 때문이다. 캘리포니아에서 가장 큰 호수 가운데 하나다. 다양한 만과 배수로에는 커다란 습지에서 용암 지대까지 다양한 미소 서식 환경이 존재한다. 게다가 호수는 중요한 생태학적 전이 지대(ecological transition zone)다. 서쪽 호숫가는 캘리포니아 캐스케이드산맥 동쪽 사면에 소나무의 일종인 옐로우파인(yellow pine) 숲으로 이어져 있는 반면에 동쪽 호숫가는 대형 분지인 그레이트베이슨에 산쑥(sagebrush)과 노간주나무(juniper) 들이 무성하다. 이러한 생태학적 전이는 그 지역에 많은 척추동물 종이 살고 있다는 것을 말한다. 그렇다면 어떻게 재조사를 할 것인가? 호수 인근에 있는 미소 서식 환경에서 표본을 모두 추출하는 것은 현실적으로 불가능하며, 새로운 채집 장소를 무작위로 선정하는 것은 옛날에 조사한 결과와 비교하는 것을 무의미하게 만들 것이다. 다행히도 이글호와 요세미티 계곡에서 채집된 표본에 관찰 노트가 첨부되어 있어 추가적인 세부 정보를 얻어 우리 조사단은 옛날에 함정을 설치했던 장소들을 수백 미터 이내에서 복원해 낼 수 있었다.

관찰 노트의 진가가 특별히 나타난 때는 바로 표본 이름표에 기재된 위치 정보가 틀렸을 때였다. 예컨대 MVZ 조사단원이었던 아드레이 보렐(Adrey Borell)과 리처드 헌트(Richard Hunt)는 1924년에 라센 화산 국립 공원의 고지대에서 채집 활동을 하면서 고산 호수 두 곳의 이름을 바꿔 쓰는 실수를 저질렀다. 아메리카우는토끼(American pika, *Ochotona*

1924년 7월, 라센 화산 국립 공원의 에메랄드호 사진. 리처드 헌트가 찍어 자기 관찰 노트에 꽂아 둔 사진이다. 배경에 라센 피크가 있다. 라센 피크 왼쪽에 난 표시는 원본에 흠집이 생긴 것이다. 헌트는 여기가 에메랄드호와 라센 피크 사이에 있는 헬렌호 근처라고 잘못 생각했다. 헌트는 호수의 건너편 낭떠러지 아래 돌 더미 사면에 사는 우는토끼와 오늘날 멸종 위기종인 캐스케이드개구리 몇 마리를 포함해 여기서 채집한 모든 표본에 '헬렌호'라는 지명을 써넣었다.

11944.

Lake Helen, 8500 ft., S. base Lassen
Peak, Shasta Co.
- Trees are Mountain Hemlock (Tsuga mertensiana)
- Narrow border of vegetation on opposite
  shore is Alpine Heather (Bryanthus breweri)
- Sparse chaparral on upper half of slope is
  stunted Manzanita and Holodiscus discolor
- Conies lived in the slide
- Lassen peak in background.

2006년에 찍은 에메랄드호 사진.

Storer - 1915

522

Porcupine Flat - June 28

Our joint bird census is as follows:

Species	6:55–8:00 am	8:00–9:00	9:00–10:00	10:00–10:30	11:45 am–12:05 / 12:05 pm–1:00	12:05 pm–1:00	1:00–1:45 pm	Total
Mountain Quail	$\frac{2}{6}$	—	1	—	—	—	3	4
Sierra Grouse	2	—	—	—	—	—	—	2
Cabanis Woodpecker	$\ne$	†	—	—	—			1
Williamson Sapsucker	1	1	—		? 1	1	—	4
Red-shafted Flicker	—	—	—	—	—	—	1	1
Olive-sided Flycatcher	—	1	—		1	1	—	3
West. Wood Pewee	1	4	1	—	—	1	1	8
Blue-fronted Jay	1	3	—	—	—	—	1	5
Clark Nutcracker	†	†	—	—	1-2	—	—	3-4
Cassin Purple Finch	—	—	—	—	2	1		3
Pine Siskin	—	—	2	1	5	9	1	18
West. Chipping Sparrow	1	2	1	—	2	2	1	9
Sierra Junco	2	2	2	$1+\frac{3}{7}$	1	—	4	12
Lincoln Sparrow	$1\frac{3}{7}$	—	—	—	—	—	—	1^8
Thick-billed Fox Sparrow	$\frac{3}{5}$	3	—	—	—	—	2	5
Green-tailed Towhee	$\frac{3}{2}$	2	—	—	—	—	—	2
West. Tanager	1	3	1	—	—.	1	—	6
West. Warbling Vireo	†	4	—	—	—	—	3	7
Audubon Warbler	3	2	3	—	—	1	—	9
Gold. Pileolated Warbler	1	1	—	—	—	—	1	3
Sierra Creeper	—	—	1	—	—	1	1	3
Red-breasted Nuthatch	1	2	1	—	—	2	2	8
Mtn. Chickadee	—	4	2	—	—	3	—	9
West. Gold-crown Kinglet	†	2	†	—	—	—	4	7
Ruby-crowned Kinglet	3	4	2	—	1	1	3	14
	17^{11}	42^{18}	18^{12}	2^2	14^8	24^{12}	28^{14}	

1915년 6월 28일 아침 트레이시 스톨러가 요세미티 국립 공원의 포큐파인플랫에서 조사한 새의 개체 수.

princeps)와 오늘날 멸종 위기종인 캐스케이드개구리(Cascades frog, *Rana cascadae*) 표본을 에메랄드호에서 채집했는데 인근의 "헬렌호"로 오기한 것이다. 두 호수는 호숫가의 지형이나 식생이 매우 다르다. 다행히도 실수를 입증하는 "헬렌호"의 사진이 헌트의 관찰 노트에 붙어 있었다.

그달 하순에 보렐과 헌트는 라센 공원의 남동부 경계 바로 밖에 있는 '켈리 사냥 캠프'에서 작업하면서 공원 내부로 약 2마일(약 3킬로미터) 들어간 드레이크스배드 리조트에 함정 지대를 설치했다. 헌트와 보렐은 무엇 때문인지는 몰라도 그 함정 지대에서 채집된 표본들에 '켈리(Kelly's)'라는 지명을 붙였다. 그것들이 실제로 채집된 곳은 거기에서 3마일(약 5킬로미터)이나 떨어진 곳으로, 고도도 다르고 미소 서식 환경도 다른 곳이었다. 이러한 오류는 표본 이름표에 기재된 정보만 봐서는 알 수 없었지만 그들이 작성한 관찰 노트의 자세한 일지 덕분에 쉽게 고칠 수 있었다.

관찰 노트에 기재된 종 목록과 관찰 내용은 확증 표본으로 보존되지 않은 종에 대한 기록도 제공했다. 그리널의 주요 목표 가운데 하나가 각 현장에서 발견된 모든 척추동물 군집을 상세히 기록하는 것이었다. 그러나 함정이나 총으로 모든 종을 채집할 수는 없었다. 특히 종 수가 많은 새의 경우가 그랬다. 새는 울음소리나 눈으로 쉽게 확인할 수 있지만 쉽게 채집할 수 있는 동물이 아니었다. 표본이 없는 경우는 오직 관찰 노트에 기록된 장소와 종에 대한 설명에 의존할 수밖에 없었다. 예컨대 요세미티 조사에서는, 확증 표본으로 채집된 새의 종보다 세 배나 많은 종이 관찰 노트에 수록되어 있다. 그리널과 동료들은 오늘날 일정 시간 동안 숫자를 세는 것과 비슷한 방식으로 정해진 경로나 산길을 따라 일정한 시간을 정해 놓고 걸으면서 만나는 종을 기록하기도 했다.

이러한 관찰 기록은 종의 상대적 개체 수와 번식 상태를 알고자 할 때 특히 귀중한 정보다. 숙련된 탐조자가 예전에 관찰했던 것과 같은 시간대에 같은 길을 따라 걸으며 새를 관찰한다면 과거의 관찰 기록과 비교해 새로운 결과를 쉽게 얻어 낼 수 있다.

그러한 관찰 기록은 새에만 중요한 것이 아니었다. 관찰 노트는 또한 붉은여우의 눈발자국과 우는토끼의 경고 울음처럼 찾기 힘든 포유동물의 흔적에 대해서도 정보를 제공한다. 흰발생쥐(deer mouse, *Peromyscus maniculatus*) 같이 작은 일반 포유동물이라고 해도 포획된 모든 동물이 표본으로 보관되지는 않았다. 어떤 동물은 옛날에 자주 쓰던 포살 쥐덫에 걸려 돌이킬 수 없을 정도로 몸통이 훼손되기도 하고, 대개는 실제 필요한 것보다 더 많이 함정에 걸리기도 했다. 따라서 포획된 많은 동물이 그냥 버려지는 경우가 많았다. 그 결과, 표본만으로 그 종의 상대적 개체 수를 파악하는 것은 그릇된 결론을 초래할 수 있다. 다행히도 관찰 노트를 보면 대개 현장에 설치된 함정의 수와 포획된 여러 종의 개체 수(보통 성별, 나이별로 부분 합계를 낸다.), 그 가운데 실제로 확증 표본으로 남은 수를 확인할 수 있었다.

관찰 노트는 또한 과거 조사에서 사용했던 채집 방법론을 알려 주었다. 재조사 결과를 과거 조사 결과와 바로 비교하기 위해서는 단순히 조사 장소만 같아서는 안 되고 그리널이 실제로 썼던 것과 거의 동일한 채집 방법을 써야 했다. 그때와 다른 채집 방법(예컨대 옛날에는 새잡이용 그물을 썼는데 지금은 엽총을 사용한다.)이나 표본 추출 방법(예컨대 옛날에는 각종 덫을 이용해서 여러 번 관찰했지만 지금은 오후에 한 번 관찰한다.)을 쓰면 비교하기가 어려울 수 있었다. 사용한 덫의 형태와 수, 각 현장에서 보낸 조사일 수 같은 정보는 개별 표본의 이름표에 기재할 수 있는 공간이 없지만, 관찰 노트에는 상세하게 기록할 수 있다.

더 나아가 밤마다 설치한 덫의 수와 덫에 걸린 동물의 수를 계산하는 것은 단순히 어떤 종의 발견 여부가 아니라 양적인 비교를 가능하게 한다. 지난 몇 년 동안 강력한 통계 기법의 발전 덕분에 연구자들은 "발견되지 않음"이라는 결과가 그 종이 정말로 그곳에 존재하지 않는다는 것을 의미하는지 아닌지 알 수 있게 되었다. 이러한 분석은 '포획 기록(capture history)'이라고 알려진, 그곳에서 그 종이 발견된 기록을 토대로 이루어진다. 점유 모델링 접근 방식은 이러한 패턴을 바탕으로 해서 포유동물의 종마다 함정별, 일별 발견 가능성을 계산해 낼 수 있다.17 이러한 점유 모델은 양적인 통계 결과를 제공해서, 어떤 종이 어느 곳에서 발견되지 않았다는 것이 실제로 그 종이 그곳에 없다는 것을 의미하는지에 대해 답을 준다. 점유 모델은 요세미티 지역에 있는 여러 포유동물 종의 분포 상황이 지난 100년 동안 바뀌었다는 결론에 이르는 데 주요한 근거를 제공했다. 그것은 기후 온난화 시나리오가 예상하는 것과 어긋나지 않았다.18 야간에 얼마나 많은 덫을 놓고, 얼마나 많은 동물을 포획했는지에 대한 정보가 100년 전 관찰 노트에 기록되지 않았다면 아마도 지구 온난화의 근거를 대는 것이 불가능했을 것이다.

관찰 노트는 때때로 작성자의 개성을 꿰뚫어 볼 수 있는 작은 창을 제공하기도 한다. 하지만 이런 관찰 노트가 그리널과 동료들의 사적인 생각과 열망을 기록한 개인 일기가 아니라는 사실을 잊지 말아야 한다. 오히려 그것은 현지 조사를 나갈 때마다 관찰하고 채집한 다양한 척추동물 종의 분포 상황과 개체 수, 생태 환경에 대한 공적 기관의 기록이었다. 그 결과 거기에 기록된 관찰 정보는 대개 꾸밈없고 공정했다. 그것은 당면한 과제를 수행하기 위한 적절한 태도였다. 하지만 어떤 경우에 개인의 감정이나 생각의 결핍은 신경을 거슬리게 하기도 한다. 1924년 7월 13일, 라센 화산 국립 공원의 미네랄에서 쓴 헌트의 관찰 노트를 보자. "미네랄에서 우리는 샘 허먼슨에 대한 얘기를 들었다. 그는 (몇 주 전까지만 해도) 라이먼 캠프에서 우리를 매우 친절하게 대해주었는데, 레드 블러프에 있는 한 은행을 털고 산속으로 도주하던 두 청년에게 총에 맞아 죽었다고 한다. 지금까지 미네랄에서 가장 흔히 본 새는 울새 종류인데……."

그리널이 1925년 8월에 라센 피크에서 가족들과 눈사람을 만들었던 얘기나 다음에 어머니에게 보낼 편지에 쓸 이야깃거리를 메모해 둔 것처럼, 글 뒤에 감춰진 사람들에 대한 작은 관심은 그 간결성 때문에 더욱 가슴을 울린다. 생물학과 무관한 주제에 대한 개인의 의견은 대개 관찰 노트에 적합하지 않다. 따라서 대다수 연구자들은 그런 글을 관찰 노트에 쓰지 않는다. 그러나 그리널은 가끔 다른 사람의 명예를 손상시키는 경멸적인 표현을 서슴지 않고 기록했다. 예컨대 캘리포니아 과학 아카데미의 조지프 메일러드(Joseph Mailliard)가 현장을 방문했을 때, 그리널은 이렇게 썼다. "메일러드 씨는 조류학에 정통한 사람이다. 하지만 포유동물학에 관해서는 초보자일 뿐이다. 그런데 그는 새뿐 아니라 포유동물 전시도 책임지고 있다. 따라서 그는 불리한 조건에서 일한다. 그를 보조하는 인력들도 자연사 계통에 대해서는 아는 것이 별로 없는 것 같다." 그리널은 특히 1929년 7월, 라센 화산 국립 공원에 새로 문을 연 루미스 박물관의 자연사 관련 전시에 대해서 매우 비판적이었다. "우스꽝스럽게 흉내 낸 생물 환경 모형들과 라센 지역이 아닌 다른 곳에서 온 것이 틀림없는 뒤죽박죽 엉망으로 설치된 새와 포유동물의 초라한 표본들은 아무짝에도 쓸모가 없다." 그리널의 가장 격렬한 비판은 가축에게 향했다. 그는 가축을 연약한 고지대 생태계를 파괴하는 존재로 보았다. 그의 분노와 불만은 1925년 7월 라센 화산 국립 공원 안에서 소떼를 만난 것을 생생하게 설명한 것에서 명백하게 드러난다.

나는 아직까지도 라센 국립 공원 안에 소떼가 있다는 사실에 다시 한번 개탄하지 않을 수 없다. 우리는 헬렌호(의 이쪽 측면) 바로 아래 8,300피트 (약 2.5킬로미터)의 가파른 경사면이 있는 좁은 골짜기의 작은 목초지에서 소들이 길을 잃고 헤매거나 작은 무리를 이루어 다니는 모습을 보았다. 그들은 잡초만 남기고 먹을 수 있는 식물을 모두 먹어치워 지층을 황폐화하고 식물상을 비자연적으로 도태시킨다. 따라서 개천 하류에 있기 마련인 모든 습지는 태양과 바람에 노출되어 말라붙어 버린다. 또 지표면이 드러나 짓밟히면서 땅이 깎여 나가고 (사라진) 초목이 만들던 그늘도 사라져 물은 점점 줄어든다. 소들은 산등성이를 가로지르며 길을 만드는데, 눈이 갑자기 녹거나 폭우가 쏟아지면 그 길이 쓸려 내려가면서 도랑이 생기고 길이 깎여 가파른 경사면이 생기면서 급류가 흐른다. 소들은 언제나 개천 하류 근처를 흐르는 표출수를 더럽힌다. 개천 자체를 더럽히고 짓밟으며 고갈시킨다. (……) 알다시피 **어떤** 소든지 이 높은 산의 자연을 파괴한다. 풍경이든 휴양이든 동식물상이든 무엇보다도 수자원 보존이라는 관점에서 볼 때, 소들은 파괴의 주범인 것이다.(강조는 원본에 표시된 그대로다.)

오래 전에 세상을 떠난 연구자들이 직접 손으로 쓴 관찰 노트를 읽는 것은 아주 큰 경험이 될 수 있다. 특히 나중에 그 기록이 원숙한 생각으로 발전하기 시작하는 것을 보는 것은 그만한 가치가 있다. 그리널은 1915년 라그레인지의 머시드 강변을 따라 날고 있던 붉은어깨검정새(red-winged blackbird, *Agelaius phoeniceus*)를 관찰하면서 그 새들이 무리지어 행동하는 모습을 유심히 지켜보았다. 단순한 관찰은 더 깊고 보편적인 통찰로 발전할 수 있다. 월터 펜 테일러(Walter Penn Taylor)는 1914년 12월, 마리포사 카운티의 엘포털에서 작업하는 동안 "생태적 지위(The Ecological Niche)"라는 네 쪽짜리 개요를 작성했다. 그는 거기에다 생태적 지위에 관한 그리넬의 실증적인 이론과 경쟁적 배제(competitive exclusion, 군집 내의 두 종의 생태적 지위가 일치할 때, 이 두 종이 서로 경쟁하여 서로를 밀어내므로 함께 공존할 수 없다는 원리―옮긴이)의 기본 요소들을 상세하게 기록했다. 그가 그날의 표본 목록 바로 앞에 쓴 결론은 오늘날 어떤 교과서에서든 경쟁적 배제 개념의 정의로 쓰일 수 있다. "바꿔 말하면 서로 관련이 있는 종들이 살고 있는 지역에서 어떤 종이 지속적으로 존재하는 것은, 전체적으로 볼 때 크건 작건 그 종이 다른 종과 확연하게 구별되는 차이가 있기 때문이다."

또한 관찰 노트는 20세기 초 수십 년 동안 실제로 현지 조사가 어떻게 이루어졌는지를 실감할 수 있게 한다. 특히 자동차를 타고 먼 거리를 이동해야 했던 당시 사정을 현실감 있게 전달한다. 도로를 비롯한 기반 시설이 열악했던 1921년에 조지프 딕슨이 버클리에서 이글호까지 300마일(약 482킬로미터)을 가는 데 나흘이 걸렸다. 도중에 자동차를 수리하기 위해 두 번이나 멈춰야 했다. 4년 전, 딕슨은 오언스 협곡 북부에서 작업하고 있을 때 '페로디푸스(Perodipus)'라고 발가락이 다섯 개인 캥거루쥐속의 이름을 붙인 MVZ의 T 모델 트럭 엔진을 크랭크로 시동을 걸다가 손목이 부러졌다. 그는 이 사건을 자기 관찰 노트에 적지 않았다. 하지만 그의 동료 H. G. 화이트가 "딕슨이 자동차 엔진 사고로 손목이 부러져 버클리로 후송되는 바람에 그 지역의 일이 내게 떨어졌다."고 썼다. 그리넬은 현장으로 타고 가는 차량을 그냥 "MVZ 자동차"라고 말하는 경우가 많았다.

조사단원들은 현장에서 관찰 대상과 확증 표본을 채집하기 위해 자연 속을 지칠 줄 모르고 찾아 헤매는 도보 여행자였다. 해발 7,800피트(약 2,377미터)에 있는 머시드호 근처에 캠프를 두고 있던 그리널은 1915년 8월 26일에도 평소와 다름없이 요세미티 지역을 조사하면서 약 3,000피트(약 915미터)를 오르내리고 12마일(약 19킬로미터)의 거리를 오갔다. 그는 그 과정에서 끊임없이 관찰하고 표본을 채집하고 노트를 작성했다.

오전 6시 45분—함정 설치 구역을 돌아보고 막 돌아옴. (……) 오전 8시 15분—7시 15분에 캠프를 떠남. 지금은 해발 8,300피트에 있는 맥클루어 포크 협곡 위 투올럼니 패스 트레일에 있다. 이 지점에서 보이는 나무들: 제프리소나무(Jeffrey pine), 붉은잣나무(red fir). (……) 오전 9시 15분— 이즈버그 패스 트레일 합류 지점. 해발 9,000피트. 로지폴소나무(lodgepole pine)와 붉은잣나무 들로 둘러싸임. (……) 오전 11시 35분—보겔상 패스 기슭 근처 해발 9,800피트의 작은 호수. 로지폴소나무와 마운틴소나무(mountain pine) 들이 보임. (……) 오후 2시 15분—점심 식사 후, 근처에서 가장 큰 호수로 갔다. 해발 10,150피트: 호수는 서쪽에 왜소한 화이트바크소나무(white-bark pine)들이 둘러싼 고원 지대에 있다. (……) 오후 4시 20분—해발 8,300피트 아래로 내려옴. 오늘 아침 거기에서 토끼 소리를 들었다. 내가 "찍찍" 소리를 내자 10분쯤 지나 토끼가 나타나 총으로 쏴서 잡았다. (……) 머시드 협곡으로 내려오면서 해발 7,800피트에서 산쑥도마뱀(sagebrush lizard, *Sceloporus graciosus*)을 보았다. 오후 6시 —리치트 캠프.

그리널이 처음 현지 조사를 할 때는 날마다 20마일(약 32킬로미터) 이상을 걷는 것이 기본이었다. 그 밖에 날마다 함정을 설치하고 점검하고 표본을 만드는 일도 해야 했다.[19] 비록 헌트가 1924년 라센 지역의 한 깊은 계곡으로 갑자기 조사를 나간 뒤에 "우리는 실제로 접근하기 어려운 가파른 계곡의 서쪽 사면에서 아늑한 잠자리를 포함해서 많은 사슴 흔적을 발견했다. 소가 여기를 통과할 수 있을지 모르겠지만 인간들 가운데 그런 짓을 할 명청이는 아마 없을 것이다."라고 기록한 것은 있지만, 다음날 피곤하다는 말을 한 기록은 어디에도 없다.

이 남성들(MVZ의 후원자인 애니 알렉산더와 그녀의 단짝 루이스 캘로그, 그리고 그들이 동반한 여성들을 빼고. 그러닐 현지 조사단원들은 모두 남성이었다.)이 야외 생활에 매우 익숙한 사람들이고 일급 자연사학자들이었다는 것은 틀림없는 사실이다. 그들은 보통 한 번에 몇 달을 야외에서 보냈으며 한 해에 몇 차례씩 현지 조사를 나갔다. 보렐은 1924년에 이렇게 무심하게 썼다. "어제 오후, 우리는 체스터에 가서 로데오 경기를 구경했다. 거기에는 약 2,000명이 모여 있었다. 석 달 만에 숲에서 나와 기분 전환을 했다."

당시 그들의 현장 상황과 오늘날 우리의 상황을 비교하면 놀라지 않을 수 없다. 미래에 이루어질 생태계의 현지 조사 활동은 또 얼마나 다른 모습일까? 더 나아가 우리의 연구 방식과 그것에 대한 일반 대중의 인식을 규정하는 문화적 가치관은 어떻게 바뀔까? 미래 세대는 우리가 남긴 과학적 데이터 말고도 자신들과 비슷한 역사적·문화적 실마리를 찾기 위해 우리의 관찰 노트를 꼼꼼히 살필까? 후세의 연구자에게 필요한 과학적 상세 자료를 남기는 것은 당연히 우리의 책임이지만, 간혹가다 기록하는 개인적 일화 또한 나름의 중요성이 있다. 예컨대 2006년 여름, 라센 지역 재조사에 참여한 여러 학생들은 국유림에서 확증 표본용 새를 채집하기 위해 쳐놓은 그물을 보고 화가 난 야영객들을 우연히 만났다. 날이 저물 무렵 자동차를 세워 둔 곳으로 돌아왔을 때, 자동차 앞 유리에 다음과 같은 메모가 붙어 있었다.

형제(그리고 자매!) 인간들에게

새를 잡기 위해 그물을 설치하는 것이 얼마나 인간중심적이고 용납할 수 없는 행위인지 당신들에게 어떻게 말해야 할지 모르겠군요. 나는 당신들이 과학 연구에 몰두해 있고 지구의 상태에 대해서 더 많은 지식을 얻을 목적으로 그물을 설치했다는 것을 압니다. 하지만 그것을 위해서 작은 생명체들을 죽이는 것을 용납할 수 없습니다. 이 생명체들은 이 숲에서 자유롭게 살 수 있는, 누구에게도 양도할 수 없는 권리가 있습니다. 당신들은 모든 사람의 소유인 우리의 국유림에서, 불치병에 걸려 버린 우리 인간 종을 대표해 이 이기적인 목적(박사 학위를 위해?)을 추구할 아무런 권리도 없습니다. 당신들은 문제를 악화시킵니다. 내 말이 당신들의 양심에 씨앗으로 뿌려지기를 바랍니다. 당신 나름의 이유를 대며 자신을 변호하고 위안하지 않기를 바랍니다.

세상에 평화가 오기를.

크리스

학생들은 메모를 캠프로 가져와서 그날 일어난 일을 자세히 설명했다. 현재의 MVZ 관장인 크레이그 모리츠(Craig Moritz)는 그 사건을 좀 더 깊은 맥락에서 보았다. 그는 만족한 미소를 지으며 "그걸 당신 일지에 철해 둬요!"라고 말했다. 아마도 그리널이나 당시 사람들 가운데 누구도 "MVZ 자동차"에 붙은 이와 같은 종류의 메모는 전혀 받아 보지 못했을 것이다.

우리는 어떻게 관찰 노트를 작성하는가?

며칠에 한 번씩 30분 정도 우리의 현지 조사 목적이 무엇인지 곰곰이 생각하면서 위에서 말한 것을 읽으십시오. 우리의 목적은 여러 지역을 가로지르며 생활하는 척추동물의 자연사에 대해서 가능한 한 모든 것을 확인하고, 표본과 기록의 형태로 모은 사실들을 신중하게 정리해서 영원히 보존하는 것입니다.[20]

조지프 그리널, 1938년

오늘날 재조사에서 중요한 요소는 미래의 학자들이 지금의 조사 결과를 가지고 비교 분석할 때 현재의 조건을 만든 기준을 확립하는 것이다. 당연히 우리가 기록한 관찰 노트는 나중에 미래의 학자들이 재조사를 할 때, 그리널 조사단이 100년 전에 작성한 관찰 노트가 이번 재조사에서 했던 것만큼이나 중요한 역할을 할 것이다. 그리널 재조사 프로젝트를 떠나서도 관찰 노트를 작성하는 전통은 MVZ 안에서 건재하고 있다. 우리는 지금도 여전히 맞춤형 종이를 쓰고 있는데, 링이 세 개 달린 바인더 가운데 일부는 그것을 들고 다니는 연구원들 나이보다 더 오래된 것도 있다. 그러나 모든 현지 조사 연구원이 동일한 형식으로 관찰 노트를 작성하는 것은 아니다. 사람마다 자신의 시간, 경험, 기술에 따라 정보를 기록하는 방식이 다르다.

짐(제임스 패튼)의 방식

나는 대학에 다닐 때 그리널의 관찰 노트 방식을 배웠다. 그러나 1969년 초 MVZ의 보조 큐레이터가 되기 전까지는 현지 조사를 할 때 관찰 노트를 작성하는 것이 몸에 배지 않았다. 본격적으로 전문가로서 활동을 시작할 무렵, 우리의 과학 연구 환경이 근본적으로 바뀌었다. 지역의 동물상을 전체적으로 설명하고 채집하는 것을 목적으로 하는 대규모 집단 중심의 현지 조사가 한물가고, 특정 종을 중심으로 하는 개별적 현지 조사가 대세를 이루었다. 내 초기의 조사 대상이 일반적인 채집이 아니라 땅다람쥐(poket gopher)였기 때문에 처음부터 목적에 맞는 지역 정보와 함정 설치, 관찰 기록과 같은 특정한 정보를 관찰 노트에 상세하게 기재했다. 다시 말해 내 현장 일지 기록은 1930년대 MVZ 형식의 관찰 노트와 같이 현지 조사 경로와 장소에 대한 정보, 종 설명으로 구성되어 있었다. 당시에는 종 설명을 따로 쓰지 않았으며 지금도 마찬가지다. 그러나 그때도 그랬고 지금도 일지 안에다 지역 위치와 함정 설치 구역을 표시한 지도, 서식지와 동물들의 사진을 풀이나 테이프로 붙여서 표준 용지에 끼워 넣는다. 물론 채집해서 만든 표본들에 일련번호를 매겨 목록도 작성하고 채집 날짜와 장소를 비롯해 성별, 해부를 통해 얻은 생식 정보, 몸 치수 같은 기본 정보도 기재했다.

처음 현지 조사를 할 때부터 지금까지, 나는 기억을 믿지 말고 가능한 한 관찰한 것을 끊임없이 기록하라는 충고를 떠올리며 연필로 작은 스프링바인더 수첩에 조사한 내용을 기록했다. 그러고 나서 시간이 날 때마다, 또는 일이 많으면 며칠에 한 번씩 저녁 때, 박물관에서 제공한 보존 용지와 변색되지 않는 검정 잉크를 이용해서 수첩에 쓴 내용을 일지에 옮겨 적었다. 언제나 글씨를 잘 쓸 수도 없지만, 현지 환경도 허락되지 않아 서둘러 쓴 경우에는 다른 사람들이 글을 판독하기 어려운 경우가 많았다. 1990년, MVZ의 3대 관장인 올리버 피어슨(Oliver Pearson)이 현장에서 수첩에 기록한 것을 나중에 컴퓨터로 쳐서 MVZ의 보존 용지로 출력하기 시작하는 것을 보고, 그 뒤 10년 동안 나도 똑같이 따라 했다. 나는 현장에서 여전히 연필로 작은 휴대용 수첩에 메모를 하지만, 2000년부터는 그것들을 우리의 관찰 노트 용지 크기에 맞게 워드 프로세서로 타자를 쳐서 옮겨 적고 MVZ 보존 용지로 출력했다. 나는 이 문서를 해당 현지 조사 일람표와 함께 합쳤는데 나중에 둘 다 손으로 쓴 관찰 노트와 같은 방식으로 보관했다.

이는 보존 용지 형태로도 출력해 놓고 컴퓨터 파일로도 보관할 수 있는 장점이 있었다. 또한 특별 분류된 지도와 오늘날 널리 쓰이는 디지털 사진을 일지의 본문과 함께 편집하기도 쉬웠다. 하지만 이 방식은 적어도 두 가지 단점이 있었다. 첫째는 현장에서 기록한 메모를 언제나 조사가 끝나고 바로 컴퓨터로 옮기지는 못한다는 것이다. 현장에 휴대용 컴퓨터를 반드시 가지고 가는 것은 아니기 때문이다. 따라서 어떤 때는 그날 일어난 일이나 관찰 내용을 까먹기도 하고, 심지어 잘못 기억하는 경우도 늘었다. 이런 일에 대비해서 지금은 현장에 있는 동안 작은 수첩에 훨씬 더 자세하고 포괄적인 정보를 연필로 기록하고, 그 기록을 디지털카메라로 찍은 사진의 번호를 비롯해 각종 관련 정보와 대조한다. 두 번째 단점은 시간이 해결할 문제이기는 하지만, 레이저 프린터든 잉크젯 프린터든 오늘날 상용 프린터에서 사용하는 잉크의 내구성에 문제가 있을 수 있다는 것이다.

나는 요세미티 횡단 지역 재조사에 들어가기 전, 그리고 조사를 시작하고 처음 몇 년 동안 예전에 손으로 관찰 노트를 작성하던 것과 똑같은 방식으로 디지털 관찰 노트를 작성했다. 형식에 구애받지 않고 날마다 일어난 일과 관찰 내용을 입력했다. 기존에 줄이 쳐진 날짜 기재란 아래에 함정을 설치한 구역에 대한 상세 정보와 하루에 한 번이나 두 번 함정을 점검하면서, 잡힌 동물과 풀어 준 동물, 표본에 대해 확인한 상세 내역을 포함시켰다. 모든 정보가 거기 있었지만, 2006년

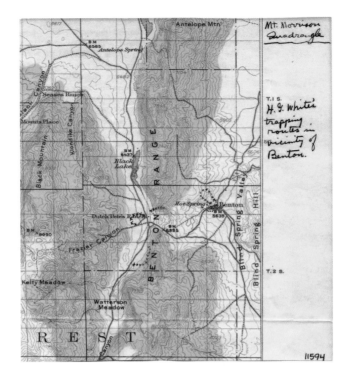

Mt. Morrison
Quadrangle

T.1 S.

H. G. White's
trapping
routes in
vicinity of
Benton.

11594

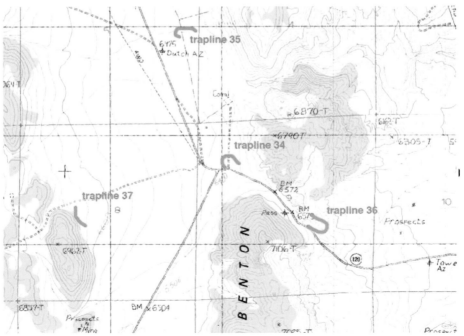

Owens Valley and vicinity – April and May

<u>16 May – 19 May: Trapline 36</u>

TRAPLINE 36: Adobe Valley, Mono Co., California
start date: 17 May 2008   end date: 19 May 2008
trap type and number: 40 Sherman live traps

coordinates:	start	–	37.78743°N	118.55948°W	6570 ft
	middle	–	37.78746°N	118.55838°W	6590 ft
	end		37.78805°N	118.55970°W	6525 ft

Habitat: Great Basin desertscrub, piñon pine, mountain mahogany, *Ribes* sp. (yellow flower, with spines), wax currant, sagebrush, rabbit brush, bitterbrush, both *Ephedra nevadensis* and *E. viridis*, several species of *Eriogonum*, and Cream bush (*Holodiscus* sp.). The soil is loose and coarse sand within large orange granite outcrops.

   This trapline is within the pass crossing the Benton Range between Adobe Valley and Benton Hot Springs in the Blind Spring Valley, on Hwy 120. This is the same habitat but about 0.5 mi S of H. G. White's trapline through the "notch" east of the corral at Dutch Pete's Ranch (see copy of his map on pg. 86).

Table: trap results for Trapline 36

trap #	species	coll? Y/N	field #	traps checked
162	*Peromyscus maniculatus*	yes	24233	18 May am
175	*Peromyscus maniculatus*	yes	24234	"
176	*Neotoma lepida*	yes	24231	
183	*Neotoma lepida*	yes	24232	
190	*Peromyscus maniculatus*	yes	24235	"
195	*Peromyscus truei* juv	no	---	"
162	*Tamias minimus*	yes	24239	19 May pm - pulled
180	*Peromyscus truei*	yes	24240	
183	*Peromyscus maniculatus*	no	---	
189	*Peromyscus maniculatus*	no	---	"

2008년 4월과 5월, 제임스 패튼이 캘리포니아 동부 오언스 협곡과 인근 지역을 조사하며 작성한 관찰 노트의 일부.

342쪽 위: 1917년 9월 H. G. 화이트의 관찰 노트에 수록된 조사 경로와 함정 설치 구역 지도의 복사본이다.

342쪽 아래: 2008년 5월 16일에서 19일까지 패튼이 나흘 동안 설치한 함정 설치 구역의 배치 현황을 나타내는 현재 지형도.

343쪽 위와 중간: 제36 함정 설치 구역의 디지털 사진. 위치는 앞의 지도에 나온다.

343쪽 아래: 제36 함정 설치 구역의 상세 내역. 함정 설치 기간, 함정의 수와 형태, 함정 설치 구역의 시작, 중간, 끝 지점의 좌표, 서식지 설명, 이틀 동안의 함정 운영 결과표가 포함돼 있다.

에 사용하기 시작한 종의 발견 가능성 모델링, 점유 모델링 같은 분석 프로그램을 실행하기 위해 필요한 함정 관련 데이터를 찾으려면 여러 쪽에 이르는 내용을 읽어야 했다. 이런 필수 데이터를 좀 더 쉽게 얻기 위해서 나는 존 페린이 라센 횡단 지역을 재조사할 때 개발한 약간 수정된 서식을 이용해서 함정 관련 데이터를 표 형태로 바꾸고 함정 설치 구역에 관한 여러 정보를 일지와 함정 관련 표와 나란히 배치해 한눈에 볼 수 있게 정리했다. 재조사 작업은 정해진 '현장들'을 중심으로 보통 3일에서 5일 걸려 한 군데 이상의 함정 설치 구역과 여러 관찰 정보에 집중하기 때문에, 관찰 노트에는 지리 좌표, 함정 형태, 함정 배치, (하부 지층을 포함한) 상세한 서식지 정보, 일일 함정 점검표, 최종 확증 표본 정보와 같은 각 함정 설치 구역에 대한 상세한 정보가 일별이 아니라 기간별로 정리된다(현장 목록 번호로 비교 검토할 수 있다.). 특정 '현장'과 관련된 정보의 마지막 부분에 같은 기간 동안 직접 관찰했거나 흔적을 통해 간접 관찰한 다른 동식물에 대한 정보도 기재한다.

오늘날 세계의 현지 조사자들은 데이터를 효과적으로 기록하고 손쉽게 검색하기 위해 전자 기기를 광범위하게 사용하고 있다. 데이터를 분석할 때도 최소한의 조작으로 필요한 형태의 데이터를 컴퓨터에서 직접 내려 받을 수 있다. 내가 사용하는 시스템은 쉽게 찾을 수 있는 필수적인 데이터는 물론 MVZ 문서 보관소에서 영구히 보존되는 그리널 시기의 종이 기록까지 제공한다. 오늘날 나는 이 재조사 프로젝트 외에 다른 현지 조사에서도 모두 이와 같은 방식을 사용한다.

존(존 페린)의 방식

나는 박사 과정을 마친 연구원 자격으로 그리널 재조사 프로젝트에 참가했다. 박사 논문을 쓰는 동안 MVZ은 나와 거의 무관한 존재였지만, 나는 이 프로젝트를 통해 처음으로 MVZ 문화와 그리넬의 관찰 노트 방식을 알게 되었다. 되돌아보건대 박사 논문으로 시에라네바다산맥의 멸종 위기종인 붉은여우를 조사하는 동안 정식으로 이러한 관찰 노트 작성 방식을 따랐다면 좋았을 텐데 하는 아쉬움이 남는다. 나는 논문에다 현장에서 관찰하며 겪은 많은 일화를 전혀 수록하지 않았다. 하물며 동료 학자들이 평가하는 전문 간행물에는 게재했을까. 그때 그리넬 방식을 사용했다면 적어도 그러한 관찰 내용이 자료로 남아 나중에 후세들이 볼 수 있었을 텐데 하는 생각이 든다.

MVZ의 여러 동료들처럼 나도 실제로는 두 가지 관찰 노트가 있다. 하나는 현장에서 쓴 관찰 노트 '원본'이고 다른 하나는 그리넬 방식으로 옮겨 적은 관찰 노트다. 현장에서 쓰는 관찰 노트는 심이 가는 유성 펜으로(비가 올 때는 연필로) 방수 처리된 수첩에 적는다.

(거의) 모든 쪽의 맨 위에는 날짜를 기재한다는 것 말고는 어떤 식으로 내용을 기재한다는 정해진 형식은 없다. 데이터와 관찰 내용은 바로바로 적어 두고, 이해할 수 있는 약자와 부호도 함께 표시한다. 이것은 내 개인 수첩이다. 짧은 기간 동안의 기억을 담아 둘 수 있어야 한다. 나는 하루를 마감하면서 마치 친구에게 편지를 쓰듯이 쓴 메모를 그리넬 방식의 일지에 옮겨 적는다. 표본 일람표는 표본을 만들면서 직접 그리넬 방식의 관찰 노트에 기재한다. 우리가 만든 표본을 등록하고 보관하는 일을 할 때 MVZ의 학예 업무를 보는 직원들이 표본 일람표를 자주 참조하기 때문에 현장에 나갈 때는 현재 작업 중인 부분만 가지고 가고 나머지는 박물관에 놔두고 간다. 나는 종 설명을 작성한 적이 없지만 그것은 나름의 장점이 있다. 특히 어떤 특정한 동식물을 집중적으로 연구하거나 새로운 종이 발견된 새로운 지역에서 처음 작업을 할 때 유익하다.

2007년 6월 20일, 존 페린이 작성한 관찰 노트. 수첩에 방수 처리가 돼 있다. 함정 운영 결과, 관찰 내용, GPS 좌표를 기재했다. 서술 형태의 설명이 없고 약어를 쓰지 않은 것을 주목하라.

Red Bluff

(20 June)

Round of photos @ Mobile Cottos waterfront, showing anthropogenic habitat on E side + woodland in W. Otter swimming from bank to tule island ~ 0845 ~ owner has seen prev. Kingfisher (pair), wrentit, etc. Squirrels seen in watered lawn

Junes Ranch: IS m: 40.09311 x 122.22772
                   88m elev   . start.

. T 133: opossum (jv) - waters edp.
  S132: Microtus -   waters edp.
  S139: Mus _   grass .
  S151: REME } in concrete
  S152: REME } amid grass
  S156: Rattus jv + grassy hillside
  S157: Rattus jr   "
  S158: Mus   "
  S160: Mus   "

  ⊕ : 9 egps ;8spec. :1 Microtus, 3 mus, 2 rattus, 2 Reme
      1 rel.

  Snaps: 5: REME.   Done : 11 am

┌─────────────┐
│ S#: ±3m   │
│ 40.09325 x │
│ 122.22687   │
│   90m   │
│   elev.   │
└─────────────┘

8 cardinal photos

end: :9 m. 40.09342
88m 122.22513
elev.

7 pm: Bald Eagle soaring over Inks Creek Ranch!
9 pm: Bufo boreas in camp. not collected.

처음 현지 조사를 할 때는 바래지 않는 잉크를 쓰는 일회용 제도펜을 사용했다. 그러나 이런 펜은 선이 선명하지 않았고 며칠밖에 쓰지 못했다. 최근에는 잉크를 다시 채워서 쓸 수 있는 제도펜을 샀는데, 관찰 노트용으로 쓰기에는 약간 선이 가늘지만 표본 이름표를 작성할 때는 아주 안성맞춤이다. 유감스럽게도 제도펜은 꾸준히 쓰지 않으면 잉크가 굳어지는 단점이 있고 내 것처럼 싼 종류의 펜은 쉽게 청소되지도 않는다. 이제 교수가 되었으므로 조만간 더 좋은 펜으로 바꿀 것이다.

나는 현장에서 기록한 데이터를 모두 일지로 옮기지 않는다. 옮겨 적다 실수할지 모르기 때문이다. 아직까지는 제임스가 하는 것처럼 스프레드시트를 만들고 출력해서 일지와 함께 묶어 보관하는 방식이 몸에 배지 않았다. 대신에 일지에 상세 정보를 많이 기재하는 편이다. 나는 일지에다 (현장에서 수첩에 적는 것처럼) 함정에 포획된 모든 동물을 기록하지 않고, 함정 설치 구역마다 어떤 종이 얼마나 걸렸는지를 날마다 요약 정리한다.

채집 여행을 마치고 돌아오면, 현지 조사를 하고 온 각 지역에 해당하는 미국 지질조사국의 지형도를 보존 용지로 출력해서 유성펜으로 함정 설치 구역의 위치를 정확하게 표시한다. 일지와 표본 일람표 두 군데에 함정 설치 구역의 GPS 좌표가 모두 기록되어 있지만, 각 함정 설치 구역의 정확한 길이와 함정 설치 형태를 적어 놓은 지도를 대체할 자료는 없다. 채집한 종의 개체 수가 계절에 따라, 또는 연간 단위로 어떻게 변했는지 알아보기 위해 나중에 현장을 다시 찾아갈 경우, 이 지도들은 전에 우리가 함정을 설치했던 곳에서 몇 미터 안 떨어진 곳에 다시 함정을 설치할 때 도움이 될 것이다.

J. Perrine
2007

Journal

Red Bluff. Tehama County, CA

20 June Cooler this morning - prob. 65°F. Pleasant. To Rio Vista trailer park by 0755. See Gray Squirrel running around irrigated lawn. Meadow portion of line got 1 Microtus californicus (Sherman 118). Also a Sceloperus in a Sherman, on "cobbles" half by island. And a Spotted Towhee dead in a Tomahawk. Coyote scat on cobblestones. Back in meadow, Raccoon tracks in dirt road, along with Deer. (and one heard in bushes). Trapline GPS: 40.20260 × 122.21628 ±6m 283ft elev.
[start: 40.20338 × 122.21491; ±7m; 82m elev; end: 40.20233 122.21799 ±7m, 67m elev.
Took one round of 8 cardinal photos (N, NE..) in meadow, another in cobble stone slough, with a few photos of watercourse on each end. Also took a round of photos at Mobile Estates waterfront, showing anthropogenic habitat on E bank, oak woodland (+ mouth of Blue Tent Creek) on W. An Otter in swimming from dense blackberry on our bank to a small island of reeds just offshore. Owner of Mobile Estates said he's seen the otter here before. Saw pair of Kingfishers (one chasing the other). Green Heron flying, hear Wrentit, etc. Again, Gray Squirrel in lawn. Then to June's Ranch. get 9 captures (8 specimens) from 40Sh/10Th: 3 Mus musculus (2 in dry hillside by pasture, 1 in grass by edge of creek); 2 Rattus rattus (both juv; both on dry grassy hillside); 2 Reithrodontomys megalotis (both in pile of broken concrete amid dry grass); 1 Microtus californicus (right at edge of creek) - all in Shermans; all kept. Plus 1 juv. Opossum in Tomahawk at water's edge; released. Snap traps get 1 R. megalotis - pretty well mangled by the trap. Back to camp for lunch + prep. ~1800h - with Chris back to Inks Creek Ranch to activate the Shermans; we set 15 Macabees. Saw a Bald Eagle soaring at Inks Creek, and a Crotalus in rocks w/13 tail buds. At camp, 2100h, found a medium-sized Bufo boreas - not kept. Pleasantly cool + clear.

존 페린이 2007년 6월 20일에 MVZ의 공식 관찰 노트에 기재한 내용.
수첩 원본에 수록된 것과 같은 기본 정보가 기재되어 있다(346쪽 참조).

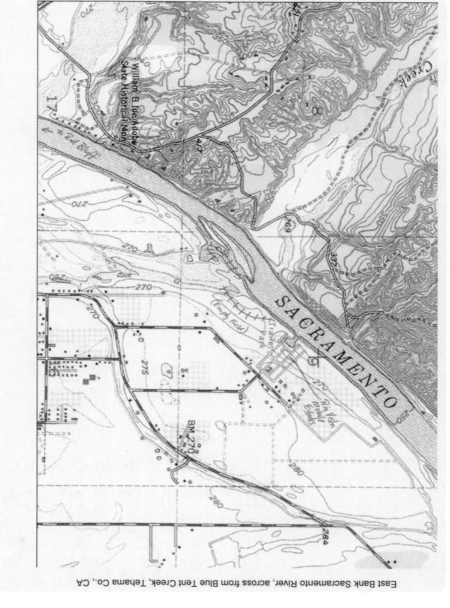

East Bank Sacramento River, across from Blue Tent Creek, Tehama Co., CA

존 페린이 2007년 6월에 작성한 관찰 노트에 들어 있던 지도. 전에 현지 조사를 했던 곳을 참조해서 그리널 재조사 현장 두 군데를 표시해 놓았다. (바닥에 표시된) 표제는 이 현장에서 채집된 확증 표본의 지역 정보를 제공한다. 함정 설치 구역은 미국 지질조사국에서 발행한 디지털 지도에 붉은색 펜으로 표시해 놓았다. 글로 아무리 잘 설명을 해도 과거에 함정을 설치했던 곳을 이 지도만큼 정확하게 표현할 수는 없다.

관찰 노트의 중요성

그래요. 당신은 나머지 것들도 모두 기록해야 합니다. 당신의 기록은 어느 누구의 것만큼이나 큰 가치가 있습니다. 또한 모든(당신이 기록할 수 있는 만큼 많은) 항목은 당신이 원했던 바로 그 정보일 가능성이 큽니다. 대개는 관찰한 것 가운데 어떤 것이 가치가 있는지 미리 말할 수 없습니다. 따라서 모든 것을 기록하십시오![21]

조지프 그리널, 1908년

과거에 기록한 관찰 노트가 아무리 엄청난 양의 귀중한 정보를 가지고 있다고 해도 10여 명이 넘는 현지 조사 연구원이 작성한 수백 쪽 분량의 관찰 노트에서 필요한 세부 정보를 추출하고 편집하는 일은 만만한 일이 아니다. 어떤 구체적인 사실이나 실마리를 찾기 위해 자료를 꼼꼼히 뒤지다 보면 시간이 금세 지나간다. 다른 사람이 쓴 관찰 노트를 살펴보는 것은 훌륭한 관찰 노트 작성법을 보는 안목을 길러 준다. 마침내 필요한 정보를 발견했을 때 느끼는 뿌듯함(또는 그렇지 못했을 때의 허탈함)은 현장에서의 오랜 하루 일과를 마치고 일지를 쓸 때 자신만이 알 수 있는 것이다. 남이 쓴 관찰 노트를 읽기도 하고 내가 직접 관찰 노트를 작성하면서 느낀 생각을 이 자리에서 몇 마디 조언하고자 한다.

첫 번째 조언은 그리널의 관찰 노트 방식을 권유하는 자리에서 뜻밖의 말일지도 모른다. 형식이나 방법에 얽매이지 마라. 지금까지 그리널의 방식에서 제시하는, 용지의 적절한 크기와 여백, 종 이름 밑에 물결선 긋기, 적절한 공간 사용 같은 '규칙'에 대해서 썼다. 그런 규칙은 여러 사람이 집단으로 채집할 때 기본적으로 필요하다. 또한 지나친

다양성 때문에 혼란스럽고 효율성이 떨어질 때, 스타일 가이드처럼 어떤 일관된 지침을 제공한다는 점에서 중요하다. 그러나 연구자가 처음 관찰 노트를 쓸 때는 이러한 규칙이 오히려 방해가 될 수 있다. 관찰 노트는 기본적으로 그 안에 담긴 내용 때문에 중요하다. 일관된 구성과 형식은 내용에 접근하기 쉬운 방식을 제안하는 것일 뿐 자기만의 방식으로 구성한다고 해서 정보의 가치가 낮아지지는 않는다. 마찬가지로 모든 것을 정해진 구성과 형식에 맞추다 보면, 만일 거기에 해당되는 중요한 정보를 기재하지 못했을 경우, 그 구성은 무의미해진다. 관찰 노트를 처음 쓰는 초보 연구자든 기존의 관찰 노트 방식을 개선하고 싶어 하는 숙련된 연구자든, 형식에 구애 받기보다는 내용에 더 집중하는 것이 필요하다.

둘째로, 관찰 노트를 작성할 때 앞으로 100년 뒤에 있을 누군가에 편지를 쓰는 것 같은 자세를 가져야 한다. 누군가 외부 사람에게 쓰는 글은 설명을 더 명확하게 하고 자기 뜻을 잘 이해하도록 쓰기 마련이다. 약어나 상징, 자기만 이해하는 여러 가지 줄임말은 피해야 한다. 당신의 글을 읽는 사람은 지금의 당신이 아니라 미래의 다른 사람이라는 것을 명심해야 한다. 보존된 기록은 다른 사람이 그 내용을 판독할 수 없다면 아무 쓸모가 없다. 당신이 현재 하고 있는 일의 맥락을 그림으로 그린다고 생각하라. 그래야 다른 사람들이 그것을 통해서 전체 풍경을 볼 수 있다. 손으로 글을 써서 소통하는 시대가 사라지고 있는 지금, 우리는 학생들에게 이렇게 묻는다. "여러분은 이것을 누군가에게 전화로 어떻게 설명할 겁니까?" 공교롭게도 친숙한 장소나 풍경일수록 설명하기가 더 어려울 수 있다. 친숙한 것은 신선한 시각으로 자세히 보기보다는 그저 당연한 것으로 생각하기 쉽기 때문이다. 누군가에게 '말로' 전달할 수 있을 정도로 관찰 노트를 쓰려면 좀 더 많은 시간과 주의가 필요하다. 그러나 그 결과는 훨씬 더 가치가 있는 기록이 될 것이다. 몇 번의 계절이 지나고 나서 자기가 작성한 기록을 이해하지 못할 때보다 더 좌절감을 느끼는 때는 없을 것이다. 외부 사람이 명확히 이해할 수 있도록 쓰라. 당신은 더 명확하게 이해하게 될 것이다.

관찰 노트를 잘 쓰려면 시간과 노력이 든다. 하지만 그것을 부담스러워할 필요는 없다. 만일 당신이 핵심 정보에 초점을 맞춘다면 필요한 시간을 크게 줄일 수 있다. 미래에 어떤 정보가 중요할지 알 수 없지만(그래서 그리널은 "모든 것을 기록하라!"고 했지만) 그렇다고 그것이 모든 정보가 똑같이 중요하다는 것을 의미하는 것은 아니다. 특히 일기에다 날마다 하는 일을 단순히 반복해서 쓰는 것 같은("잠에서 깨 아침밥을 먹고 함정 설치 구역을 돌아보고 표본을 만들고 점심밥을 먹고 낮잠을 잤다. ……") 기록 방식은 피해야 한다. 어떤 경우에도 당신이 점심을 먹기 전에 표본을 만들었는지 아닌지에 대해서 관심을 가질 사람은 아무도 없다. 쓸모없는 내용을 쓰느라 20분을 보내는 것보다 5분이라도 중요한 설명을 작성하는 데 시간을 쓰는 것이 더 좋다.

어떤 항목이 중요한지는 당신이 하고 있는 작업의 형태가 무엇인가에 달려 있다. 확증 표본을 채집하고 있는 중이라면 표본을 채집하고 있는 장소의 생태 환경을 최대한 자세히 기록하고 채집 방법 또한 상세하게 기재해야 한다. 이 정보는 모든 표본과 명확하게 연결되어야 한다. 표본을 채집하고 있든 아니든 자신이 있는 위치에 대해서 정확하게 기술하는 것은 언제나 중요한 일이다. 즉 자기가 어디에 있고 그곳에 어떻게 갔는지를 정확하게 기록해야 한다. 현지 조사를 나가는 사람이라면 정확한 지도와 항공 사진을 반드시 챙겨야 하며, 거기다 자신의 연구 장소를 표시해서 관찰 노트 안에 끼워 넣지 않는 것은 어떤 이유로도 결코 용납될 수 없다. 그림이 천 마디 말보다 가치가 있다는 것을 잊지 말아야 한다. 위치를 아무리 글로 잘 설명해도 지도에 표시하는 것보다 더 자세하고 명확할 수는 없다. GPS 시계를 손목에 차고 다니는 시대라고 해도 말이다. 그렇다고 GPS 좌표가 필요가 없다는 말은 아니고, 다만 관련 지도는 제기될 수 있는 여러 가지 의문을 명확하게 밝혀 줄 수 있다는 의미다. 또한 현재 있는 장소의 경치에 대한 구체적인 설명도 중요한 정보가 될 수 있다. 숲이 우거져 있는지, 아니면 나무들이 드문드문 있는지 최근에 불이 난 흔적이 있는지, 또는 어떤 다른 생태 환경의 변화는 없는지 가축들이 있는지 그곳의 주요 식물 종은 무엇인지를 알 수 있으면 좋다. 최근 기후 변화와 관련된 우려를 생각할 때, 식물이 꽃을 피웠는지 어떤 철새가 있는지 등 계절의 변화를 가리키는 정보도 중요할 수 있다. 만일 생물상에 대해 설명하는 데 어려움을 느낀다면, 그것은 당신이 주위의 식물과 야생 동물에 대해서 잘 모른다는 것을 의미할 수도 있다. 따라서 당신은 도감이나 공동 연수 같은 각종 수단을 통해서 동식물에 대한 지식을 늘려야 할 것이다. 자유로운 정성적 서술보다 정량적 수치로 구체적으로 설명하는 것이 훨씬 더 유용하다.[22]

비록 생태적 문제와 조사 방법론이 수십 년 사이에 바뀌었지만 그리널이 1938년에 제시한 관찰 노트 작성 지침은 귀중한 참고 자료로 남아 있다. 홀은 자기 책에다 "포유동물의 연구용 표본을 채집하고 만들기 위한 제언(Suggestions for Collecting and Preparing Study Specimens of Mammals)"이라는 절에서 그 지침을 거의 그대로 수록했다.[23] 그리널이 그때 작성했던 메모를 오늘날 일반인이 볼 수는 없지만, 캘리포니아 대학교 버클리 캠퍼스의 MVZ 웹사이트를 가면 밀러가 1942년에 보존용 관찰 노트를 작성하는 방법에 대해 조언을 추가해 올린 개정판 지침을 볼 수 있다. 게다가 미국 국립 과학 재단의 자금 지원에 힘입어 그리널과 당시 동료들이 작성한 관찰 노트 원본을 스캔하고 인터넷을 통해서 이용할 수도 있다. 이러한 디지털 자료 덕분에 전 세계의 연구자들이 과거의 역사적인 관찰 노트들을 이용할 수 있으며, 또한 원본을 잃어버리거나 훼손했을 경우에도 자료를 대체할 수 있다.24

기록의 보존

당신의 기억을 믿지 마십시오. 그것은 당신의 발목을 잡을 것입니다. 지금 명확한 것도 나중에는 점점 흐릿해집니다. 모든 것을 있는 그대로 쓰세요. 배경 지식이 있는 대중에게 당신의 연구를 알리는 경우라면, 시간이 걸리더라도 지금 쓰세요. 결국에는 그것이 시간을 절약하는 길이 될 겁니다. 무미건조한 항목에 만족하지 마십시오. 뼈대만 남은 사실에 옷을 입히고 시뻘겋게 달아오르는 생각과 함께 그것에 생명을 불어넣으세요. 기록을 남긴 종이에서 숲의 냄새가 나게 하십시오. 새로운 사실마다 맥박이 뜁니다. 맥박이 사라지기 전에 그 리듬을 타세요.25

엘리엇 카우즈, 1874년

현지 조사에 참여하는 생물학자가 모두 자기가 작성한 관찰 노트를 영구히 보존해 줄 기관을 의식해서 노트를 작성하는 것은 아니다. 관찰 노트를 잘 작성해 봤자 시간 낭비라는 것은 더더욱 아니다. 빈틈없이 그러나 간결하게 작성한 관찰 노트는 자신뿐 아니라 동료들에게 더욱 쓸모 있는 기록이 되고, 장래에 귀중한 참고 자료로서 보존될 가능성이 크다. 동식물 조사를 하든 행동 관찰을 하든 실험이나 기타 현지 추적 조사를 하든 마찬가지다. 우리의 세계는 끊임없이 변화한다. 오늘날 세상은 과거 그 어느 때보다도 더 빠르게 변하고 있다. 그럴수록 오랫동안 축적된 데이터 세트는 특히나 더 귀중하고 보기 힘든 자료다. 펜과 종이만큼 크게 노력이나 장비, 비용을 들이지 않고 정보를 기록하고 보존하기 쉬운 데이터 수집 방법은 별로 없다. 기술이 끊임없이 빠르게 바뀌어도 종이와 펜은 앞으로도 오랫동안 안정된 저장 매체로 남아 있을 것이다. 10년도 더 된 컴퓨터 파일을 실행하는 것이 때로는 힘든 일일 수 있다. 플로피 디스크를 기억하는가? 그러나 종이에 기록한 것은 세대를 넘어서 누구든 이용할 수 있다. 이런 것을 마음에 새기고 관찰 노트를 써라.26

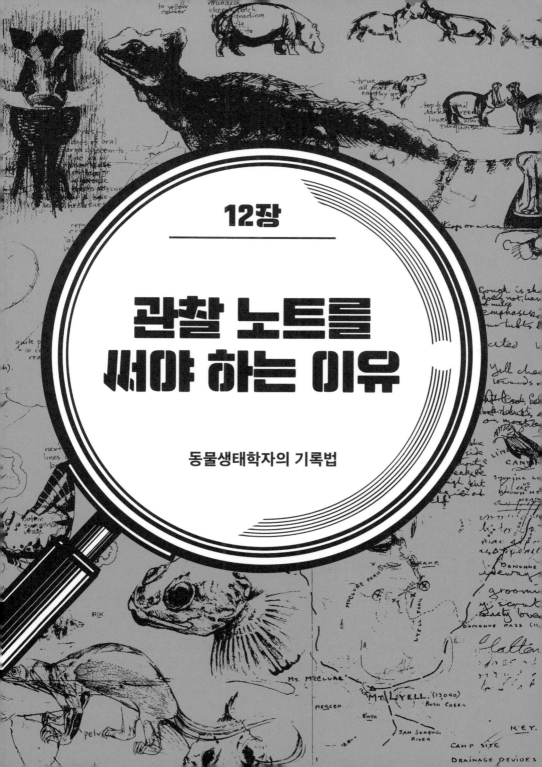

12장

관찰 노트를 써야 하는 이유

동물생태학자의 기록법

"신선하고도 새로운 발상은 어디에서 나오는가?
무엇보다 자연에 대한 세밀한 관찰이
가장 중요한 시작점이다."

에릭 그린 Erick Greene

몬태나 대학교에서 생물학과 야생동물생태학을 가르치고 있다. 쐐기벌레에서 찌르레기까지 다양한 유기체들을 연구하고, 현장에서 진화의 가설들을 검증하는 일을 한다. 동물은 왜 육식 동물을 볼 때 위험 신호를 내고 그 신호에서 어떤 종류의 정보가 전달되는지, 새의 지저귐과 깃털이 성 선택에 어떤 영향을 미치는지 등 커뮤니케이션의 행동생태학, 표현형 적응성의 진화, 보존생물학 분야에 관심을 가지고 있다. 그가 일하는 현장은 그의 실험실에서 얼마 떨어져 있지 않은 야외이기도 하고 멀리 코스타리카와 뉴질랜드에 있기도 하다.

나는 동물행동과 생태를 연구한다. 기억하는 한 아주 오랫동안 관찰 노트를 써 왔다. 내 관찰 노트에는 현재 작업 중인 특정한 프로젝트와 관련된 데이터를 비롯해 온갖 잡다한 관찰 내용, 머릿속에 떠오르는 각종 의문들, 나만의 메모, 흥미로운 자연사 관련 내용이 적혀 있다. 이 노트들은 내 연구의 핵심 자료가 된다. 새로운 생각의 시작이 되고 연구 방향을 새롭게 잡아 준다. 관찰 노트는 지구의 어느 경이로운 모퉁이에서 겪은 특별한 현장 체험을 되살리고, 나는 그것을 통해 참된 기쁨을 누린다. 옛날에 작성한 한 관찰 노트의 표지를 넘기노라면, 어느새 나는 타임머신을 타고 지난날 현지 조사를 떠났던 페루의 어느 야자나무 소택지(palm swamp)로 날아가 해질녘 나뭇가지 위에 잠자리를 마련하기 위해 날아드는 마코앵무새(macaw) 무리들을 지켜보고 있다. 어떤 때는 보츠와나의 오카방고 삼각주에서 올리브 개코원숭이(olive baboon, '아누비스 개코원숭이'라고도 한다.—옮긴이)들이 사자들이 오는 것을 알리기 위해 "와후"하며 신호를 보내는 소리를 듣기도 하고, 수컷 향유고래가 뉴질랜드 심해 협곡에 사는 대왕오징어(giant squid)를 잡기 위해 꼬리를 튕겨 올리며 바다 속으로 들어가 오랫동안 잠수하는 모습을 관찰하기도 한다. 그리고 랭커스터 사운드 해양 지역에서 계절에 맞춰 이동하고 있는 수만 마리의 하프바다표범(harp seal), 흰돌고래(beluga), 일각고래(narwhal), 턱수염바다표범(bearded seal)과 여름철 먹이가 많은 장소인 북극의 절벽 아래 어미 북극고래(bowhead whale) 한 마리와 새끼 무리들을 지켜보고 있을 때도 있다.

관찰 노트를 작성하는 일은 18세기와 19세기 자연사학자와 과학자들이 반드시 해야 할 일이었다. 실제로 유럽인이 전 세계 곳곳을 헤집고 다니던 탐험의 전성기 시절, 원거리 탐험을 마치고 돌아온 많은 과학자와 자연사학자가 현지에서 기록한 일지를 책으로 출판했고, 그것들은 대개 베스트셀러가 되었다. 심지어 100년이 지난 뒤에도 사람들은 마리아 지빌라 메리안(Maria Sibylla Merian), 토머스 제퍼슨, 메리웨더 루이스와 윌리엄 클라크(William Clark), 존 제임스 오듀본(John James Audubon), 찰스 다윈, 앨프리드 러셀 월리스, 헨리 월터 베이츠, 헨리 데이비드 소로와 같은 사람들이 쓴 관찰 노트를 보고 이들 자연사학자, 탐험가, 과학자가 경험한 과학의 세계를 흥미롭게 들여다본다. 이러한 관찰 노트들은 오늘날 동식물의 분포와 개체 수를 비교하는 데 이용할 수 있는 귀중한 정보의 보고다.

자연 과학에서 관찰 노트의 중요성이 점점 더 커지면서 나는 최근에 몬태나 대학교의 생태학 고급 과정의 학생들에게 관찰 노트를 쓰는 과제를 내주기 시작했다. 학생들에게 하나의 '사물'을 정해서 그것을 학기 동안 면밀히 관찰하도록 했다. 그들이 선택한 '사물'은 어떤 식물일 수도 있고, 어느 장소일 수도 있고, 비버(beaver)가 만든 댐일 수도 있고, 자신들이 가꾸는 정원이나 새 먹이장일 수도 있다. 학생들은 자기 관찰 노트에 적어도 일주일에 한 번은 관찰한 내용을 기록해야 했다. 나는 그 과정을 통해 과학에서 가장 힘든 부분 가운데 하나가 남들이 생각하지 못한 새로운 질문을 끄집어내는 것이라는 사실을 학생들에게 이해시키고자 했다. 신선하고도 새로운 발상은 어디에서 나오는가? 무엇보다 자연에 대한 세밀한 관찰이 가장 중요한 시작점이다. 학생들은 자신의 관찰 노트 말고도 관찰하면서 떠오른 질문을 최소한 열 개를 적어 제출해야 했다. 이 과제는 학점을 매길 때 매우 중요한 요소였다. 나는 학생들이 이 과제를 열심히 할 거라고 생각했다. 여기서 문제가 생길 일이 무엇이 있겠는가! 하지만 내가 과제를 설명하자 학생들은 눈알을 굴리고 투덜대면서 냉소적인 반응을 보였다. 왜 그런지 학생들에게 묻자 이런 대답들이 돌아왔다. "과학에 관심이 있는 거지, 글쓰기에는 관심이 없어요.", "이건 너무 불공평해요. 전 이미 '표현 예술'과 관련된 과목은 다 들었어요.", "교수님은 그것을 또 고민해서 쓰기를 바라시나요?". 하지만 학기가 진행되면서 그 과제에 대한 학생들의 태도가 점점 누그러지는 것을 알 수 있었다. 생각보다 많은 학생이 열심히 과제를 수행했다. 대표적인 사례로 뒤뜰에서 오래된 회양목한 그루를 관찰했던 '캐리 더글러스'라는 학생이 학기말에 제출한 내용을 여기 소개한다.

나는 전에 식물학 강의를 들어본 적이 없었다. 정규 생물학 강의를 많이 들었는데 놀랍게도 나무에 대해서는 아는 것이 별로 없다. 이 과제는 내가 전에 전혀 생각해 보지 않았던 나무에 대해 많은 것을 질문하고 답할 수 있는 기회가 되었다. 나는 가을에 나뭇잎 색깔이 변하는 것이 어떤 의미인지, 말하자면 그 과정에서 실제로 무슨 일이 일어나고 그것이 왜 중요하며 잎은 왜 노화하는지를 고민해 본 적이 없었다. 이 과제는 또한 내 자신에 대해서도 중요한 것을 깨닫게 했다. 나는 언제나 내가 좌뇌형 인간이라고 생각했다. 과학, 절차, 확실한 정보 같은 것은 좋아하지만 추상적이고 창조적이거나 상상하는 것은 싫어한다. 그래서 처음에 이 과제에 대해 부정적인 편견에 사로잡혀 있었다. '내가 생물학을 학기 내내 그림이나 그리고 글쓰기 창작이나 하려고 수강하는 줄 아나!? 그만 좀 하세요!' 일지를 쓸 때마다 두려운 생각이 들었다. 하지만 실제로는 금방 일지를 쓰는 일이 즐거워졌다. 비록 15분 정도밖에 안 되는 시간이었지만 바깥에 나가 한 바퀴 돌면서 묵묵히 관찰하는 일이 즐거웠다. 학교와 숙제, 시험, 그리고 영원히 끝나지 않을 '해야 할' 수많은 여러 가지 일에 대해 생각하지 않은 것은 이번이 처음일 것이다.

나는 또한 형식에 구애 받지 않고 글을 쓰는 것이 정말 좋았다. 문법이나 구문, 적절한 과학적 글쓰기에 대한 걱정 없이, 정말 그 어떤 것에도 구애 받지 않고 종이 위에 그냥 내 생각을 '던지는 것', 그저 글을 쓰는 것. 이런 글쓰기는 전에 한 번도 해 본 적이 없었다. 나는 앞으로도 야외에서 관찰한 것을 계속해서 일지로 쓸 생각이다.

나는 또한 뒷문 밖에 펼쳐진 놀라운 생물학적 과정들에 주의를 기울이기 시작하면서 계절이 바뀌는 것을 느끼며 살아야겠다는 생각을 했다. 이제는 나뭇잎이 바뀌지 않고 눈이 내리지 않고 봄비가 쏟아지지 않는 곳에서 산다는 것은 상상할 수도 없다. 이 과제는 내가 진정 얼마나 아름다운 세상에서 살고 있는지를 느끼게 했다. 이제는 결코 그 오래된 회양목을 전과 같은 모습으로 바라보지 못할 것이다. 이제는 집에 올 때마다 그 나무가 어떻게 달라졌는지를 살펴본다.

나는 처음에 학생들이 생태학 수업에서 왜 관찰 노트를 써야 하냐고 문제를 제기하며 부정적인 반응을 보이는 모습에 적이 당황했다. 그러나 그 덕분에 이러한 반응이 일반적인 정서인지를 알아보기 위해 상황을 좀 더 깊게 바라볼 수 있었다. 나는 범위를 넓혀 여러 대학에서 다방면에 걸쳐 생물학을 연구하고 있는 동료들에게 의견을 물었다. 학부생과 대학원생, 교수 들에게 그들이 저마다 과학 활동을 기록하기 위해 노트를 어떻게 사용하고 있는지 물었다. 그 결과 많은 것이 명료해

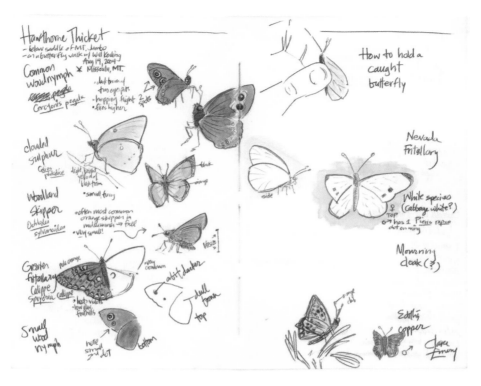

미술가이자 자연사학자인 클레어 에머리(Claire Emery)의 관찰 노트. 호손 덤불에서 관찰한 나비를 그렸다.

졌다. 대개 생화학, 세포학, 분자생물학 분야처럼 실험실에서 연구하는 과학자들이 생태학, 행동학, 보존생물학 분야처럼 현지 조사를 나가는 생물학자들보다 자신들의 과학 활동을 훨씬 더 많이 노트에 기록한다는 것을 알 수 있었다.

실험실에서 연구 작업을 하는 동료 학자들 대다수는 실험 내용을 매우 자세하고 완벽하게 기록할 뿐 아니라 자기 학생들에게 데이터를 기록하는 이유와 방법을 가르친다. 일부는 두꺼운 표지의 노트를 상자 채로 사서 실험실에서 연구하는 학생들에게 나눠 주기도 한다. 그들은 학생들에게 실험 내용을 어떻게 기록하는 것이 가장 좋은지 견본도 보

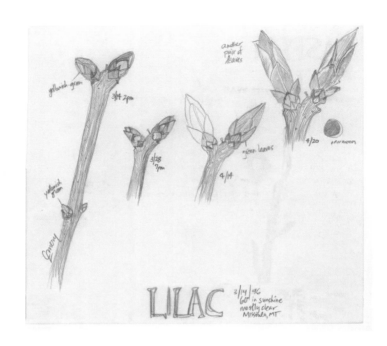

여 주고 데이터를 어떤 식으로 기록해야 하는지도 상세히 설명해 준
다. 대개는 학생들의 실험 노트를 꼼꼼히 검토하는 평가 모임을 갖는
다. 어떤 실험실에서는 서로 선의의 경쟁을 붙여서 가장 훌륭한 실험
노트에 상을 주기도 한다. 미생물학 · 생화학 · 분자생물학의 대학원
과정에서는 학생들이 실험 노트를 작성하는 것을 필수 학점으로 요구
한다. 에이샤 다이반(Aysha Divan)은 실험생물학의 노트 작성을 위한 표
준 지침을 훌륭하게 제시한다.1

　내가 비공식으로 조사한 바에 따르면 실험 노트를 매우 활발하게 작
성하는 분자생물학의 문화와 대조적으로 현장 생물학(field biology, '야
외 생물학'이라고도 한다.)은 관찰 노트 작성에 별로 관심이 없었다. 생태
학과 동물행동학을 전공하는 대학원생과 학부생들에게 관찰 노트를

어떻게 작성하고 그것을 어디에서 배웠는지 묻자 그들은 물끄러미 나를 바라보기만 했다. 대답은 거의 천편일률적이었다. "저는 GPS를 이용해요.", "저는 스프레드시트에 데이터를 입력해요.", "기록은 집에 와서 해요.", "전 컴퓨터가 있어요.". 현장 생물학에서 관찰 노트는 별나고 원시적이고 진부한 것처럼 보였다.

이 장을 통해 나는 현장 생물학에서 관찰 노트가 부활하기를 간절히 바란다. 여기서는 관찰 노트의 다양한 목적과 기능을 개괄하고, 관찰 노트가 그것을 쓰는 사람뿐 아니라 다른 사람들에게도 매우 중요하다는 것을 설명한 다음, '좋은 관찰 노트가 갖춰야 할 요소'를 제시할 것이다.

관찰 노트의 목적

사람들이 관찰 노트를 작성하는 이유는 매우 다양하다. 그중에서도 자연계에서 자신이 관찰하고 겪은 일을 개인 일지에 기록하고 싶어 한다는 것이 가장 큰 이유다. 이러한 관찰 노트는 18세기와 19세기 자연사학자들이 관찰 노트를 작성했던 정신과 형식 측면에서 매우 유사하다. 이런 형식의 자연 일지는 주로 좋은 의미에서 아마추어 자연사학자들, 즉 돈을 받지 않고 그저 좋아서 자연을 연구하고 경험하는 사람들이 기록하는 방식이다. 이러한 관찰 노트는 자연계의 아름다움과 경이로움을 포착하는 경향이 있고 작성자의 관찰력을 기르는 데 큰 도움이 된다. 대개는 현장 스케치와 그림들이 예리한 관찰과 함께 조화를 이루는 경우가 많다. 이러한 자연 일지 형식은 널리 애용되고 있다. 많은 박물관과 자연사 연구회, 각종 여름 캠프에서는 자연 일지를 작성하는 방법에 관한 단기 강습회를 열고 있다. 예컨대 자연미술가이자 생물학자인 존 뮤어(John Muir)는 단기 실습 강좌를 열어 현장 일지 작성법을 가르친다. 그의 책과 웹사이트에는 귀중한 조언과 지침이 많이 수록되어 있다.2 또한 해나 힌 치먼(Hannah Hinchman)과 클레어 워커 레슬리(Claire Walker Leslie) 같은 사람들이 쓴 뛰어난 책들은 관찰 내용과 미술을 자연 일지로 통합하는 것에 초점을 맞추고 있다.3

또 다른 한편 어떤 사람들은 그리널의 방식처럼 훨씬 더 체계적인 형식을 따라 관찰 노트를 작성한다. 이러한 관찰 노트를 쓸 때는 표본이 채집된 때와 장소를 정해진 형식에 맞춰 기록해야 한다. 따라서 그리널 방식의 관찰 노트에는 매우 일정한 형식을 갖춘 방식으로 수집된 과학적 데이터가 기록되어 있는 반면에 개인의 관찰 의견이나 사색, 가설, 자연 일지의 전형적인 특징인 스케치 같은 것들은 들어 있지 않다.

내 생각으로는 가장 유용하

고 흥미를 돋을 수 있는 현장 생물학의 노트 형태는 두 가지 방식을 섞은 것이다. 현지에서 조사한 세부 내용과 데이터를 자세히 기록하는

클레어 에머리의 관찰 노트. 왼쪽은 곰이 나무에 낸 자국들을 관찰한 것이고,
오른쪽은 유럽자고새(*Perdix perdix*)를 관찰한 내용과 의문점을 기록한 것이다.

것은 물론이고, 관찰 노트 작성자의 의견과 생각, 사색, 여행담도 함께 기록하는 것이다. 대개 과학자들은 자신의 현지 조사 활동을 기록할 때 여러 방식을 쓰는데, 거기에서 귀중하고 다채로운 결과를 얻을 수 있다.

관찰 노트가 당신에게 중요한 이유

관찰 노트는 당신의 과학적 작업에 대한 기본적인 기록물로서 중요한 구실을 한다. 관찰 노트의 가장 중요한 역할은 데이터를 기록하고 정리하는 것이다. 실험하고 관찰한 것을 완벽하고 정확하게 기록하는 가장 좋은 공간이 바로 관찰 노트라는 말이다. 당신이 주위를 돌면서 조사한 것들을 쓰려고 할 때, 잘 짜인 형식으로 작성된 관찰 노트는 그 일을 매우 수월하게 해 준다. 잘 정리된 관찰 노트는 당신이 관련된 다른 많은 자료를 체계적으로 수집할 수 있도록 "중앙 통제 센터" 역할을 하기 때문이다. 예컨대 관찰 노트에 기록하는 것 이외의 많은 정보, 이를테면 사진, 녹음 자료, 야외에서 수집한 표본, 다양한 형태의 컴퓨터 파일 같은 것들이 생겼을 때, 그 데이터를 모두 관찰 노트를 기준 삼아 매우 효율적으로 정리할 수 있다. 현지 조사에 합류하기 전에, 그 일을 마쳤을 때 어떤 종류의 기록이 가장 중요할지 미리 생각해 보면 좋다.

관찰 노트의 또 다른 가치는 당신의 새로운 생각과 관찰 의견을 생성해 내는 믿기지 않을 정도로 비옥한 산실 역할을 한다는 것이다. 노트에 흥미진진한 관찰 내용과 의문점 등 온갖 다양한 생각을 적다 보면, 그것은 어느새 새로운 실험과 프로젝트를 위한 강력한 촉매제로 바뀌게 된다. 이에 관한 뛰어난 사례는 베른트 하인리히, 조너선 킹던과 같은 사람들이 쓴 관찰 노트에서 잘 볼 수 있다.[4]

끝으로, 잘 작성된 관찰 노트는 당신에 큰 기쁨을 줄 것이다. 우리는 얼마나 빨리 잊어버리는가! 자기가 쓴 관찰 노트를 다시 읽다 보면 전에 가 보았던 자연의 어느 모퉁이들을 다시 돌고 있는 모습이 되살아나 흐뭇해지기도 하고, 당신에게 중요한 의미가 있었던 일들을 다시 떠올리면서 고개를 끄덕이게 될지도 모른다.

관찰 노트가 다른 사람들에게 중요한 이유

잘 작성된 관찰 노트는 다른 사람들에게도 매우 귀중한 정보원이 될 수 있다. 헨리 데이비드 소로는 《월든(*Walden*)》으로 널리 알려진 작가다. 《월든》은 소로가 2년 동안 매사추세츠의 콩코드 근처의 월든 호수 인근에 있는 통나무집에 살면서 쓴 관찰 노트를 기반으로 나왔다. 소로가 자신의 노트에 기록한 생각과 정보는 산업 혁명 초기의 미국 사회에 대한 관찰 내용과 사회적 견해로서 강력한 영향력이 있었다. 소로는 뛰어난 자연사학자이자 자연을 예리하게 관찰할 줄 아는 사람이었다. 그는 1851년부터 1858년까지 약 500종에 이르는 식물이 언제 꽃을 피우는지 상세히 기록했다. 그의 꼼꼼한 관찰 내용은 오늘날 매우 귀중한 자료다. 엄청난 양의 온실가스가 대기로 뿜어져 나오기 직전에 관찰된 내용이기 때문이다. 생태학자 찰스 윌리스(Charles Willis), 브래드 러펠(Brad Ruhfel), 리처드 프리맥(Richard Primack), 에이브러햄 밀러-러싱(Abraham Miller-Rushing), 찰스 데이비스(Charles Davis)는 오늘날 콩코드 지역에서 발견된 식물들을 소로의 관찰 내용과 비교하는 작업을 함께 수행했다. 그 과정에서 소로의 관찰 노트 말고도 다른 사람들이 동일한 지역에서 작성한 훌륭한 기록을 많이 찾아낼 수 있었다.[5] 그들은 2004년과 2006년 사이에 소로가 했던 것과 비슷한 조사를 하고 그 결과를 소로의 것과 비교했다. 거의 160년 사이에 소로가 기록했던 종의 약 30퍼센트가 사라졌고, 또 다른 40퍼센트는 매우 희

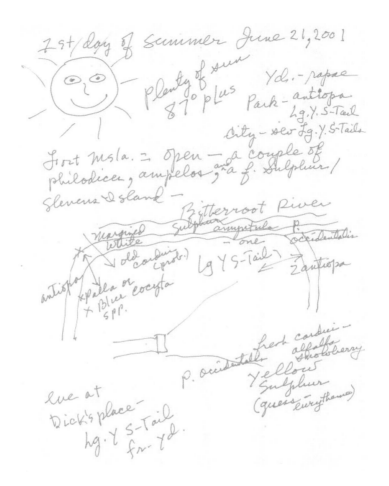

월 컬링의 2001년 6월 21 일자 관찰 노트의 일부. 몬 태나 미줄라에 있는 비터루 트강 근처에서 나비를 관찰 하고 기록했다.

귀한 종이 되어 얼마나 오랫동안 살아남을지 모르는 상황이 되었다.6

잘 작성된 관찰 노트의 과학적 가치를 보여 주는 또 다른 사례는 애리조나의 투손 근처에 있는 카탈리나산맥에서 볼 수 있다. 핑거록캐니언 트레일은 매우 힘든 도보 여행 코스로, 해발 1,200미터가 넘는 곳까지 오른다. 그 길에는 매우 다양한 식물대가 펼쳐져 있는데, 카탈리나

산맥에 서식하는 모든 식물 종의 약 40퍼센트를 이 협곡 한 군데서 볼 수 있다. 지난 20년 동안 데이브 베르텔센(Dave Bertelsen)은 이 코스를 1만 9000킬로미터 넘게 걸으면서 600여 종에 이르는 식물 종의 꽃피는 시기를 꼼꼼하게 기록했다.[7] 마이크 크림민(Mike Crimmin)과 테레사 크림민(Theresa Crimmin)은 베르텔센과 힘을 합쳐서 그가 수집한 엄청난 양의 데이터를 분석했다. 이 과정을 통해 베르텔센이 관찰 노트를 작성한 20년 동안 식물 군집에 아주 커다란 변화가 있었음을 확인할 수 있었다. 약 15퍼센트의 종이 산 위로 이동해 20년 전보다 300미터나 높은 곳에서 꽃을 피우고 있었다. 사구아로선인장(saguaro cactus)과 폰데로사소나무(ponderosa pine) 같은 일부 종은 지속된 가뭄 이후에 많이 말라죽고 있는 듯하다.[8]

관찰 노트를 작성해야 하는 이유를 보여 주는 마지막 사례는 몬태나 서부 지역에서 볼 수 있다. 윌 컬링(Will Kerling)은 몬태나의 미줄라에서 25년 동안 나비, 식물, 새, 포유동물을 관찰하고 그 내용을 관찰 노트에 상세하게 기록했다. 그는 나비와 나방 같은 인시류 곤충 96종이 미줄라시 주변에 출현한 날짜, 비행시간, 위치를 자세히 기록했다. 당시 미줄라시는 도시를 굽어보는 작은 점보산에 있는 사유지를 사서 도시의 공용 공간망으로 통합할 계획을 갖고 있었다. 그러나 공원 계획을 완성하려고 사유지를 구매하는 데 공적 자금을 사용하는 것이 타당한지에 대해 찬반 논쟁이 일었다. 이 논쟁에 윌의 관찰 노트는 점보산의 특별한 생물학적 다양성과 풍요로움을 입증하는 증거로 채택되었고[9], 그에 따라 시의 공채 발행 법안이 쉽게 통과되었다. 점보산은 이제 미줄라의 공용 공간 체계를 구성하는 소중한 보물이다.

관찰 노트를 잘 작성하는 것이 얼마나 중요한지는 이제 명확해졌다. 그러나 좋은 관찰 노트란 실제로 어떤 것을 말할까? 좋은 관찰 노트가 갖춰야 할 공통된 요소들은 무엇일까?

좋은 관찰 노트가 갖춰야 할 요소

나는 내 관찰 노트를 참고하고 다른 여러 과학자, 자연사학자와 토론하면서 학생들이 현지 조사에 나가기 전에 반드시 생각해야 할 몇 가지 주제를 뽑았다. 이것들은 내가 관찰 노트를 작성하는 데 실제로 효과가 있었던 것과 오랫동안 관찰 노트를 써 온 다른 사람들의 생각들을 여기저기에서 조금씩 모은 것이다. 이러한 목록을 수집하는 과정에서 중요한 지침의 근거가 되는 사실이 두 가지 밝혀졌다. 첫째, 사람들은 기억한 것을 생각보다 더 빨리 잊어버린다는 것이다. 그러나 대다수 사람들은 자신이 관찰하고 연구한 것을 실제보다 더 오랫동안 잘 기억할 거라고 착각한다. 둘째, 사람들은 어떤 연구를 시작할 때 처음부터 무엇이 중요하고 흥미가 있는지 전부 알지는 못한다는 사실이다. 따라서 자기가 필요하다고 생각하는 것보다 더 많은 정보를 꼼꼼히 기록하는 것이 좋다. 이 두 가지 사실은 다음에 제시하는 항목들을 살필 때 늘 명심해야 한다.

두꺼운 표지를 씌운 노트를 사용하라. 종이가 묶여 있지 않으면 기록한 용지가 뒤죽박죽되기 쉽다! 시중에 좋은 노트가 매우 많이 있다. 당신의 목적과 개인적 기호에 따라 노트를 선택하면 된다. 나는 보통 대학 구내 서점에서 언제나 쉽게 구할 수 있는 노트를 쓰는데, 튼튼하고 값이 싸며 줄이 쳐져 있고 쪽이 매겨져 있다. 대개 편지 용지 크기인데 어떤 사람들은 너무 큰 것을 찾는다. 물에 젖지 않는 작은 양장본 관찰 노트도 사람들이 많이 찾는다. 어떤 사람들은 야외에서 셔츠 주머니에 들어갈 정도로 작은 수첩을 사용하는데, 그럴 경우에는 집에 가서 수첩에 쓴 정보를 다른 노트에 옮겨 적는다. 하지만 이것은 일을 한 단계 더 늘리기 때문에 특별한 이유가 없다면 되도록 관찰 노트를 하나로 통일하는 것이 좋다고 생각한다. 현지 조사에서 스케치를 많이 할 생각이라면, 미술과 스케치용으로 특별히 제작된 줄이 없는 탈착이 가능한 바인딩 노트를 쓰는 것이 좋다.

잘 보이는 자리에 당신의 연락처 정보를 기재하라. 관찰 노트의 표지에 적는 것이 가장 좋다. 노트를 잃어버렸을 경우에 그것을 주운 사람이 당신에게 연락해서(전화번호, 주소, 이메일 주소) 돌려줄 수 있도록 명확하게 표시해야 한다. 나는 약간의 사례(소액의 현금, 아이스크림, 고급 맥주)를 한다.

당신 자신과 후세를 위해 작성하라. 다른 것은 몰라도 나는 이 때문이라도 엉망인 글씨를 고쳐야 한다고 생각한다. 그래야 나도 그것을 한 번이라도 더 읽을 것이다. 실제로 소로의 관찰 노트를 읽을 때 가장 힘든 일 가운데 하나가 그의 글씨를 판독하는 것이다. 읽는 사람을 생각하는 마음 자세는 글을 명료하게 쓸 동기를 유발하고, 자기만 알 수 있는 불분명한 내용을 최소화할 수 있게 한다. 잘 작성된 관찰 노트는 지금뿐 아니라 앞으로도 다른 사람들에게 귀중한 자료가 될 것이다.

새로운 항목을 입력할 때마다 관련 현장 정보를 기록하라. 쪽마다 맨 위에 날짜와 시간, 장소를 기재해야 한다. 잘 보이도록 밑줄을 긋는 것도 좋은 방법이다. '그리널 방식'과 같은 관찰 노트 작성법은 현장 정보를 기록하는 매우 엄밀하고 공식적인 방식이다. 그런 방식을 따를지 말지는 작성자 마음이지만 적어도 고도, 서식지 유형에 관한 정보, 탐사 경로, 날씨 같은 정보는 꼭 기재해야 한다. 환경적 변수와 밀접하게 관련

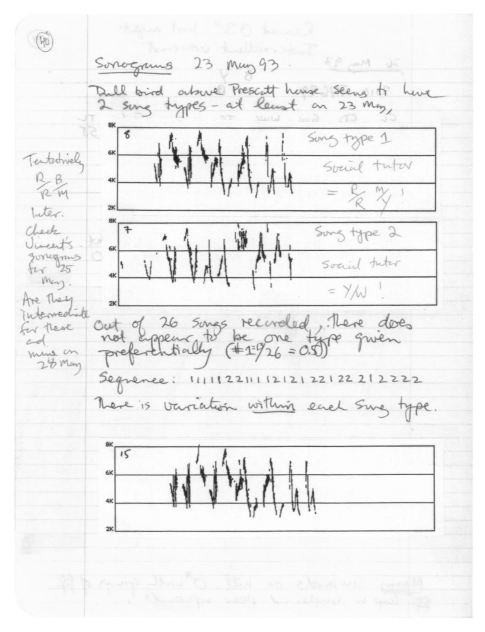

몬태나 미줄리에서 만 한 살배기 수컷 푸른멧새(lazuli bunting, *Passerina amoena*)의 노랫소리를 기록한 것.
이 관찰에서 제기된 의문들은 곧바로 새의 노랫소리 학습에 관한 연구로 이어졌다.

20 May 93

DD ?   2010 - 77669   L   R   G   R/BK
                                        M

CL	CD	GW	WING	TS	TL	WT	FAT
10.38	5.87	4.80	71	17.68	55	32.0	0
						− 17.0	
						15.0	

Hump Bird   G   M   2010 - 77668
               B   y

CL	CD	GW	WING	TS	TL	WT	FAT
10.00	5.70	4.86	71		56	15	0
				17.05			

Overcast and calm in AM. Started raining
at 1300 h, with thunderstorm activity in
evening.

   I luked up burn side, but very few of
the birds were responsive for netting?
      We caught a bright bird - DD? and
then another bright bird on the hump (= NSF
sung 92??) Vince got recordgs.

      Interesting differences in behaviors. Many
males are mate-guarding - sticking very
close to ♀♀ and not really responding to
sings.
      UB Dull birds seen near fence line gully,
singing but skittish - flies away from
playbacks. One for an UB SY ♂ behind
dick Hutto's house.

매우 우중충한 색깔의 깃털을 가진 어린 수컷 푸른멧새의 줄무늬 기록과 관찰 내용.
이러한 관찰 내용과 의문들은 깃털에 관한 연구로 이어져 2000년에 또 다른 연구 과제가 되었다.

된 연구일 경우에는 더욱 자세하게 기록해야 한다. 예컨대 미국 귀뚜라미인 트리크리켓(tree cricket)의 울음소리(울음소리의 속도가 기온과 아주 밀접한 관련이 있다.)를 연구하는 사람이라면 아주 정확한 야외 온도계가 꼭 필요할 것이다.

장소에 관한 정보를 추가하라. 조사하고 있는 장소에 대한 정보를 아주 세밀하게 기록해야 한다. 그래야 나중에 다른 사람이 그 장소를 정확하게 찾아갈 수 있다. 장소 기록과 함께 상세 지도, GPS 좌표, 약도 같은 것을 이용할 수도 있다. 여러 장소를 방문하고 있다면 지나온 경로의 정보를 신중하게 기록해야 한다. 또, 한 곳이나 몇 군데를 집중해서 조사하고 있다면 일단 그곳을 묘사해 두고 나중에 그것을 참조할 수 있다. 예컨대 몬태나 서부를 열심히 조사하는 자연사학자 바이런 웨버(Byron Weber)는 비터루트강 주변의 한 작은 지역을 거의 20년 동안 날마다 관찰해서 노트에 상세히 기록했다. 그는 노트에 지도를 스케치해서 그려 넣었는데, 나중에 특정한 관찰을 할 때 참조할 수 있었다. 1983년 12월 12일. "새벽 4시 섭씨 영하 40도 (……) R'-5구역 까치 5마리, 큰까마귀 2마리 (……) 온통 은빛 천지인 강변 근처 얼음이 녹아 조각조각 떠다니는 구역."

조사 방법을 기록하라. 자신의 과학적 연구 성과를 논문이나 책으로 출판할 때, 다른 사람들이 당신의 연구를 따라해 볼 수 있도록 연구에 사용한 방법론을 자세히 기록하는 것은 매우 중요하다. 현지 조사에서 시행한 세부 방법들을 그때그때 관찰 노트에 기록해 두면 좋은데, 그 방법들이 생각보다 더 빨리 잊히기 때문이다. 논문에서 '연구 방법(method)' 부분을 쓸 때 당신은 관찰 노트에 기록해 둔 것을 찾아보게

될 것이다. 따라서 관찰 노트의 내용을 논문에 들어가는 연구 방법의 초안으로서 이용할 수 있다. 만일 특수한 형태의 장비나 기기로 정보를 수집하고 있다면 관찰 노트에 현재 사용하고 있는 장비에 관해 제대로 기록했는지 확인해야 한다. 예컨대 곤충의 울음소리를 녹음하고 있다면 녹음된 음질은 녹음기 종류(테이프 녹음기인지, 디지털 녹음기인지), 녹음 장치 조정(디지털 녹음기의 경우, 샘플링 주파수, 비트 심도 같은 것), 마이크 종류(샷건, 옴니, 카디오드, 파라볼라 등), 마이크의 필터 조정, 기온, 당신과 곤충 사이의 거리, 당신과 곤충 사이에 있는 것(식물이 많거나 전혀 없는 경우)에 따라 매우 달라진다. 그러한 미세한 차이에 따라 당신이 수집한 데이터에 대한 해석도 달라질 것이다. 따라서 현장에서 사용하는 장비와, 장비를 사용하는 상황에 관해 정확하게 기록하는 것은 매우 중요한 일이다.

원본을 대체할 사본을 여러 개 만들어라. 관찰 노트의 사본을 만들어 놓지 않았는데 원본 데이터를 잃어버린 사람의 끔찍한 이야기를 들으면, 현장에서 일하는 과학자들은 누구든 벌벌 떨지 않을 수 없다. 현지 조사가 많은 철에는 일주일에 적어도 15분은 복사기로 새로운 데이터의 사본을 만드는 데 쓰는 것이 좋다. 대체할 수 없는 데이터를 많이 생성해 내는 경우에는 평소보다 더 자주 사본을 만들어야 한다. 이것은 컴퓨터의 백업 파일을 만드는 것과 같은 원리다. 정기적으로 복사하는 습관을 들여야 한다. 달력에 복사할 때를 적어 두고 그대로 실행한다. 사본은 관찰 노트를 보관하는 장소와 다른 곳에 보관한다.

약어를 사용한다면 관찰 노트 안에 약어표가 있는지 확인하라. 어떤 사람들은 관찰 노트에 장소, 종, 사람 이름 같은 것을 약어로 쓰는 버릇이 있다. 그러다가 자신이 쓴 약어가 무엇인지 자신도 잊어버리는 경우가 있는데, 하물며 당신의 관찰 노트에 기재된 약어를 남들이 잘 판독해 낼 수 있을까. 웨버는 관찰 노트에 약어표를 만들고, 그것을 현장 지도 바로 옆에 수록한다.

관찰 노트 없이 집을 나서지 마라. 자신이 사용하는 관찰 노트의 크기와 종류가 자신에게 잘 맞는지 확인해야 한다. 가지고 다니기 불편해서 뒤에 남기고 떠날 우려가 없는 관찰 노트를 고르는 일은 매우 중요하다. 관찰 노트 없이 현지 조사를 나가는 것은 발가벗고 집을 나서는 것이나 마찬가지라는 사실을 알아야 한다.

글 쓰는 습관을 들여라. 관찰 노트를 쓰는 것이 습관이 되어야 한다. 제퍼슨은 일상 사건들을 습관적으로 기록하는 사람이었는데, 독립 선언서를 쓰는 날에도 네 차례나 날씨를 기록할 정도였다. 독립선언서를 쓰는 절박한 상황에서도 이러한데, 당신이 관찰 노트를 쓰지 못할 까닭이 없다!

자신의 관찰 노트 체계를 갖춰라. 많은 사람들이 처음에는 관찰 노트를 일단 쓰기에 바쁘지만, 특정한 정보의 이력을 계속 추적하기 위해서는 항목을 구분하는 것이 매우 유용하다. 각 항목을 쉽게 찾을 수 있도록 색인표를 만들 수도 있다. 예컨대 나는 노트 뒤표지에 다양한 기록과 자료를 다음과 같이 항목을 나누어 보관했는데 매우 유용한 방법이었다.

차량 운행 기록: 현지 조사와 관련된 여행, 날짜, 휘발유 사용량, 주행 거

리, 출발 시각과 복귀 시각, 목적지 정보를 기록한다. 현지 조사 시즌이 끝나고 모든 여행 일정을 결산할 때, 특히 현지 조사와 관련한 보조금을 받을 때 매우 유용한 자료가 된다.

경비 지출 기록: 현지 조사와 관련된 모든 비용을 기록한다. 뒤표지 오른쪽에 작은 봉투를 테이프로 붙여서 거기에 영수증을 보관한다.

허가증: 새 다리에 식별 밴드를 달거나 야생 동물 보호 지역이나 사유지로 들어갈 때, 또는 희귀 식물을 채집할 때처럼 특별한 허가나 승인이 필요한 경우가 있으므로 현장에 있는 동안 이런 허가증의 사본을 항상 소지하고 있어야 한다. 관찰 노트 뒷면에 봉투를 붙여서 그 안에 모든 허가증을 넣어 다니는 것이 편하다.

사진 기록: 조사하는 동안 찍은 모든 사진의 이력을 기록한다. 사진을 찍은 장소, 날짜, 관련 메모들을 기록해 두면 나중에 매우 쓸모 있는 자료가 될 것이다. 녹음 기록이나 표본 채집 기록, 컴퓨터 파일명을 가진 데이터 기록처럼 당신이 생성하는 어떤 종류의 보조 정보든지 기록 내역을 정리해 두면 좋다.

연락처 기록: 사유지 농장이나 보호 구역에 들어가야 하는 때가 있다. 나는 현지 조사를 위해 접촉할 필요가 있는 농장주나 사유지 소유자, 보호 구역 관리자 들의 연락처 목록이 있다.

앞으로 유용할 어떤 정보가 무엇이든 당신은 그것을 개별적으로 나름의 방식대로 관리할 수 있다. 각각의 정보를 관리할 공간을 얼마만

74. Northern Rough-winged Swallow 67, 74, 75, 85

75. Barn Swallow: 72, 78, 83, 85, 88, 89, 92, 94, 97, 104

76. Cliff Swallow: 88

77. Tree Swallow: 45, 49, 50, 54, 64, 65, 70, 75, 85*

78. Black-billed Magpie: 18*, 21, 22, 23*, 24, 30, 32, 35, 36, 37, 38* 41, 43, 45, 48, 49, 65, 70*, 73, 74, 75, 76, 77, 79, 80, 81, 85*, 86, 87, 89, 90* 92, 94, 96, 99, 100, 102, 105*, 110*, 111, 112, 114*, 115, 120, 121, 123, 124 126*, 127, 131*, 133, 135, 139, 145, 150, 151, 153, 156, 157, 158, 159, 163* 167, 169, 170, 172, 174*, 176, 177

79. Common Raven: 18, 19, 22*, 23*, 24*, 29, 31*, 32, 34, 38, 39*, 57, 63, 75, 77, 79, 95, 105, 111, 121, 123, 131, 134, 150, 154, 169, 170, 171

80. American Crow: 122, 125

81. Clark's Nutcracker: 38, 60, 120

82. Black-capped Chickadee: 17, 18, 19, 21, 23, 27, 29, 30, 31*, 34, 35, 36, 37, 38, 41*, 50, 60, 75, 84, 86, 90, 92, 94*, 96, 97, 99, 101, 103, 104, 107, 110*, 111, 112*, 113 114, 116, 124, 125, 126, 128, 129*, 131, 132, 133, 134, 137, 140, 141, 148, 150*, 151, 156* 157, 159*, 160, 161, 162, 163*, 167, 169, 172, 174, 176, 177

83. Mountain Chickadee: 51, 69, 93

84. White-breasted Nuthatch: 19, 21, 29, 36*, 39, 51, 74, 75, 92, 94, 102, 115, 126, 128, 134, 140, 141*, 142, 148, 150, 151*, 170, 174, 177

85. Red-breasted Nuthatch: 19*, 30, 39, 41, 93, 96, 102, 104, 107, 121 123, 129, 152

86. Brown Creeper 129

87. American Dipper 175

88. House Wren: 65, 66, 67, 70, 73, 75, 76, 84, 85, 86, 87, 89*, 94, 98

89. Winter Wren: 106, 111, 120

90. Marsh Wren: 95

91. Gray Catbird: 75, 94, 95

92. American Robin: 29, 30, 34, 37, 38*, 40, 46, 50, 59, 61, 65, 69, 70*, 74, 75, 83, 85, 86, 88, 89*, 90, 92*, 94, 95, 96, 97, 98*, 99, 100, 102, 104, 106, 107, 111, 112, 114, 148

93. Varied Thrush 98

94. Unidentified Robin 67

바이런 웨버가 1983년에 작성한 관찰 노트의 찾아보기 일부.

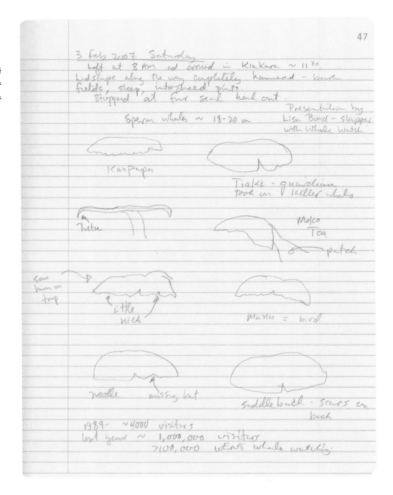

내 관찰 노트의 일부. 최근에 뉴질랜드로 현지 조사를 가서 개인적으로 알아볼 수 있는 향유고래의 꼬리를 스케치와 글로 기록했다.

큰 확보할지는 알아서 해라.

찾아보기(색인)**를 만든다.** 관찰 노트의 찾아보기는 앞에서 설명한 이력 정보와 비슷한 역할을 한다. 둘 다 정보를 정리하고 찾는 데 매우 효율적인 방법이다. 단지 이력 정보는 처음 시작할 때부터 만들어지지만 찾아보기는 조사가 끝나고 (또는 진행 도중에) 만들어진다는 것이 다르

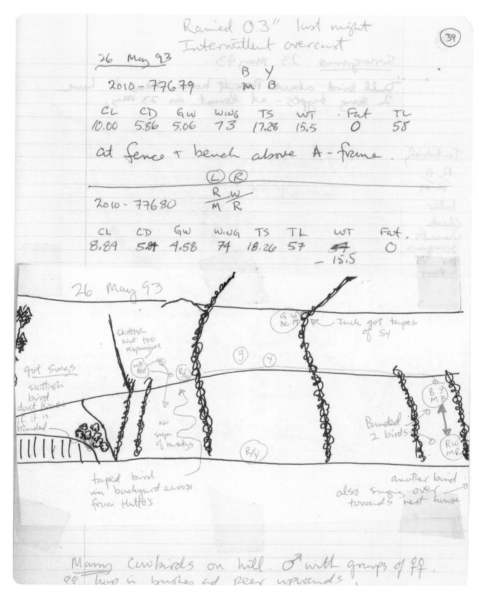

Rained 0.3" last night
Intermittent overcast

39

26 May 93

B   Y
2010 - 77679   M B

CL	CD	GW	WING	TS	WT	Fat	TL
10.00	5.86	5.06	73	17.28	15.5	0	58

at fence + bench above A - frame.

Ⓛ Ⓡ
R W
2010 - 77680   M R

CL	CD	GW	WING	TS	TL	WT	Fat
8.89	5.84	4.58	74	18.26	57	~~4~~ — 15.5	0

26 May 93

skittish
Not too
responsive

got Sures
skittish
bird
don't know
if it is
banded

UB
PER

No
sign
of banding

taped bird
in backyard across
from Hutto's

Ⓨ

R/Y

G W
M R   Juck got tapes
of SY

B
Y
M B

Banded
2 birds

R W
M R

another bird
also singing over
towards next house

Many Cowbirds on hill. ♂ with groups of ♀♀.
♀♀ two in bushes and peer upwards.

1993년 5월과 7월, 몬태나에서 푸른멧새에 대해 조사하면서 기록한 관찰 노트. 연구와 관련된 현장 지도를
테이프로 붙여 놓았다. 아침에 본 새들의 위치와 행동, 식별 밴드 정보, 수컷들의 노랫소리 음향 분석,
갈색머리찌르레기(brown-headed cowbird)의 행동 관찰 정보가 기록되어 있다.

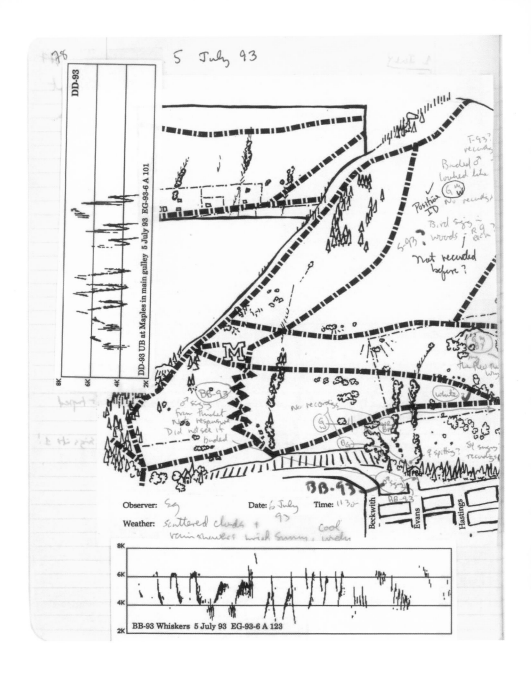

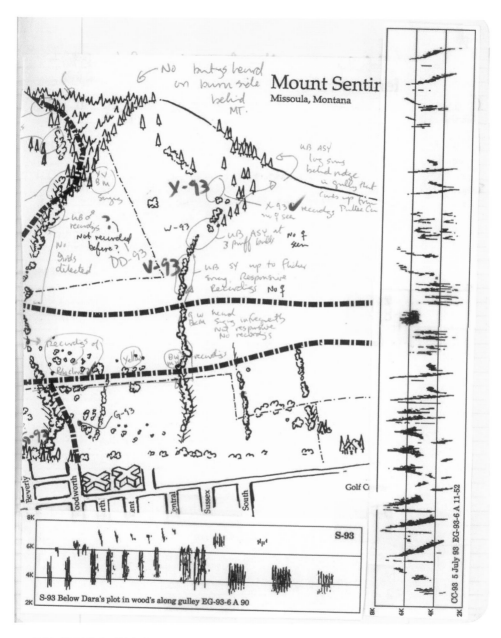

몬태나 미줄라의 한 연구 현장에 있는 푸른멧새의 텃세권을 보여 주는 지도.
무리의 배치와 행동을 관찰한 내용, 날씨, 특정한 새의 노랫소리 음향 분석 정보를 보여 준다.

다. 찾아보기는 특정한 실험(여러 개의 실험을 동시에 진행할 수도 있는데, 각 실험에 관련된 정보가 관찰 노트에 여기저기 끼워져 있을 수 있다.), 특별히 관심이 있는 종, 특정한 서식지나 장소와 관련된 정보가 관찰 노트의 어디에 있는지를 알려준다. 정교한 찾아보기는 편집하는 데 다소 시간이 걸리지만, 나중에 특정한 정보를 찾을 때 매우 쉽고 빠르게 찾을 수 있게 한다. 웨버가 1983년에 작성한 관찰 노트의 찾아보기를 보면, 그가 관찰한 종별로 그 종을 관찰 노트의 어디에서 찾을 수 있는지 쪽번호가 적혀 있다. 별표가 붙은 쪽번호는 같은 쪽에 그 종에 관한 정보가 여러 번 나온다는 것을 가리킨다. 바이런의 찾아보기는 포유동물, 파충류, 양서류, 어류, 절지동물, 식물, 비터루트강의 환경 조건(얼음, 수위, 하천 운수), 날씨, 사람, 천체 관측, 기타 부문(비터루트 오듀본 지부의 편성, 리매트칼프 국립 야생 동물 보호 구역, 자연 보호 구역 법안과 비사냥감 야생 동물 법안 관련 주 의회의 활동, 밥마살 자연 보호 구역, 지진)으로 나뉘어 있고 모두 비슷한 형식으로 목록이 구성되어 있다. 이것은 특별히 매우 상세한 찾아보기로, 필요한 정보를 찾기가 얼마나 쉬운지를 알 수 있다.

관찰 노트를 스크랩북처럼 생각하라. 관찰 노트를 연구 프로젝트와 관련된 각종 정보를 관리하는 중앙 정보 센터로 생각해야 한다. 나중에 유용할 것으로 판단되는 정보는 아무리 보잘 것 없어도 스케치하고, 종이에 적어 두고, 사진을 찍고, 스테이플러나 테이프로 관찰 노트에 붙여 놓아야 한다. 내 관찰 노트에는 명함, 신문 기사, 잡다한 스케치, 강연 내용을 정리한 메모, 전에 읽은 논설 같은 주변의 관련 자료가 덕지덕지 붙어 있다. 문득 관찰 노트를 펼쳐 보며 내가 노트를 얼마나 '스크랩북'처럼 이용하는지를 생각하면 매번 놀라울 따름이다.

자연 과학에서 관찰 노트의 역사는 매우 오래되었음에도 그 전통이 점점 더 약해지는 것처럼 보이는 것은 참 아이러니한 일이 아닐 수 없다. 특히 그 전통을 낳은 바로 그 분야인 현장 생물학 분야에서 그런 일이 벌어지고 있다는 사실이 더 유감스럽다. 나는 지금까지 관찰 노트가 필수는 아니지만 현장 생물학에서 여전히 유용하다고 주장했다. 앞에서 제시한 요소들은 출발점을 제공한다. 관찰 노트를 작성하는 목적이 무엇인지 먼저 정하고, 그것을 자신에게 맞는 방식으로 어떻게 작성할지 설계하라. 잘 작성한 관찰 노트란 귀중한 기록 형식이라는 것을 알게 될 것이다. 그것은 당신의 연구 프로젝트를 완성하는 데 큰 도움을 주고, 새로운 생각을 만들어 내는 매우 비옥한 산실이 될 것이다. 또한 다시 읽을 때는 뿌듯한 기쁨을 안겨 준다. 잘 작성한 관찰 노트는 나중에 후세 과학자들에게 매우 중요한 자료가 될 것이다.10

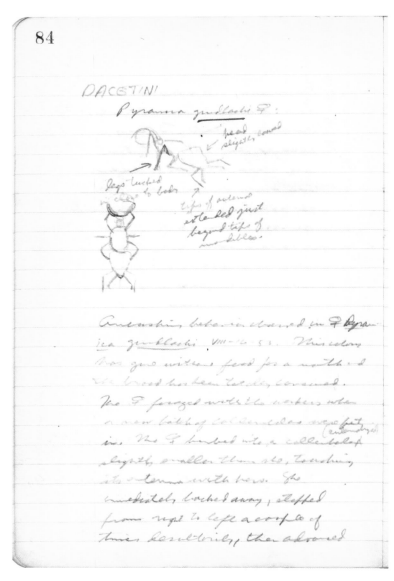

에드워드 O. 윌슨의 1953년 8월 16일자 관찰 노트. 카리브해 전역에 분포해 서식하는 개미인 피라미카 군틀라치(*Pyramica gundlachi*)를 스케치하고 그것의 생태를 기록했다.

끝없이 쓸 수 있는 노트를 상상하며

─ 에드워드 O. 윌슨

20세기 후반, 과학의 역사에서 가장 위대한 성과 가운데 하나는 분자생물학과 세포생물학의 성장이다. 생명체를 분자 크기의 수준으로 관찰할 수 있게 되면서 "생물학의 제1법칙"이라고 부를 수 있는 것, 즉 모든 생명체와 생명 과정은 물리학과 화학의 법칙을 따른다는 사실을 발견했다. 이러한 과학적 탐구가 성공을 거둔 것은 생명 현상의 기본이 되는 특정한 문제들을 탐구하기 위해 수십 종의 '모델 생물(model organism)'을 중점적으로 연구했기 때문이다. 예컨대 분자유전학의 발전은 대장균(*Escherichia coli*) 연구를 통해서, 신경세포 발달의 분자생물학적 기초는 예쁜꼬마선충(*Caenorhabditis elegans*) 연구를 통해서, 그리고 고도의 사회 조직에 관한 분자생물학적 지식 기반은 꿀벌 연구를 통해서 이루어진 것이다. 분자생물학자들은 지금까지 생물 개체에서 개체군, 생태계, 사회에 이르는 더 높은 차원의 생물학적 구조에 대해 상대적으로 무관심한 채로 있었다. 그들은 또한 생명의 역사를 고려하지 않았다. 그 결과, 20세기에 들어서도 모든 생명체와 생명 과정은 자연 선택을 통한 진화에 의해서 창조되었다는 "생물학의 제2법칙"을 거의 주목하지 않게 되었다.

21세기의 생물학자들은 이 거대한 두 부문을 더욱 균형 잡힌 시각으로 바라보기 시작했다. 분자와 세포 수준에서는 생물학적 구조물과 생명 과정이 어떻게 서로 맞물려 하나의 세포를 만들고 유기체를 형성하

Bird notes - New Caledonia

1. Mt. Mou, near summit, ca. 1200 ~~meters~~ meters. XII-12-54. In true mossy
forest, a parrot about the size of a starling; seen in
a sitting position only and not flying, all green, except
for top of beak which was bright red, a little reddish
around eyes, a faint yellow on breast. Sat on a
branch squawking at me about 15 feet away. —

2. Mt. Mou, in bracken scrub, just above Pentecost residence,
on south slope, at about 300 m. XII-12-54. Swallow like birds,
at least the wings were swallow-like, and they soared
and dipped like swallows, black heads and tails,
white bellies, grey wings and backs. A pair dove
at my constantly at a certain point on the track on
my way up, and on my down in midafternoon. Brushed
my hair many times, got in a couple of pecks also.
Very aggressive + brave. (Fledgling, with short tail feathers, found in middle of trail XII-27-1954; parents dived frantically).

3. Fledgling found on I 70 grande, Anse Vata, Noumea,
XII-23-54.

life-size

← yellow-tinged belly (although this was not noted in parents)

Adults nearby; nest not found. Most of them, except for yellowish areas, brownish grey.

는지를 탐구하는 경향이 빠르게 확산되고 있고, 거시적인 생물학 분야에서는 종을 비교함으로써 분자에서 생태계에 이르기까지 생명의 완전한 다양성을 이해하는 것을 새로운 목표로 삼고 있다. 그것은 때가 되면 이루어질 것이다. 인류는 개인과 공공의 건강, 생명공학의 지원, 자원의 관리와 보존을 위해서, 그리고 적어도 우리 인간 종에 대해 더 완벽하게 많이 이해하기 위해서 지금보다 더 확장되고 통합된 생물학을 간절하게 필요로 한다.

새로운 생물학은 과학적인 자연사 연구에서 나온다. 이것은 돌려서 하는 말이 아니라 하나의 공리다. 우리는 지금도 지구라는 행성에 대해 모르는 것이 많다. 지구에 서식하는 종의 대다수(미생물까지 포함하면 거의 90퍼센트)는 아직도 알려지지 않은 채로 있으며, 과학계에서 정식으로 이름을 붙인 약 200만 개 생물 종 가운데 심도 있는 연구가 이루어진 것은 10퍼센트도 되지 않는다. 우리가 알고 있는 지구의 생태계는 극히 일부에 지나지 않는다. 지구에 대해 아는 것도 별로 없으면서 생물의 세계는 어떻게 알 것이며, 그 세계를 관리하고 보존하고 이용하는 방법은 또 어떻게 알겠는가?

과학적으로 자연사를 연구하는 학자들은 축복 받은 사람들이다. 그들의 손길이 닿는 것은 모두 금으로 바뀐다. 생물의 세계는 그만큼 우리에게 알려진 것이 없기 때문이다. 연구하기로 선택한 생물이나 생태계가 무엇이든, 수집한 데이터는 대부분 의미 있는 것들이다. 자연사 학자들은 들판에서 아침에 눈을 뜰 때마다 오늘도 중요한 것을 발견할 기회가 있다는 것을 생각한다. 아직까지 측정해 보지는 않았지만, 한 사람이 시간당 무엇인가 새로운 것을 발견할 수 있는 가능성은 실험실보다 현지 조사에서 훨씬 더 높다는 것이 내 확고한 생각이다. 이것은 오랜 세월에 걸친 경험에서 나온 소신이다. 여기에 나온 내 관찰 노트의 기록은 코스타리카 라셀바에 있는 열대 지방 연구회(Organization of Tropical Studies)의 현지 캠프에서 베르트 휠도블러와 함께 일주일 동안 개미의 생태를 연구하면서 작성한 것이다. 우리는 지금까지 관찰되지 않은 개미 종들을 이것저것 즐겁게 관찰했다. 나중에 우리는 현지에서 신속하게 작성한 기록을 집에서 좀 더 보강한 뒤, 동료 과학자들의 평가를 받기 위해 몇 군데 학술지에 논문 다섯 편을 제출했다.

자연사학자는 하루 동안 현지 조사를 하든 1년 동안 캠프나 연구 기지에서 기거하며 장기 관찰을 하든, 거기서 자신들이 발견하는 것이 주변에 존재하는 것들의 아주 작은 일부밖에 안 된다는 것을 알고 있다. 또한 멀리 아마존에 가든 집 근처 도시공원에 가든, 진기한 생물학적 현상을 발견할 수 있다는 것도 안다. 특히 지금까지 거의 연구되지 않은 종을 관찰할 때 더 그렇다. 아마존 밀림에서는 95퍼센트 이상, 도시공원에서는 60~70퍼센트 정도가 우리가 잘 모르는 진기한 생물 종이다.

내 생애 가장 큰 모험은 1955년 파푸아 뉴기니의 중앙 세라와겟산맥의 정상에 오른 일이었다. 내가 그곳에 오른 최초의 외국인이어서가 아니라 고지대 원시림을 헤치며 개미를 관찰할 수 있었기 때문이다. 인간에게 거의 알려지지 않은 풍요로운 미지의 세계를 탐험한다는 것은 자연사를 연구하며 느낄 수 있는 가장 큰 희열이다. 나는 20대 초반보다 70대 후반에 서인도 제도에서 개미들을 연구할 때 희열을 더 많이 느꼈다.

천국이 있어서 내가 거기에 들어갈 수 있다면, 나는 무한한 생명의 세계를 돌아다니며 탐사할 수 있게 해달라는 것 말고는 바랄 것이 없다. 나는 끝없이 쓸 수 있는 노트를 가지고 갈 것이다. 연구실에만 앉아서 연구하는 사람들(대개 분자생물학이나 세포생물학을 연구하는 사람들)이

1347 loc 1330. Pheidole – small semi-circular crater at edge of footpath. Only 1 ♀ seen, ♂:♀ ratio must be < 1:50.

1348 loc 1330. Earthworm in isolated (blind at both ends) central cavity of inflated internode of upper branch of rainforest shrub, about 4' up from ground.

approximate 1/2 reduction.

1349 loc 1330. Strays.

1350 loc 1331. Aneuretus – small piece of rotting wood on ground.

1955년 스리랑카에서 발견한 희귀한 아네우레투스(*Aneuretus*) 개미군(群)과 열대우림 관목의 부풀어 오른 나뭇가지 마디 사이에서 발견된, 나무에서 사는 흑개미(arboreal earthworm)인 페이돌레(*Pheidole*) 개미를 채집한 내용을 기록했다.

작성한 보고서는 거들떠보지도 않을 것이다. 나는 그렇게 나와 뜻이 맞는 사람들을 만나고 싶다. 이 책에 글을 쓴 사람들이 바로 그런 사람들이다.

에드워드 O. 윌슨 Edward O. Wilson

개미에 관한 세계적인 권위자로, 개미가 페로몬을 이용해 의사소통한다는 것을 발견했다. 나중에 그는 개미 연구를 적용해 모든 사회적 생물을 설명하려는 '사회생물학(sociobiology, 인간 행동이 일부분 유전학에 기초한다는 내용을 담고 있다.—옮긴이)'을 그의 주요 연구 주제로 삼았다. 《인간에 대하여(*On Human Nature*)》로 1978년 퓰리처상을 받았으며, 1991년에 《개미(*The Ants*)》로 베르트 횔도블러와 공동으로 한 번 더 수상했다. 그 밖에도 미국 국가 과학상, 스웨덴 왕립 과학원이 수여하는 크라포드상을 비롯해서 많은 과학상을 받았다. 생물학뿐만 아니라 학문 전반에 지대한 영향을 준 20세기를 대표하는 과학 지성으로 손꼽힌다. 21세기에 들어서는 철학적·환경적 주제에 초점을 맞추고 있다. 현재 하버드 대학교의 펠레그리노 석좌 교수이자 명예 교수로 있다.

이 책을 편집하면서 사람들에게 영감을 주는, 자기 분야에 통달한 여러 사람들을 만났다. 그런 기회를 갖게 되어서 진심으로 감사하게 생각한다. 이 작업을 하면서 어려웠던 점은 (본디 남들에게 공개할 목적으로 쓴 것이 아니지만) 자신의 관찰 노트를 일반 대중에게 기꺼이 공개할 수 있는 저명한 과학자와 자연사학자를 찾는 일이었다. 그들의 관대함 덕분에 현지 조사에 땀 흘리는 많은 과학자와 자연사학자에게 더할 나위 없이 귀중한 정보를 제공할 수 있었다.

개인적으로는 무엇보다 먼저, 이 일을 진행하는 동안 즐거운 유머와 구체적이고 날카로운 조언, 그리고 끈질긴 인내로 묵묵히 지원해 준 소중한 아내 젠에게 감사한다. 그렇게 변함없는 사랑으로 지원해 준 아내에게 이 책을 바친다.

또 이 책을 완성할 수 있도록 도움을 준 가족의 격려에 감사한다. 내게 영감과 힘을 준 아들 라일리와 미첼, 오랫동안 끊임없이 지원을 아끼지 않은 부모님, 찰스와 도로시아 캔필드께 고마운 마음을 전한다. 어릴 적 함께 관찰을 하며 야외 탐사에 대한 사랑을 키울 수 있게 도와준 형제들, 데이비드 캔필드와 그레그 캔필드, 그리고 로리 페이퍼에게도 고마움을 전한다. 이미 많은 것을 알고 있던 홀리 존스턴은 자신의 학문적 지식을 내게 아낌없이 나누어 주었다.

하버드 대학교의 기숙사 엘리엇 하우스에서 함께 있었던 동료와 친구들도 내가 이 일을 끝낼 수 있도록 내 부족한 능력을 채워 주었다. 리노 퍼타일과 애나 벤스테드는 10년이 넘도록 우정을 나누며 나의 학문 활동을 지지해 주고 있다. 최근에는 더그 멜턴과 게일 오키프가 그랬다. 또한 리 러셀, 롤라 아이렐, 프랜시스코 메데이로스, 수 웰맨의 조언과 지원에 감사드린다. 예리한 지적과 지칠 줄 모르는 인내, 뛰어난 문장력으로 도움을 준 에밀리 맥윌리엄스에게 큰 빚을 졌다.

이 책을 만들면서 도서관 사서의 역할에 대해 매우 새롭게 알게 되었는데, 그들의 도움은 생각할 수 있었던 것보다 훨씬 더 컸다. 에른스트 마이어 도서관의 직원들, 메리 시어스를 비롯해서 로니 브로드풋, 도로시 바, 로버트 영에게 감사한다. 하버드 와이드너 도서관의 프레드 버치스테드의 많은 지원에도 깊이 감사한다. 과학사와 현지 기록에 대한 그의 지식은 이 프로젝트를 발전시키는 데 중요한 구실을 했다. 또한 런던 린네 협회의 벤 셔우드와 브리티시 도서관의 오스트 미커네이트, 미국 철학회의 얼 스패머, 캠브리지 대학교 도서관의 아담 퍼킨스에게도 감사의 말씀을 전한다.

나는 하버드 대학교 출판부의 뛰어난 인재들과 함께 작업하는 것을 진심으로 즐기면서 그들의 경험과 조언을 통해 많은 것을 얻었다. 특히 많이 참으며 격려를 아끼지 않은 앤 자렐라와 불명료한 부분을 구체적이고 아름답게 다듬어 준 리사 로버츠에게 감사드린다. 이 책에 깊은 사려와 노력을 기울이며 전문 편집자가 어떤 사람인지를 보여 준 케이트 브릭에게 고마운 마음을 전한다. 또한 많은 사람들이 이 책을 사서 도움이 될 수 있도록 애쓰는 로즈 앤 밀러에게도 감사한다. 이 책의 내용이 더 좋아질 수 있도록 많은 시간과 노력을 들여서 읽어 보고 솔직한 의견을 준 데이비드 포스터, 잭 헤일먼, 익명의 한 독자에게 진심으로 감사의 말씀을 드린다. 처음부터 이 프로젝트에 지원을 아끼지 않은 마이클 피셔에게 특별히 감사드린다. 그는 오랜 경험과 지혜로 많은 난관을 헤쳐 나가고 문제를 해결하는 데 큰 도움을 주었다.

이밖에도 초기부터 지원을 아끼지 않고 중요한 아이디어를 개발하는 데 도움을 준 사람들이 많다. 잔 올트먼, 브루스 아치볼드, 러셀 버나드, 앤드루 베리, 멜리사 베버리지, 데이비드 캔필드, 리사 클리젯, 크리스 콘로이, 소니아 드영, 토머스 아이스너, 데이비드 헤이그, 가드너 헨드리와 캐런 요한슨, 브렛 허깃, 패리시 젱킨스 2세, 크리스틴 존스, 로빈 키머러, 스콧 클레머, 콘래드 코탁, 마이크 오버턴, 숀 패터슨, 마크 사바이 페레스, 데이비드 필빔, 피터 레이븐, 제임스 렘센, 앤드루 리치포드, 벤 로버츠, 게리 로젠버그, 마이클 라이언, 앤디 스펜서, 로버트 스테빈스, 데이비드 스테이스칼, 토드 스위머가 그들이다. 관찰 노트에 대해 많은 조언을 해 주고, 맛있는 초콜릿을 먹으며 점심 때 즐거운 대화를 나눌 수 있게 해 주어서 고맙다고 말한 케시 호튼에게 특별히 고마움을 전한다. 존 그루버는 이 프로젝트가 진행되는 내내 의견을 듣고 제안하고 작업에 반영하면서 자신의 견해를 스스럼없이 밝혀 주었다. 이런 지식인 동료를 오랫동안 곁에 둘 수 있다는 것은 행운이 아닐 수 없다.

마지막으로 나오미 피어스에게 진심으로 감사의 말씀을 드린다. 그녀의 지속적인 지원이 없었다면 지금 내가 어디 있을지 모르고 이 책이 세상에 나오지도 못했을 것이다. 그렇게 온화하고 이해심 많고 포용력이 크면서 아주 예리하고 지적인 사람을 만나 본 적이 없다. 그녀가 만들어 낸 과학자 사회의 일원이 되고, 그녀의 견해와 조언을 통해 많은 것을 얻을 수 있었던 것은 내 일생에 가장 큰 두 가지 행운이었다.

마이클 R. 캔필드

사진 출처

* 각 장에 수록된 사진 및 그림의 저작권은 저자에게 있습니다. 별도의 계약을 통해 이 책에 수록되었으며, 저자의 저작물이 아닌 경우 다음 원작자의 허가를 받아 수록하였습니다.

- 17쪽 케임브리지 대학교 도서관 특별 평의원회의 허락을 받아 게재. 필사본 DAR.31.2.
- 20쪽 *Iter Lapponicum: Lappländska resan 1732. Vol III*에서 복사. 런던 린네 협회의 허락을 받아 게재.
- 23쪽 뉴사우스웨일스 주립 도서관인 미첼 도서관의 허락을 받아 게재.
- 25쪽 영국 도서관의 허락을 받아 게재. 필사본 Add.31846, f.161v.
- 28쪽 미국 철학회의 허락을 받아 게재.
- 32쪽 찰스 호그(Charles Hogue)의 논문 〈일반적인 곤충 채집을 위한 관찰 노트 형식(A field-note form for general insect collecting)(Hogue, 1966년) 중에서. 허락을 받아 게재.
- 98쪽 마이크 오버턴과 숀 패터슨의 허락을 받아 게재.
- 145쪽 존 엘렌이 찍은 사진, 2008년.
- 308~310쪽 캘리포니아 대학교 버클리 캠퍼스, 척추동물학 박물관 아카이브, http://bscit.berkeley.edu/mvz/volumes.html; Charles L. Camp, 1914~1922, Section 3, 363~366쪽.
- 318~320쪽 캘리포니아 대학교 버클리 캠퍼스, 척추동물학 박물관 아카이브, http://bscit.berkeley.edu/mvz/volumes.html; field notes of joseph Grinnell, 1917-1918, Section 4, 1517쪽, 1519쪽, 그리고 1521쪽과 1522쪽 사이에 꽂힌 지도)
- 325쪽 캘리포니아 대학교 버클리 캠퍼스, 척추동물학 박물관 아카이브, http://bscit.berkeley.edu/mvz/volumes.html; Charles L. Camp, 1914-1922, Section 3, 484쪽.
- 328쪽 왼쪽 캘리포니아 대학교 버클리 캠퍼스, 척추동물학 박물관 아카이브; MVZ image number 11944.
- 328쪽 오른쪽 존 페린
- 329쪽 캘리포니아 대학교 버클리 캠퍼스, 척추동물학 박물관 아카이브, http://bscit.berkeley.edu/mvz/volumes.html; field notes of Tracy I. Storer, 1915, Section 1,

522쪽.

주(註)

프롤로그

1   Charles Darwin, *Journal of Researches into the Geology and Natural History of the Various Countries Visited by the H. M. S.* Beagle(London: H. Colburn, 1840). 《항해기》의 발간 역사에 대한 논의를 위해서 리처드 도킨스(Richard Dawkins)의 *The Origin of Species and The Voyage of the* Beagle(New York: Everyman's Library, 2003) 참조.

2   Darwin, *Journal of Researches*, p. 468.

3   Richard Keynes, ed., *Charles Darwin's Beagle Diary*(Cambridge: Cambridge University Press, 1988); Richard Keynes, ed., *Charles Darwin's Zoology Notes & Specimen Lists from the H. M. S.* Beagle(Cambridge: Cambridge University Press, 2000); Gordon Chancellor and John Van Wyhe, *Charles Darwin's Notebooks from the Voyage of the* Beagle(Cambridge: Cambridge University Press, 2009).

4   Keynes, *Charles Darwin's Zoology Notes & Specimen Lists*, p. 294.

5   G. White, *The Nature History and Antiquities of Selborne, in the County of Southampton: With Engravings, and an Appendix* ······(London: Printed by T. Bensley, for B. White and son, 1789). '필드'라는 용어의 사용은 몬태규 중령이 화이트의 책을 읽고 난 뒤 화이트에게 보낸 편지에서 나타난다. 몬태규는 거기에 이렇게 썼다. "나는 당신이 스스로 현장 자연사학자라고 말하는 것을 보고 이렇게 실례를 무릅쓰고 편지를 쓰게 되었습니다. (······)" 이 편지는 토머스 벨(Thomas Bell)이 편집한 *The Natural History and Antiquities of Selborne by Rev. Gilbert White*, vol. 2 (London: van Voorst, 1877), 236쪽에 실렸다. 어원 참조는 *Oxford English Dictionary*, 2nd ed., 1989(online edition). 화이트의 일지에 대한 전반적 논의는 M. E. Bellanca Bellanca, *Daybooks of Discovery: Nature Diaries in Britain, 1770-1870*(Charlottesville: University of Virginia Press, 2007), pp. 43-77.

6   린네의 라플란드 일지는 그가 죽은 뒤에 비로소 발간되었다. C. v. Linné and J. E. Smith, *Lachesis Lapponica: Or a Tour in Lapland, Now First Published from the Original*

Manuscript Journal of the Celebrated Linnaeus(London: White and Cochrane, 1811). 이 기록의 복사와 면밀한 검토를 위해서는 C. v. Linné, S. Fries, A. Hellbom, and R. Jacobsson, *Iter Lapponicum: Lappl. ndska resan 1732, vol. 1 Dagboken, vol. 2 Kommetardel, vol. 3 Facsimileutgåva*(Umeå, Kungl: Skytteanska Samfundet, 2003-2005) 참조.

7   D. Preston and M. Preston, *A Pirate of Exquisite Mind: Explorer, Naturalist, and Buccaneer: The Life of William Dampier*(New York: Walker and Company, 2004).

8   J. Masefield, *Dampier's Voyage: Consisting of a New Voyage Round the World, a Supplement to the Voyage Round the World, Two Voyages to Campeachy, A Discourse of Winds, a Voyage to New Holland, and A Vindication, in answer to the Chimerical Relation of William Funnell*, 2 vols. (London: E. Grant Richards, 1906), p. 47.

9   Preston and Preston, *A Pirate of Exquisite Mind*, p. 3 참조.

10 뱅크스의 관찰 노트는 온라인으로 볼 수 있다.
    http://www2.sl.nsw.gov.au/banks/series_03/03_701.cfm (2011년 1월 접속)

11 R. Spruce, *Notes of a Botanist on the Amazon and Andes*(New York: Johnson Reprint Corp., 1970); H. W. Bates, *The Naturalist on the River Amazons: A Record of Adventures, Habits of Animals, Sketches of the Brazilian and Indian Life, and Aspects of Nature Under the Equator, During Eleven Years of Travel*(London: J. Murray, 1875); A. R. Wallace, *The Malay Archipelago: The Land of the Orang-utan and the Bird of Paradise: A Narrative of Travel with Studies of Man and Nature*, 2 vols.(London: Macmillan, 1869).

12 D. Barrington, *The Naturalist's Journal*(London, 1767). 초판은 익명으로 출간되었다. 배링턴이 길버트 화이트에게 끼친 영향은 P. Foster, *Gilbert White and His Records* (London: Christopher Helm, 1988), pp. 84-114에서 볼 수 있다.

13 D. D. Jackson, *Letters of the Lewis and Clark Expedition, with Related Documents, 1783-1854*, 2nd ed., vol. 1 (Urbana: University of Illinois Press, 1978), p. 62. 일지들을 온라인에서 볼 수 있다. http://lewisandclarkjournals.unl.edu/index.html (2011년 1월 접속)

14 아가시가 소로에게 보낸 편지는 "어류와 자연사 자료 채집 방향(Directions for collecting fishes and other objects of natural history)"이라는 표제가 붙었다. 이 편지는 소로가 "헨리 소로의 팩트북. 주로 자연사 관련(H. D. Thoreau's Fact-book)"이라는 제목을 붙인 자신의 관찰 노트에 삽입되었다. 손으로 쓴 원고는 하버드 호튼 도서관의 해리 엘킨

스 와이드너 전시관에 보관되어 있다.

15 A. Newton, "On a method of registering natural history observations," *Transactions of the Norfolk and Norwich Naturalists' Society* 1 (1870): pp. 24-32; J. A. Harvie-Brown, "On Uniformity of method in recording Natural History Observations, especially as regards Distribution and Migration; with specimen tables of a plan proposed," *Proceedings of the natural History Society of Glasgow 3* (1876): pp. 115-123; A. H. Felger, "A card system of note-keeping," *Auk* 24 (1907): pp. 200-205; C. L. Hogue, "A field-note form for general insect collecting," *Annals of the Entomological Society of America* 59 (1966): pp. 230-233; S. W. Kress, *The Audubon Society Handbook for Birders*(New York: Scribner, 1981), pp. 62-81; S. G. Herman, *The Naturalists' Field Journal: A Manual of Instruction Based on a System Established by Joseph Grinnell*(Vermillion, SD: Buteo Books, 1986); H. R. Bernard, *Research Methods in Anthropology* 4th ed. (Lanham, MD: AltaMira Press, 2006), pp. 387-412.

16 C. Johnson, *The Sierra Club Guide to Sketching Nature*(San Francisco: Sierra Club Books, 1997); C. W. Leslie and C. E. Roth Roth, *Keeping a Nature Journal*(North Adams, MA: Storey, 2000); N. B. Estrin and C. W. Johnson, *In Season: A Natural History of the New England Year*(Hanover, NH: University Press of New England, 2002); J. New, *Drawing from Life: The Journal as Art*(New York: Princeton Architectural Press, 2005).

17 S. Herbert, ed., "The Red Notebook of Charles Darwin," *Bulletin MBNH(Hist.)* 7 (1980); pp. 1-164.

18 R. B. Yeh and S. Klemmer, *Field Notes on Field Notes: Informing Technology Support for Biologists*, Technical Report, Stanford InfoLab, 2004, http://ilpubs.stanford.edu:8090/654/ (2011년 1월 접속); R. B. Yeh, C. Liao, S. Klemmer, F. Guimbretiere, B. Lee, B. Kakaradov, J. Stamberger, and A. Paepcke, "ButterflyNet: A Mobile capture and access system for field biology research," *Conference on Human Factors in Computing Systems*(CHI 2006): pp. 1-10.

3장 아마추어 조류 관찰자가 할 수 있는 일

1   K. Kaufman, *Kingbird Highway*(Boston: Houghton Mifflin, 1997).

2   R. C. Stebbins, *A Field Guide to Western Reptiles and Amphibians*, 2nd ed. (Boston: Houghton Mifflin, 1985).

3   L. Jones, "The Lorain County, Ohio, 1898 horizon," *Wilson Bulletin* 11, no. 1 (1899): pp. 2-4.

4   L. Jones, "All day with the birds," *Wilson Bulletin* 11, no. 3 (1899): pp. 41-45.

5   K. S. Brown, Jr., "Maximizing daily butterfly counts," *Journal of the Lepidopterists' society* 26, no. 3 (1972): pp. 183-196.

6   R. Rolley, Wisconsin Checklist Project 2007, Wisconsin Department of Natural Resources Special Report, 2007.

4장 아름다운 순간을 포착하는 매일의 기록

1   P. Crowcroft, *Elton's Ecologists*(Chicago: University of Chicago Press, 1991); C. S. Elton, *Animal Ecology*(London: Methuen, 1927); C. S. Elton, *The Ecology of Invasions by Animals and Plants*(London: Methuen, 1958).

2   C. S. Elton, *The Pattern of Animal Communities*(London: Methuen, 1966).

3   C. Darwin, *The Voyage of the* Beagle(London: John Murray, 1839).

4   www.darwin-online.org.uk 참조(2011년 1월 접속).

5   R. H. Macarthur and E. O. Wilson, *The Theory of Island Biogeography*(Princeton: Princeton University Press, 1967).

6   R. L. Kitching, *Food Webs and Container Habitat: The natural History and Ecology of Phytotelmata*(Cambridge: Cambridge University Press, 2000).

7   W. Laurence, *Stinging Trees and Wait-a-whiles: Confessions of a Rainforest Biologist*(Chicago: University of Chicago Press, 2000).

7장 손으로 직접 그려야만 보이는 것들

1   J. Kingdon, *East African Mammals: An Atlas of Evolution in Africa*, vol. 1 (London: Academic Press, 1971), p.v.

2   Kingdon, *East African Mammals*, pp. 2-4.

3   M. R. A. Chance, "An interpretation of some agonistic postures: the role of 'cut-off'

acts and postures," *Symposia of the Zoological Society of London* 8 (1962): pp. 71-99.

4 P. Marler, "Communication in monkeys and apes," *Monkeys and Apes: Field Studies of Ecology and Behavior*, ed. I. DeVore, pp. 544-584(New York: Holt, Rinehart and Winston, 1965).

8장 당신을 더 나은 과학자로 만드는 관찰법

1 S. L. Montgomery, *The Chicago Guide to Communicating Science*(Chicago: Universit of Chicago Press, 2003).

2 Edward Bell, 개별 접촉, January 2008.

3 Lucy Reading-Ikkanda, 개별 접촉, January 2008.

9장 관찰 노트에서 발견하는 개인의 사색

1 J. E. Graustein, "Nuttall's travels into the old Northwest. An unpublished 1810 diary," *Chronica Botanica* 14, no. 1/2 (1952): pp. 1-88; D. Douglas, *Journal Kept by David Douglas in North America*, 1823-1827(London: W. Wesley and Son, 1914); J. C. Frémont, *Report of the Exploring Expedition to the Rocky Mountains in the Year 1842 and to Oregon and Northern California in the Years 1843-44*(Washington: Blair and Rives, 1845); S. L. Welsh, *John Charles Frémont, Botanical Explorer*(St. Louis: Missouri Botanical Garden Press, 1998).

2 J. K. Townsend, *Narrative of a Journey across the Rocky Mountains, to the Columbia River, and a Visit to the Sandwich Islands, Chili, etc., with a Scientific Appendix* (Philadelphia: H. Perkins, 1839).

3 S. D. Mckelvey, *Botanical Explorations of the Trans-Mississippi West, 1790-1850*(Boston: Arnold Arboretum, 1955; 스티븐 다우 베컴(Stephen Dow Beckham)의 서문을 넣어 Northwest Reprints, Oregon State University Press, 1997년 재판). 후기 박물학자에 대한 정보는 J. Ewan and N. D. Ewan, *Biological Dictionary of Rocky Mountain Naturalists, a Guide to the Writings and Collections of Botanists, Zoologists, Geologists, Artists and Photographers, 1682-1932*(Bohn: Utrecht, 1981); J. L. Reveal, *Gentle Conquest: The Botanical Discovery of North America with Illustrations from the*

Library of Congress(Washington, D.C.: Starwood, 1992).

4   J. L. Reveal and J. S. Pringle, "Taxonomic botany and floristics," *Flora of North America North of Maxico*, vol. 1, pp. 157-192, ed. Flora of North America Editorial Committee (New York: Oxford Unoversity Press, 1993). http://www.plantsystematics.org/reveal/pbio/usda/fnach7.html (2011년 1월 접속)

5   http://www.esg.montana.edu/gl/index.html (2011년 1월 접속)

6   http://www.plantsystematics.org/tompkins.html (2011년 1월 접속)

7   뉴욕 식물원에 소장된 "Index herbarium, Part I. Herbaria of the World" 참조. http://sweetgum.nybg.org/ih/ (2011년 1월 접속)

11장 먼 훗날 더욱 쓸모 있는 기록

1   J. Grinnell, "The methods and uses of a research museum," *Popular Science Monthly* 77 (1910): pp. 163-169.

2   Grinnell, "Methods anf uses."

3   J. Grinnell, "The niche-relationships of the California thrasher," *Auk* 34 (1917): pp. 427-433; J. Grinnell, "Field tests of theories concerning distributional control," *American Naturalists* 51 (1917): pp. 115-128.

4   F. E. Clements, "Plant succession: Analysis of the development of vegetation," Carnegie Institute of Washington Publication 242 (Washington D.C., 1916).

5   요세미티에 대해서는 J. Grinnell and T. I. Storer, *Animal Life in the Yosemite* (Berkelery: University of California Press, 1924) 참조; 라센에 대해서는 J. Grinnell, J. Dixon, and J. M. Linsdale, *Vertebrate Natural History of a Section of Northern California through the Lassen Peak Region*(Berkelery: University of California Press, 1930) 참조; 샌버너디노에 대해서는 J. Grinnell, "The biota of the San Bernardino Moutains," *University of California Publications in Zoology* 5 (1908): 1–170+24개 장서 표 참조; 샌저신토 산맥에 대해서는 J. Grinnell and H. S. Swarth, "An account of the birds and mammals of the San Jacinto area of southern California," *University of California Publications in Zoology* 10 (1913): pp. 197-406 참조; 콜로라도 강 하류에 대해서는 J. Grinnell, "An account of the mammals and birds of the lower Colorado Valley," *University of California Publications in Zoology* 12 (1914): pp. 51-294+11개

장서표 참조.

6   C. Moritz, J. L. Patton, C. J. Conroy, J. L. Parra, G. C. White, and S. R. Beissinger, "Impact of a century of climate change on small-mammal communities in Yosemite National Park," USA, *Science* 322 (2008): pp. 261-264.

7   Craig Moritz, 척추동물학 박물관(MVZ) 관장, 개인 접촉, 2007.

8   J. Grinnell, 1908년 2월 18일 Annie M. Alexander에게 보낸 미공개 편지, Bancroft Archives, University of California, Berkeley.

9   예컨대, P. S. Martin and C. R. Szuter, "War zones and game sinks in Lewis and Clark's West," *Conservation Biology* 13 (1999): pp. 36-45.

10 S. G. Herman, *The Naturalist's Field Journal: A Manual of Instruction Based on a System Established by Joseph Grinnell*(Vermillion, SD: Buteo Books, 1986).

11 Herman, *The Naturalist's Field Journal.*

12 E. R. Hall, *The Mammals of North America*, 2nd ed. (New York: John Wiley and Sons, 1981); Herman, *The Naturalist's Field Journal*; J. V. Remsen, Jr., "On taking field notes," *American Birds* 31 (1977): pp. 946-953.

13 E. R. Hall, *The Mammals of Nevada*(Berkeley: University of California Press, 1946).

14 J. Grinnell, "Suggestions as to collecting; not taking; suggestions as to life history notes," 1938년 4월 20일자 미공개 내부 회람 메모, MVZ Archives (Museum of Vertebrate Zoology, Universoty of California, Berkeley), p. 1.

15 A. H. Miller, "Suggestions as to collecting; not taking; suggestions as to life history notes," 1942년 7월 2일자 미공개 내부 회람 메모, MVZ Archives, p. 8, Grinnell의 "Suggestions as to collecting"를 수정한 것임. http://mvz.berkeley.edu/Suggestions_Collecting.html에서 볼 수 있다(2011년 1월 접속).

16 Grinnell, "Suggestions as to collecting."

17 D. I. MacKenzie, J. D. Nichols, J. A. Royle, K. H. Pollock, L. L. Bailey, and J. E. Hines, *Occupancy Estimation and Modeling*(New York: Academic Press, 2006).

18 Moritz 외, "Impact of a century of climate change."

19 K. Brower, "Disturbing Yosemite," *California Magazine* 117 (2006): pp. 14-21, pp. 41-44.

20 Grinnell, "Suggestions as to collecting."

21 J. Grinnell, 1908년 4월 16일 Annie M. Alexander에게 보낸 미공개 편지, Bancroft Archives, University of California, Berkeley.

22 Remsen, "On taking field notes."

23 Hall, *Mammals of North America.*

24 http://bscit.berkeley.edu/mvz/volumes.html에서 볼 수 있다.

25 E. Coues, *Field Ornithology*(Salem, MA: Naturalists' Agency, 1874).

26 그리널이 1908년 애니 알렉산더와 주고받은 편지를 제공해준 바브라 슈타인과 MVZ 문
서보관소에 있는 1938년 그리널의 채집과 관찰 노트 지침을 찾아준 메리 선더랜드에게
고마움을 전한다.

12장 관찰 노트를 써야 하는 이유

1 A. Divan, *Communication Skills for the Biosciences: A Graduate Guide*(Oxford:
Oxford University Press, 2009).

2 John Muir Laws, *The Laws Field Guide to the Sierra Nevada*(Berkeley, CA: Heyday
Books, 2007); http://www.johnmuirlaws.com/equipmentlist.htm (2011년 1월 접속).

3 H. Hinchman, *Life in Hand: Creating the Illuminated Journal*(Salt Lake City: Gibbs-
Smith, 1991); H. Hinchman, *A Trail through Leaves: The Journal as a Path to Place*
(New York: W. W. Norton, 1997); C. W. Leslie, *Nature Drawing: A Tool for Learning*
(Dubuque, IA: Kendall/Hunt, 1995); C. W. Leslie, *Nature Journal: A Guided Journal
for Illustrating and Recording Your Observations of the Natural World*(Pownal, VT:
Storey Publishing, 1998); C. W. Leslie, *The Art of Field Sketching*(Engelwood Cliffs, NJ:
Princeton-Hall, 1984).

4 B. Heinrich, *The Trees in My Forest*(New York: Harper Collins, 1998); B. Heinrich, 《동
물들의 겨울나기(Winter World)》(New York: Ecco, 2003); J. Kingdon, *East African
Mammals: An Atlas of Evolution in Africa*(Chicago: University of Chicago Press, 1984);
J. Kingdon, *Island Africa: The Evolution of Africa's Rare Animals and Plants*
(Princeton: Princeton University Press, 1989)

5 C. Dean, "Thoreau id rediscovered as a climatologist," *New York Times*, 28 October
2008.

6 C. G. Willis, B. Ruhfel, R. B. Primack, A. J. Miller-Rushing, and C. C. Davis, "Phylogenetic
patterns of species loss in Thoreau's woods are driven by climate change," *Proceedings
of the National Academy of Sciences* 105, no. 44 (2008): pp. 17029-17033.

7 Z. Guido, "Phenology, citizen science, and Dave Bertelsen: 25years of plant blooms on the Finger Rock Trail in the Santa Catalina Mountains," *Southwest Climate Outlook*, August 2008.

8 T. M. Crimmins, M. A. Crimmins, D. Vertelsen, and J. Balmat, "Relationships between flowering diversity and climatic variables along an elevation gradient," *International Journal of Biometeorology* 52 (2007): pp. 353-366.

9 S. Devlin, *The Missoulian*, 4 April 1993.

10 자신의 관찰 노트를 이용할 수 있게 해 주고 도움이 되는 검토 의견을 주신 폴 알라백, 배리 브라운, 클레어 에머리, 윌 컬링, 바이런 웨버, 브라이언 윌리엄스에게 감사드린다. 이 장은 이 프로젝트가 진행되는 동안 세상을 떠난 웨버에게 바친다. 그의 자연사 관련 기술과 관찰 노트들은 여러 세대의 자연사학자들에게 큰 영감을 주었다.

찾아보기

훔쳐보고 싶은 과학자의 노트

– 기록의 천재들은 어떻게 보고, 적고, 그렸을까

1판 1쇄 발행일 2013년 9월 30일
2판 1쇄 발행일 2020년 6월 15일

엮은이 마이클 R. 캔필드
지은이 에드워드 O. 윌슨, 마이클 R. 캔필드, 조지 셸러, 베른트 하인리히, 켄 카우프만, 로저 키칭, 애나 케이 베렌스마이어, 캐런 크레이머, 조너선 킹던, 제니 켈러, 제임스 리빌, 피오트르 나스크레츠키, 존 페런, 제임스 패튼, 에릭 그린
옮긴이 김병순

발행인 김학원
발행처 (주)휴머니스트 출판그룹
출판등록 제313-2007-000007호(2007년 1월 5일)
주소 (03991) 서울시 마포구 동교로23길 76(연남동)
전화 02-335-4422 **팩스** 02-334-3427
저자·독자 서비스 humanist@humanistbooks.com
홈페이지 www.humanistbooks.com
유튜브 youtube.com/user/humanistma **포스트** post.naver.com/hmcv
페이스북 facebook.com/hmcv2001 **인스타그램** @humanist_insta

편집주간 황서현 **편집** 임재희 **디자인** 박인규
용지 화인페이퍼 **인쇄** 청아디앤피 **제본** 정민문화사

한국어판 ⓒ (주)휴머니스트 출판그룹, 2020

ISBN 979-11-6080-400-3 03400

이 도서의 국립중앙도서관 출판예정도서목록(CIP)은 서지정보유통지원시스템 홈페이지(http://seoji.go.kr)와
국가자료공동목록시스템(http://www.nl.go.kr/kolisnet)에서 이용하실 수 있습니다.(CIP제어번호: CIP2020020916)